マリンバイオテクノロジーの新潮流
Trends in Marine Biotechnology

《普及版／Popular Edition》

監修 伏谷伸宏

シーエムシー出版

はじめに

　マリンバイオテクノロジーのうち，海洋生物に含まれる化学成分の利用について，2005 年に前書「海洋生物成分の利用—マリンバイオテクノロジーのフロンティア—」が出版され，大変好評をいただいたため，2010 年にはこの本の普及版が出版された。しかし，この分野の研究の進展は速く，この 7 年間の間に，4 つの海洋由来の薬が承認されたのに加え，多くの新しい海洋由来の化合物が臨床試験に入っている一方，前書で臨床試験中と記載された化合物のかなりのものがリストから消えてしまった。また，消費者の健康指向の高まりとともに，海洋生物からの機能性食品の開発がますます盛んになっている。同様なことは，化粧品素材にも言えるだろう。一方，マテリアルサイエンス分野が脚光を浴びるようになるとともに，海洋由来の新素材が注目されるようになった。例えば，海綿や珪藻のバイオシリカは，ナノテクノロジーへの応用が期待されており，急速に研究が進んでいる。周知のように，地球温暖化問題に関連して，バイオ燃料が注目を集めているが，藻類が有望なターゲットとなっている。このような状況から，前書の内容をアップデートするばかりでなく，前書では取り上げなかったバイオミネラルなどの新分野の研究を盛り込んだ「マリンバイオテクノロジーの新潮流」の出版を企画した。

　序論では，2005 年から最近までの海洋生物成分研究の動向を概説するとともに，問題点も含め，今後の展望を述べる。続いて，海洋微生物，藻類，および海綿やホヤなどの無脊椎動物から発見された医薬素材として重要な化合物，ならびに酵素阻害剤について，第 2 章で紹介する。第 3 章では，活況を呈している機能性食品開発の動向，近年特に注目されているオメガ不飽和脂肪酸とカロテノイド，および今後の展開が注目されるサケのプロテオグリカンについて概説する。最後にこのところ話題になっているバイオマテリアルのうち，特にバイオ燃料，バイオミネラル，バイオ触媒（酵素），およびバイオ接着剤（水中接着剤）に関して，最近の研究を中心に概説する。

　最後に，多忙な中，本書の執筆をお引き受けいただいた著者の皆様，特に，東日本大震災で職場が被災して，教育・研究に支障をきたしている状況にもかかわらず，すばらしい原稿を執筆していただいた浪越通夫教授に，心より感謝申し上げたい。

2011 年 11 月

伏谷伸宏

普及版の刊行にあたって

　本書は2011年に『マリンバイオテクノロジーの新潮流』として刊行されました。普及版の刊行にあたり，内容は当時のままであり加筆・訂正などの手は加えておりませんので，ご了承ください。

　2017年12月

シーエムシー出版　編集部

執筆者一覧（執筆順）

伏 谷 伸 宏　一般財団法人函館国際水産・海洋都市推進機構　推進機構長

浪 越 通 夫　東北薬科大学　天然物化学教室　教授

沖 野 龍 文　北海道大学　大学院地球環境科学研究院　准教授

塚 本 佐知子　熊本大学　大学院生命科学研究部　天然薬物学分野　教授

児 玉 公一郎　早稲田大学　総合研究機構　ケミカルバイオロジー研究所　招聘研究員

中 尾 洋 一　早稲田大学　先進理工学部　化学・生命化学科　准教授

矢 澤 一 良　東京海洋大学　大学院海洋科学技術研究科　ヘルスフード科学　（中
　　　　　　島董一郎記念）寄附講座　特任教授

宮 下 和 夫　北海道大学　大学院水産科学研究院　海洋応用生命科学部門　教授

加 藤 陽 治　弘前大学　教育学部　食物学研究室　教授

柿 崎 育 子　弘前大学　大学院医学研究科　附属高度先進医学研究センター　糖鎖
　　　　　　工学講座　准教授

岡 田 　 茂　東京大学　大学院農学生命科学研究科　准教授

清 水 克 彦　鳥取大学　産学・地域連携推進機構　准教授

都 木 靖 彰　北海道大学　大学院水産科学研究院　海洋応用生命科学部門　教授

尾 島 孝 男　北海道大学　大学院水産科学研究院　海洋応用生命科学部門　教授

紙 野 　 圭　�独製品評価技術基盤機構　国際連携課　研究専門官

執筆者の所属表記は，2011 年当時のものを使用しております。

目　　次

第 1 章　序論と展望　伏谷伸宏

1　はじめに …………………………… 1
2　医薬開発 …………………………… 1
3　機能性食品素材および化粧品 ………… 3
4　バイオマテリアル ………………………… 5
5　将来展望 ………………………………… 5

第 2 章　医薬素材および試薬

1　細菌および真菌 …………浪越通夫… 9
　1.1　はじめに ………………………… 9
　　1.1.1　研究の動向 ………………… 9
　　1.1.2　臨床試験中の物質 ………… 10
　　1.1.3　略号等の解説 ……………… 13
　1.2　抗菌，抗カビ，および抗ウイルス物
　　　　質 ………………………………… 14
　1.3　抗腫瘍物質 …………………… 21
　1.4　その他の活性物質 …………… 28
　1.5　おわりに ……………………… 32
2　微細藻類および海藻 ………沖野龍文… 38
　2.1　はじめに ……………………… 38
　2.2　紅藻 …………………………… 38
　2.3　緑藻 …………………………… 39
　2.4　褐藻 …………………………… 40
　2.5　藍藻 …………………………… 41
　2.6　渦鞭毛藻 ……………………… 48
　2.7　おわりに ……………………… 53
3　無脊椎動物 …………………塚本佐知子… 55
　3.1　海綿 …………………………… 55
　　3.1.1　ハラヴェン ………………… 55
　　3.1.2　クチノエラミン …………… 56
　　3.1.3　アキシネロシド A ………… 57
　　3.1.4　セコミカロリド A ………… 57

　　3.1.5　アズマミド A-E ………… 58
　　3.1.6　エキシグアミン A ………… 58
　　3.1.7　コルチスタチン A ………… 59
　　3.1.8　シュードセラチン A，B … 59
　　3.1.9　ルーセッタモール A ……… 60
　　3.1.10　フォルバシン D-F ……… 61
　　3.1.11　ナキジキノン ……………… 61
　　3.1.12　ムイロノリド A およびフォル
　　　　　　バシド A ………………… 62
　　3.1.13　ザマミジン A-C ………… 62
　　3.1.14　モツアレヴィックアシド A-F
　　　　　　 …………………………… 63
　　3.1.15　グラシリオエーテル A-C … 63
　　3.1.16　エニグマゾール A ………… 64
　　3.1.17　ヤクアミド A および B …… 64
　　3.1.18　新規プリン誘導体 ………… 65
　　3.1.19　ポリセオナミド B ………… 65
　　3.1.20　フランクリノリド A-C …… 66
　　3.1.21　モナンフィレクチン A …… 67
　　3.1.22　レイオデルマトリド ……… 67
　3.2　ホヤ ………………………… 67
　　3.2.1　ヨンデリス ………………… 68
　　3.2.2　リソクリバジン 8-14 ……… 68
　　3.2.3　ボトリラミド ……………… 69

I

3.2.4　パルメロリド A ……………… 70
　3.2.5　シシジデムニオール A, B … 71
3.3　その他の無脊椎動物 ……………… 71
　3.3.1　コンプラニン ……………… 71
　3.3.2　オピオジラクトン A, B …… 71
4　酵素阻害剤 …児玉公一郎, 中尾洋一… 74
4.1　はじめに ……………………… 74
4.2　インドールアミン-2,3-ジオキシゲ
　　ナーゼ（EC 1.13 11.42）…………… 74
4.3　一酸化窒素合成酵素（EC 1.14 13.39）
　　………………………………… 75
4.4　ファルネシル基転移酵素（EC
　　2.5.1.58）…………………………… 75
4.5　I 型ゲラニルゲラニル基転移酵素
　　（EC 2.5.1.59）……………………… 77
4.6　ヒト免疫不全ウイルス逆転写酵素
　　（EC 2.7.7.49）……………………… 77
4.7　HIV インテグラーゼ（EC 2.7.7.-）

………………………………… 79
4.8　テロメラーゼ（EC 2.7.7.49）……… 79
4.9　上皮成長因子受容体キナーゼ（EC
　　2.7.10.1）…………………………… 81
4.10　Raf/MEK1/MAPK ……………… 82
4.11　プロテインキナーゼ C（EC
　　2.7.11.13）………………………… 83
4.12　サイクリン依存性キナーゼ（EC
　　2.7.11.22）………………………… 87
4.13　タンパク質脱リン酸化酵素（EC
　　3.1.3.48）…………………………… 87
4.14　プロテアーゼ阻害剤 …………… 88
4.15　表現型指向の活性試験で得られた
　　化合物の標的分子が特定された
　　例：液胞型 ATPase……………… 89
4.16　プロヒビチン 1 ………………… 89
4.17　おわりに ………………………… 89

第 3 章　機能性食品

1　機能性食品素材開発の動向
　　…………………矢澤一良… 93
1.1　はじめに―「海産性機能性食品と
　　健康」 …………………………… 93
1.2　n-3 系の高度不飽和脂肪酸の研究と
　　開発 ……………………………… 94
1.3　EPA の薬理作用と医薬品開発…… 94
1.4　DHA の薬理活性 ………………… 95
　1.4.1　DHA の中枢神経系作用 …… 96
　1.4.2　DHA の発がん予防作用 …… 98
　1.4.3　DHA の抗アレルギー・抗炎症
　　　作用 ………………………… 99
　1.4.4　DHA の抗動脈硬化作用 …… 99
1.5　アスタキサンチンの機能性 ……… 100

　1.5.1　抗酸化作用 ………………… 100
　1.5.2　糖尿病の予防 ……………… 101
　1.5.3　眼疾患の予防と改善 ……… 102
　1.5.4　持久力向上・抗疲労作用と抗肥
　　　満作用 ……………………… 102
　1.5.5　美肌・美容効果 …………… 105
　1.5.6　その他の作用 ……………… 106
1.6　おわりに ………………………… 106
2　脂肪酸およびカロテノイド
　　………………………宮下和夫… 109
2.1　はじめに ………………………… 109
2.2　脂肪酸の生理作用 ……………… 110
2.3　褐藻脂質 ………………………… 113
2.4　カロテノイド …………………… 114

2.5 カロテノイドの生理作用 ……… 117

2.6 褐藻カロテノイド，フコキサンチン
の抗酸化・抗がん・抗炎症作用 … 119

2.7 フコキサンチンの抗肥満作用 …… 120

2.8 フコキサンチンによる内臓 WAT か
らのサイトカイン分泌抑制作用 123

2.9 フコキサンチンの抗糖尿病作用 … 124

2.10 フコキサンチンの肝臓中 DHA 増
大作用 ……………………… 125

2.11 おわりに ……………………… 126

3 サケ鼻軟骨由来のプロテオグリカン
…………………**加藤陽治，柿崎育子**… 129

3.1 はじめに ……………………… 129

3.2 軟骨成分としてのプロテオグリカン
……………………………… 129

3.3 サケ鼻軟骨由来のプロテオグリカン

の構造 ……………………… 132

3.4 サケ鼻軟骨由来のプロテオグリカン
の機能 ……………………… 134

3.4.1 プロテオグリカンの抗炎症作用
および免疫系における調節作用
の可能性 ………………… 135

3.4.2 炎症性腸疾患モデル動物におけ
るプロテオグリカンの影響 … 135

3.4.3 皮膚の光老化に及ぼすプロテオ
グリカンの影響 ………… 137

3.4.4 造血系に及ぼすプロテオグリカ
ンの影響 ………………… 138

3.4.5 金属結合能 ……………… 138

3.5 サケ鼻軟骨由来のプロテオグリカン
の安全性 …………………… 139

3.6 おわりに …………………… 139

第4章　バイオマテリアル

1 バイオエネルギー …………**岡田　茂**… 141

1.1 はじめに …………………… 141

1.2 バイオ燃料としての藻類由来の脂質
……………………………… 142

1.2.1 脂質生産に適した藻株のスク
リーニング ……………… 142

1.2.2 トリグリセリド ………… 143

1.2.3 ワックスエステル ……… 146

1.2.4 炭化水素 ……………… 147

1.3 微細藻類による水素生産 ……… 161

1.3.1 緑藻による水素生産 …… 161

1.3.2 ラン藻による水素生産 …… 162

1.4 藻類を利用したエタノール生産 … 162

1.5 水生生物を利用したメタン生産 … 163

1.6 おわりに …………………… 163

2 バイオミネラル …………………… 167

2.1 バイオシリカ ………**清水克彦**… 167

2.1.1 はじめに ………………… 167

2.1.2 シリコンバイオミネラルの分子
機構 …………………… 172

2.1.3 シリコンバイオミネラルからシ
リコンバイオテクノロジーへ
……………………… 182

2.1.4 おわりに ……………… 184

2.2 バイオカルシウム ……**都木靖彰**… 187

2.2.1 バイオカルシウム―生物がつく
るカルシウム鉱物 ……… 187

2.2.2 生物が炭酸カルシウム鉱物をつ
くり出すメカニズム ……… 188

2.2.3 バイオカルシウム形成を模した
炭酸カルシウムの人工合成 … 203

3 バイオ触媒 ………………**尾島孝男**… 207

3.1　はじめに …………………… 207	4.1　はじめに ………………………… 225
3.2　深海微生物の酵素 …………… 208	4.2　水中接着物質研究のモデル生物 … 226
3.2.1　耐熱性アガラーゼ ……… 208	4.2.1　イガイの接着基としての足糸と
3.2.2　耐熱性セルラーゼ ……… 209	その作り方 ……………… 226
3.2.3　好冷酵素 ………………… 210	4.2.2　足糸の微細構造と構成タンパク
3.2.4　アルカリ・アルギン酸リアーゼ	質群 ……………………… 228
………………………… 211	4.2.3　修飾アミノ酸残基の役割 …… 231
3.3　メタゲノム由来のエステラーゼ … 211	4.2.4　イガイの水中接着の分子モデル
3.3.1　海綿メタゲノム由来のエステ	………………………… 231
ラーゼ ………………… 211	4.2.5　フジツボの水中セメント …… 232
3.3.2　深海底泥メタゲノム由来のエス	4.2.6　セメント構成タンパク質とマク
テラーゼ ……………… 212	ロおよびミクロ構造 ……… 233
3.4　藻食性軟体動物由来の多糖分解酵素	4.2.7　ゴカイの棲管セメント ……… 235
………………………… 212	4.2.8　ゴカイセメント構成タンパク質,
3.4.1　アルギン酸リアーゼ ……… 213	ミクロ構造，および水中接着の
3.4.2　ラミナリナーゼ ………… 215	分子モデル ……………… 236
3.4.3　β-マンナナーゼ…………… 218	4.3　その他の生物の水中接着物質 …… 237
3.4.4　セルラーゼ ……………… 219	4.4　モデル生物の水中接着機構の比較
3.5　フコイダン分解酵素およびその他の	………………………… 237
酵素 ………………………… 221	4.5　海洋付着生物に学ぶ材料開発 …… 238
3.6　おわりに …………………… 222	4.6　おわりに ………………………… 241
4　海洋生物の水中接着剤 …… **紙野　圭**… 225	

第1章　序論と展望

伏谷伸宏[*]

1　はじめに

　2000 年から 2010 年に行われた“海洋生物センサス”の結果，25 万種が記載済みで，75 万種以上が未記載という[1]。この数は，現存する種類の 10％にも満たないと考えられている。また，10 億種以上の微生物が海洋に生息すると推測される。従って，ごくわずかの海洋生物が，これまでマリンテクノロジーの観点から探索されたにすぎないため，マリンバイオテクノロジーは大きなポテンシャルを持っていると言える。例えば，25〜60 万の新規化合物が海洋生物に含まれ，これらの 90〜93％が未知であると推定されている[2]。

　前書「海洋生物成分の利用—マリンバイオのフロンティア—」が出版された以降，マリンバイオテクノロジーに関連した研究の動向はかなり変わってきている。ここでは，主な分野の研究の動向を概説したい。

2　医薬開発

　海洋生物からこれまでに発見された化合物は，22000 を越える[3]と言われるが，このところ新しい骨格をもつ物質が発見される割合はかなり鈍っている[4]。これは，大型生物ばかりでなく，微生物にも当てはまることである。一方，海底泥中の放線菌には新属や新種が次々と発見されており，新しい化合物も多く発見されている（第 2 章第 1 節参照）。

　表 1[5]に，これまでに認可された海洋由来の医薬と現在臨床試験中のものをあげるが，前書の表とは著しく異なっている。先ず，新たに鎮痛薬の ziconotide（ω-conotoxin MVI），抗がん剤 trabectedin（ecteinocidin 743），オメガ-3 高度不飽和脂肪酸（EPA と DHA 混合物）および抗がん剤 eribulin mesylate（halichondrin 誘導体）が認可された。なお，わが国では，EPA は動脈硬化症薬として既に使用されている。この表には載せていないが，海藻由来の多糖類 Carragelose が風邪薬として，オーストリアで認可されたという[6]。一方，臨床試験中のものには，新顔が多い。先ず，フェーズⅢに進んでいるのは，brentuximab vedotin（SGN-35）（タツナミガイから発見されたデプシペプチド，aurilide[7]と抗体の複合体）およびカリブ海産の群体ホヤ由来のデプシペプチド plitidepsin（aplidine）[8]である。

　フェーズⅡに入っているもののうち，elisidepsin は，ハワイ産ウミウシから発見されたペプチ

---

　[*]　Nobuhiro Fusetani　一般財団法人函館国際水産・海洋都市推進機構　推進機構長

マリンバイオテクノロジーの新潮流

表1 承認済および臨床試験中の海洋由来の医薬

臨床段階	物質名	商品名	由来生物	物質群	標的分子	国名	対象疾病
認可	Cytarabine (Ara-C)	Cytosar-U	海綿	ヌクレオシド	DNAポリメラーゼ	米国	がん
	Vidarabine (Ara-A)	Vira-A	海綿	ヌクレオシド	DNAポリメラーゼ	米国	ウイルス疾患
	Ziconotide	Prialt	イモガイ	ペプチド	N型Caチャネル	米国	疼痛
	Trabectedin	Yondelis	群体ホヤ	アルカロイド	DNA	スペイン	がん
	ω-3脂肪酸エチルエステル	Lovaza	魚類	脂肪酸	トリグリセリド合成酵素	米国	高中性脂肪血症
	Eribulin mesylate	Halaven	海綿	マクロリド	微小管	米国	がん
3相	Brentuximab vedotin (SGN-35)		裸鰓類	抗体ペプチド複合体	CD30, 微小管	米国	がん
	Plitidepsin	Aplidine	群体ホヤ	デプシペプチド	Rac1, JNK	スペイン	がん
2相	DMXBA (GTS-21)		ヒモムシ	アルカロイド	ニコチン性アセチルコリンレセプター	米国	認知症, 統合失調症
	Plinabulin (NPI-2358)		真菌	ジケトピペラジン	微小管, JNK ストレス蛋白	米国	がん
	Elisidepsin	Irvalec	裸鰓類	デプシペプチド	細胞膜流動性?	スペイン	がん
	PM00104	Zalypsis	裸鰓類	アルカロイド	DNA	スペイン	がん
	CDX-011		裸鰓類	抗体ペプチド複合体	NMB, 微小管	米国	がん
	Zen2174		イモガイ	ペプチド	ノルエピネフリン輸送体	豪州	疼痛
1相	Marizomib (salinosporamide A)		放線菌	β-ラクトン-γ-ラクタム	20S プロテアソーム	米国	がん
	PM01183 (trabectidin analog)		群体ホヤ	アルカロイド	DNA	スペイン	がん
	SGN-75		裸鰓類	抗体ペプチド複合体	CD70, 微小管	米国	がん
	ASG-5ME		裸鰓類	抗体ペプチド複合体	ASG-5, 微小管	米国	がん
	Hemiasterlin (E7974)		海綿	ペプチド	微小管	米国	がん
	Bryostatin 1		コケムシ	マクロリド	PKC	米国	がん, アルツハイマー
	Pseudopterosin		ヤギ	ジテルペン配糖体	エイコサノイド合成系	米国	創傷

第1章　序論と展望

carragelose

aurilide

ド，kahalalide F[8]である。Plinabulin については，第2章第1節を参照されたい。CDX-011 は前出の「aurilide と抗体複合体」と同様のものである。Zen2174[9]は，イモガイ *Conus marmoreus* の毒，χ-conotoxin MrIA の誘導体である。フェーズ I の salinosporamide A については，第2章第1節を参照されたい。PM01183 は，ecteinocidin 743 の誘導体であり，hemiasterin[8]は，海綿から得られたペプチドである。興味深いことに，bryostatin 1[8]はフェーズ II まで進んだが，治療対象を変えて，仕切り直しといったところである。なお，前書の表に載っていた squalamine は，抗がん剤としては，開発できなかったが，最近，広範囲のウイルスに効くことが分かり注目されている[10]。最後に，これらの薬候補に加え，多くの化合物が前臨床段階[11]にあることは言うまでもない。

3　機能性食品素材および化粧品

米国人は，機能性食品（サプリメント，nutraceutical）に年間 22 兆円を費やすというが，わが国では，およそその 10 分の1 が消費されている。このように，機能性食品産業は，年々成長しているが，海洋生物由来の製品がかなりの部分を占めている。例えば，EPA，DHA およびアラキドン酸などの高度不飽和脂肪酸に加え，色々なアミノ酸，ペプチド，多糖類などが機能性食品売り場に並んでいる。さらに最近，アスタキサンチンなどのカロテノイドが，注目されている。抗酸化作用に始まり，抗がん活性に至るまで，多くの効能が報告されていて，それらの作用機序

3

も解明されつつある[12]。特に最近注目されているのが，フコキサンチンである（第3章第2節参照）。関連して，アオサなどの緑藻から発見されたシホナキサンチンが，フコキサンチンに勝るとも劣らない作用を持つことが報告され注目されている[13]。

siphonaxanthin

このような既存の素材に続き，新しい芽も出つつある。微細藻類由来の緑色タンパク質のC-フィコシアニン（C-phycocyanin）が，幼児に多いアレルギー性喘息に効果があるとの論文[14]が発表され注目されている。なお，フィコビリンタンパク質（phycobiliprotein）は，健康食品素材としてばかりでなく，研究用試薬としても重要である[15]。一方，古くから日本や北欧で使われていたサメの肝油，アルキルグリセロールが，体力増強などヒトの健康に様々な有用効果が報告されている[16]。

化粧品（最近，cosmeceuticalと言われることが多くなった）にも，古くから海藻多糖類やスクワレンのような保水剤を始め，種々の海洋由来の素材が用いられてきた。アスタキサンチンを添加して機能性を持たせたものまである。関連して，最近，フコキサンチンにも皮膚の老化抑制効果が認められ，アンチエイジングクリームへの応用が期待されている[17]。前書でも取り上げたカリブ海産ヤギ類（刺胞動物）から調製されたpseudopterosin混合物入りのスキンケアクリームは，年間20億円以上の売り上げがあるという[18]。

shinorine

また，藻類に広く分布するmycosporine類（例えば，shinorine）は，UV-Bを吸収する性質があるので，日焼け止めのクリームに応用されているが，抗酸化作用，その他の機能もあるという[19]。

第1章　序論と展望

4　バイオマテリアル

古くから，寒天などの海洋生物由来の素材が様々な目的で利用されてきた。海洋生物成分の研究が進むとともに，これまでに利用されていなかったバイオマテリアルの優れた性質が明らかとなり，それらの利用を目指した研究開発が盛んになった（詳しくは，第4章を参照されたい）。例えば，美しい光沢を持つ真珠層の化学的な構造が急速に解明されつつあり，その産業への応用が期待されている。一方，海綿の骨片やケイ藻の殻は，シリコンとタンパク質などから構成されていることが判明しており，実際に骨片を人工的に作られるところまできている。ナノテクノロジーを始め，色々な分野への応用が期待されている。

イガイやフジツボのように，海の中で付着生息する生物が用いる接着剤も，大変魅力あるバイオマテリアルである。医療や建設など，多方面に応用が期待される。まだ，これらの接着剤の構造と機能は，十分に分かっていないが，このところの活発な研究により，かなりの成果が得られている。一方，バイオ触媒（酵素）は，食品分野ばかりでなく，生命科学産業における有用物質合成に有用な触媒として期待されている[20]。

バイオ燃料は，このところ非常に注目されているが，期待だけが先走りしている感を否めない。様々な試みが行われているが，今のところ，産業として実現できそうなのは，微細藻類からのジェット燃料の生産のみと言われている[20]。実際，米国のサンデイエゴを拠点とする Sapphire Energy 社は，遺伝子操作した微細藻を粗放的に養殖して生産したジェット燃料を，航空会社に供給している。今後，どの程度の規模で油を生産できるようになるのか興味ある。いずれにしても，基礎的な研究の上に立脚したバイオ燃料生産が不可欠である。

5　将来展望

海洋生物からの医薬開発（機能性食品）において，最も問題になるのは，物質の供給である。これは，昔も今も，そして将来も変わらないであろう。幸いにして，上記の認可された薬は，この問題をクリアーできたわけであるが，大量に合成できる Prialt とサケから抽出できるオメガ－3不飽和脂肪酸以外は，安泰とは言えない。折角，有望な化合物を発見したにもかかわらず，僅かな量しか得られない場合は，薬の開発を諦めなくてはならない。海洋無脊椎動物から発見された有望化合物のほとんどが，微生物由来と考えられているが，当該微生物を分離・培養することは，よほど幸運でないかぎり成功しない。メタゲノム研究が活発になったとはいえ，全長遺伝子が得られた例はごく僅かにすぎない[21]。一方，分離・培養できる微生物由来の化合物は，遺伝子操作で色々なことができる。例えば，salinosporamide の生合成遺伝子はすでに得られていて，遺伝子組換えにより，塩素の代わりにフッ素を入れた fluorosalinosporamide が合成されている[22]。

5

マリンバイオテクノロジーの新潮流

fluorosalinosporamide

　機能性食品の場合も，供給の問題を抱えている。先に述べたフコキサンチンやシホナキサンチンも海藻にはわずかしか含まれていない。また，これらを含む微細藻類もまだ発見されていないので，アスタキサンチンのように微細藻類の大量培養による生産は期待できない。海藻多糖類の多くは，養殖した海藻を原料としているので，供給の問題はないと思われていたが，天候や災害によっては収穫量が大きく変動するので，安心できない[23]。関連して，海藻成分の利用は，BSE問題もあって，機能性食品としてだけでなく，多方面で活発になっている[24, 25]。ただ，海藻成分に報告されている多くの生物活性がどのように発現するのか，分子レベルでのメカニズムが不明なものが多い。作用機序の解明が待たれる。同様に，褐藻類に広く分布するフロロタンニン類にも，様々な活性が認められ[25]，機能性食品への応用も試みられているが，製品化にはさらなる研究が必要であろう。一方，海藻レクチンにも，griffithsin[26]のように強い抗エイズ活性をもつものがあり，エイズ治療薬として期待されているものもある。ひと頃，非常に注目された，キチン・キトサンにも多くの活性が認められ，その価値が再認識されている[27]。また，その構成糖である，N–アセチルグルコサミンも医薬合成，化粧品，食品添加物などとして広く用いられている[28]。

　機能性食品のうち，オルニチンやカルノシンなどのアミノ酸系の製品は，スポーツ選手に必需品となっていて，他の機能性食品とは趣を異にする。この種の機能性食品の需要は，今後も増大すると思われるので，さらに新しいものが市場に現れるであろう。

　多くの海洋生物由来の毒は，広い分野の研究になくてはならないものとなっていて，学問の進歩に大きな貢献をしている[29]が，生命現象の解明が分子レベルで行われている今日，この傾向はさらに強まるであろう。しかし，活性発現メカニズムが明らかになった海洋天然化合物の数は少ない。この原因は，またも物質の供給の帰する。

　最後に，生物多様性条約にからみ，よく取り上げられるようになったのは，バイオプロスペクティング（bioprospecting）[30]という言葉である。これは，"生物資源のなかから，医薬・食糧などに利用できる有用な遺伝子資源を発見すること（生物資源探索，生物探索などともいう）"と説明されている。以前は，"biopirate"と言われており，発展途上国などから勝手に生物を採集して医薬などを開発して収益をあげたにもかかわらず，その生物の産地国には見返りを与えなかった事例（例えば，抗がん剤のビンカアルカロイド）が問題になったのを契機に，生物遺伝資源の利用が盛んに議論されるようになった。わが国でも同様な例があったというが，外国に行って生物採集する際には，十分気をつける必要がある。一方，わが国では，遺伝子資源の重要性が

第1章　序論と展望

あまり認識されていないようであるが，遺伝子資源は国の宝ということを，心に留めて置いてい
ただきたい。

文　　献

1) C. Mora *et al.*, *PLoS Biol.*, **9**, e1001127 (2011)
2) P. M. Erwin *et al.*, *Ecol. Economics*, **70**, 445 (2010)
3) J. W. Blunt *et al.*, *Nat. Prod. Rep.*, **28**, 196 (2011)
4) R. T. Hill and W. Fenical, *Curr. Opin. Biotechnol.*, **21**, 777 (2011)
5) A. M. S. Mayer *et al.*, *Trend Pharmacol. Sci.*, **31**, 255 (2010)；http://marinepharmacology.
midwestern.edu/
6) F. Albericio *et al.*, "Molecular Imaging for Integrated Medical Therapy and Drug
Development"(N. Tamaki and Y. Kuge, eds.), p. 237, Springer-Verlag, Berlin (2010)
7) S. Sato *et al.*, *Chem. Biol.*, **18**, 131 (2011)
8) M. Schumacker *et al.*, *Biotechnol. Adv.*, **29**, 531 (2011)
9) A. Brust *et al.*, *J. Med. Chem.*, **52**, 6991 (2009)
10) M. Zasloff *et al.*, *Proc. Natl. Acad. Sci. USA*, **108**, 15978 (2011)
11) A. M. S. Mayer *et al.*, *Comp. Biochem. Physiol.*, *Part C*, **153**, 191 (2011) および本シリーズ
の総説
12) C. Vílchez *et al.*, *Mar. Drugs*, **9**, 319 (2011)
13) P. Ganesan *et al.*, *Biochim. Biophys. Acta*, **1810**, 497 (2011)
14) C.-J. Chang *et al.*, *Am. J. Respir. Crit. Care Med.*, **183**, 15 (2011)
15) S. Sekar and M. Chandramohan, *J. Appl. Phycol.*, **20**, 113 (2008)
16) A.-L. Deniau *et al.*, *Mar. Drugs*, **8**, 2175 (2010)；T. Iannitti and B. Palmieri, *Mar. Drugs*, **8**,
2267 (2010)；A.-L. Deniau *et al.*, *Biochimie*, **93**, 1 (2011)
17) I. Urikura *et al.*, *Biosci. Biotechnol. Biochem.*, **75**, 757 (2011)
18) D. Leary *et al.*, *Mar. Policy*, **33**, 183 (2009)
19) A. Oren and N. Gunde-Cimerman, *FEMS Microbiol. Lett.*, **269**, 1 (2007)
20) H.-P. Meyer, *Org. Process Res. Dev.*, **15**, 180 (2011)
21) T. Hochmuth and J. Piel, *Phytochemistry*, **70**, 1841 (2009)；A. L. Lane and B. S. Moore,
Nat. Prod. Rep., **28**, 411 (2011)
22) A. S. Eustáquio *et al.*, *J. Nat. Prod.*, **73**, 378 (2010)
23) H. J. Bixler and H. Porse, *J. Appl. Phycol.*, **23**, 321 (2011)
24) M. L. Cornish and D. J. Garbary, *Algae*, **25**, 155 (2010)；S. L. Holdt and S. Kraan, *J. Appl.
Phycol.*, **23**, 543 (2011)；D. B. Stengel *et al.*, *Biotechnol. Adv.*, **29**, 483 (2011)
25) B. Li *et al.*, *Molecules*, **13**, 1671 (2008)；P. Laurienzo, *Mar. Drugs*, **8**, 2435 (2010)；G. Jiao
et al., *Mar. Drugs*, **9**, 196 (2011)

マリンバイオテクノロジーの新潮流

26) P. Morganti and G. Morganti, *Clinics Dermatol.*, **26**, 334 (2008)；F. Khoushab and M. Yamabhai, *Mar. Drugs*, **8**, 1988 (2010)

27) B. R. O'Keefe *et al.*, *Proc. Natl. Acad. Sci. USA*, **106**, 6099 (2009)

28) J.-K. Chen *et al.*, *Mar. Drugs*, **8**, 2493 (2010)

29) N. Fusetani and W. Kem (eds.), "Marine Toxins as Research Tools", Springer-Verlag, Berlin (2009)

30) J. M. Arrieta *et al.*, *Proc. Natl. Acad. Sci. USA*, **107**, 18318 (2010)；Y. Demunshi and A. Chugh, *Biodivers. Conserv.*, **19**, 3015 (2010)；S. Arnaud-Haond *et al.*, *Science*, **331**, 1521 (2011)

第2章　医薬素材および試薬

1　細菌および真菌

浪越通夫[*]

1.1　はじめに

「海洋生物成分の利用」では 2004 年上半期までに報告された物質について概説した。その後，細菌および真菌は以前にも増して新規生物活性物質の探索資源として盛んに利用されてきている。2006 年以降に発表された総説のうち重要なものを示したが，その数からも探索資源生物としての有用性が伺える[1~18]。特に，2009 年から研究成果の数が急激に増加している。

1.1.1　研究の動向

海洋環境から細菌や真菌が分離され，研究の対象として利用できることが知られるようになった結果，様々な領域の研究が進められている。細菌や真菌の海洋環境における役割やマクロ生物との共存・共生など，生物学，生態学，化学が協力した研究も盛んになってきた。また，深海微生物の作る酵素が利用されるようになり，細菌および真菌の酵素に関する研究も進んでいる。この節では「海洋生物成分の利用」と同様に，医薬素材および試薬としての応用を考えた低分子有機化合物について 2004 年以降を解説する。

表 1 に 2004 年から 2010 年に報告された新規化合物と論文数の推移を示した。近年は電子ジャーナルや Web 上での早期公開が多くなり，発表年に意味が無くなった感もあるが，各論文に明記された年号により分類した。全ての論文を漏れなく精査できているかどうかの確証はないが，研究の推移は分かると思う。

細菌および真菌のいずれにおいても，2007 年から報告数が急増している。細菌からの新規化合物の探索における特徴としては，放線菌の分離が非常に盛んになったことである[2,14]。そのきっかけとなったのは，カリフォルニア大学の W. Fenical 教授のグループによる組織的な海洋放線菌の分離・資源化と salinosporamide A の発見である[19]。この化合物は現在，抗がん剤としての応用を目指して第 I 相臨床試験に入っている（下記参照）。Fenical 教授らの研究業績は，

表 1　海洋細菌および海洋真菌から単離された新規化合物とその報告数の年次変化

	年	2004	2005	2006	2007	2008	2009	2010
細菌	報告数	12	20	18	24	32	30	30
	化合物数	22	38	38	59	73	67	65
真菌	報告数	26	24	34	46	61	61	45
	化合物数	60	56	66	109	175	171	93

---

[*]　Michio Namikoshi　東北薬科大学　天然物化学教室　教授

マリンバイオテクノロジーの新潮流

土壌放線菌の組織的な資源化により数多くの抗生物質を発見したラトガース大学のS. A. Waksman教授のグループの輝かしい業績を思い起こさせる。海洋放線菌の研究は世界的に広まっており，今後も有用な物質が発見される期待が高い。

　海洋真菌からの新規生物活性物質の探索における近年の新しい研究動向では，マングローブおよびその生態系からの真菌類の分離・資源化があげられる。熱帯や亜熱帯地方の沿岸域に広がるマングローブ林は，独特の生態系を形成している。マングローブの根，枝，葉およびマングローブ林の海泥からの真菌の分離が盛んに行なわれるようになり，新規生物活性物質の報告も増加している。

1.1.2　臨床試験中の物質

　細菌および真菌由来の物質および合成誘導体のうち，2つの化合物の臨床試験が行われている。いずれも抗がん剤の開発を目指しており，marizomibは第Ｉ相試験中で，plinabulinは第Ⅱ相試験に入っている。

(1)　Plinabulin（NPI-2358）：第Ⅱ相臨床試験中（抗がん剤）

　Plinabulin（1）はジケトピペラジン誘導体で，糸状菌から単離された2次代謝産物（2）をリード化合物として開発された。

1　　　　　　　　　　　　　**2**

　化合物2は初めに神奈川県川崎市の土壌から分離された*Aspergilus ustus* NSC-F037株およびNSC-F038株から新日本製鐵の研究グループにより単離され，1996年9月に特許が申請された。その構造は1997年に報告され，(−)-phenylahistinと命名された[20,21]。Phenylahistinは鏡像体の混合物（*R*:*S*=3:1）として得られたが，(−)-(*S*)-体（2）のみが活性を示した。その後，同じ化合物がFenical教授のグループによりバハマ産緑藻 *Halimeda copiosa* から分離された海洋糸状菌 *Aspergillus* sp. CNC-139株から単離され，halimideと名付けられた。Fenicalらはhalimideとその誘導体のがん細胞増殖抑制活性について特許を申請した[22]。

　このように，陸上由来の菌から以前単離された物質が海洋環境より分離した菌からも見つかるという事例は多い。海洋由来の菌は陸上に棲息していたものが海洋に流れ込んだものと考えられているので，類縁の種は同じような2次代謝系を持っていると考えられる。また，陸上由来の菌で耐塩性を示すものは，陸上から海洋に流れ込んで進化し，再び陸上に戻ったものである可能性もある[23]。

　Plinabulin（1）は化合物2の構造と活性を基にして，現東京薬科大学の林良雄教授（新日鐵→京都薬科大学）らのグループおよびNereus Pharmaceuticals社との共同研究により開発された。

10

第2章　医薬素材および試薬

Plinabulin (**1**) は多剤耐性ヒトがん細胞にも有効で，他の化学療法剤や放射線療法と併用することにより優れた治療効果を示している。Plinabulin (**1**) は微小管重合阻害活性を示し，がん細胞に直接作用してアポトーシスを誘導すると同時に，選択的にがん組織の血管に作用してその内皮構造を弱くする効果をもつ。このようながん組織の血管を破壊する効果を持つ物質は vascular disrupting agent（VDA）と呼ばれ，その活性は抗がん作用として注目されているもののひとつである。Plinabulin (**1**) は VDA の中でも有効性と選択性に優れており，Nereus Pharmaceutical 社により 2006 年に第Ⅰ相試験が開始され，2009 年に第Ⅱ相試験（非小細胞肺がん）に入っており，抗がん剤として利用されることが期待されている。

　日本の研究グループによって土壌由来の糸状菌から最初に発見された化合物 **2** が海洋糸状菌からも単離され，その後，数多くの合成誘導体の中から plinabulin (**1**) が選択されたという経緯から考えると，plinabulin (**1**) が海洋糸状菌代謝産物から誘導されたとは言い難い面もある。林教授らの最近の論文では，plinabulin (**1**) は phenylahistin をリード化合物にして合成した多くの誘導体の１つと述べているが，halimide の名称も併記している[24]。また，Nereus Pharmaceuticals 社のホームページでは海洋糸状菌代謝産物の活性と構造を基にして開発されたと記載されており[25]，総説においてもそのように紹介されている[4, 26]。そのようなことから，ここでも plinabulin (**1**) が海洋糸状菌代謝産物から誘導された抗がん剤候補化合物であると紹介した。

(2)　**Marizomib（NPI-0052, salinosporamide A）：第Ⅰ相臨床試験中（抗がん剤）**

　Marizomib (**3**) は，Fenical 教授のグループにより海洋放線菌 *Salinispora tropica* CNB-392 株から単離され salinosporamide A と命名された化合物である[19, 27]。

3

　化合物 **3** はプロテアソームに特異的な阻害活性を示す。プロテアソーム阻害剤は新しいタイプの抗がん剤として注目されており，bortezomib（Velcade™）が血液がんの一種である多発性骨髄腫の治療薬として応用されている。Marizomib (**3**) も多発性骨髄腫に対して第Ⅰ相の臨床試験が Nereus Pharmaceuticals 社によって行われており，bortezomib よりも優れた治療効果を示している[25]。この他に，リンパ腫と固形がんについても第Ⅰ相臨床試験中である。

　Marizomib (**3**) は 20S プロテアソームの β-サブユニットに不可逆的に結合する[28]。20S プロテアソームの Thr1 の γ-OH が β-ラクトンのカルボニル基と反応し，その後，13 位の塩素が

11

脱離基となって，3位の酸素とエーテル環を形成することにより不可逆的な複合体が形成され，プロテアソームの働きを継続的に阻害する。一方，13位に脱離基がない誘導体ではエーテル環が形成されないため，加水分解などを受けて Thr1 が解離し，プロテアソームの活性が回復していく（可逆的阻害）[28]。13位の脱離基が重要であることは誘導体の活性からも明らかにされていた（表2）[29]。

　強い脱離効果をもつ基（Cl，Br，I，OMs，ODs，OTs）を含む化合物（3，5〜9）が最も強い活性を示した。これらの化合物は 20S プロテアソームと不可逆的に結合する。一方，フッ素を含む化合物4の阻害活性は可逆的であった。化合物10，13，14，および15は，それぞれ salinosporamide F，D，B，および E で，S. tropica から salinosporamide A とともに単離された[30,31]。化合物4，6〜9，11，および12は，化合物3および5から化学反応により誘導された（Nereus Pharmaceuticals 社）。化合物5は，S. tropica の培養の際に NaCl の換わりに NaBr を培地に添加することにより生産される[32]。一方，NaI あるいは NaF を添加しても，期待した誘導体は生産されなかった。

　一般的に，医薬品の構造中にフッ素を導入すると好ましい効果がもたらされることが知られている[33]。カリフォルニア大学サンディエゴ校の B. S. Moore 教授のグループは，フッ素を含む salinosporamide 誘導体（4）の生産を S. tropica の変異株を用いて成功させた。フッ素塩は菌に

表2　Salinosporamide 類のウサギ由来 20S プロテアソームに対する阻害活性（nM）[29]

化合物	R	CT-L	T-L	CA-L
3（A）	C_2H_4Cl	2.6 ± 0.2	21 ± 3	430 ± 60
4	C_2H_4F	9.2 ± 10.2	ND	ND
5	C_2H_4Br	2.6 ± 0.4	14 ± 2	290 ± 60
6	C_2H_4I	2.8 ± 0.5	13 ± 3	410 ± 230
7	C_2H_4OMs	4.3 ± 0.8	65 ± 8	870 ± 32
8	C_2H_4ODs	3.0 ± 0.5	12 ± 2.3	90 ± 11
9	C_2H_4OTs	2.4 ± 0.4	9.9 ± 0.2	127 ± 5
10（F）	$epi\text{-}C_2H_4Cl$	330 ± 20	2500 ± 500	>20000
11	$C_2H_4N_3$	7.7 ± 2.5	210 ± 40	560 ± 60
12	C_2H_4OH	14.0 ± 1.5	1200 ± 150	1200 ± 57
13（D）	CH_3	7.5 ± 0.6	370 ± 44	460 ± 49
14（B）	C_2H_5	26 ± 6.7	610 ± 35	1200 ± 110
15（E）	C_3H_7	24 ± 5	1100 ± 200	1200 ± 200

CT-L：キモトリプシン様活性，T-L：トリプシン様活性，CA-L カスパーゼ様活性。
ND：測定なし。Ms：メシル基，Ds：ダンシル基，Ts：トシル基。

第2章　医薬素材および試薬

対して有害な作用を示すことが多く，培地に加えて2次代謝産物に取り込ませることは非常に難しい。Moore 教授らは，salinosporamide A の詳細な生合成経路の解析結果に基づいて，塩素原子を含む部分を生成物中に取込む酵素の遺伝子の変異株を用い，フッ素を含む有機化合物を前駆体として取込ませ，目的の化合物4を生産させた[34, 35]。また，無機フッ素塩を利用することができる他の放線菌の遺伝子を，S. tropica の塩素を導入する酵素の遺伝子と入れ替えることにより，フッ化カリウムを培地に加えて化合物4を作らせることにも成功している[36]。

さらに Moore 教授らは，5位のシクロヘキセニル基を構造中に導入する酵素の遺伝子の変異株を用いて，5位に様々な置換基をもつ誘導体を生産させることにも成功した[37, 38]。有機合成によって5位に異なる置換基をもつ化合物を作るのは容易ではないので，変異株を用いた生合成（mutasynthesis）は非常に有効な方法であった。

このように，生合成経路とその遺伝子を詳細に解析することにより，非天然型の化合物（unnatural natural products）を菌に生産させることができるようになってきた。化学反応や有機合成による誘導体の作製に加え，この方法は構造活性相関やケミカルバイオロジーの研究に利用する誘導体の作製に新しい道を切り開いた。また，医薬候補化合物の最適化の研究にも利用することができ，物質供給も安価に行うことができる。

欧米では，大手およびベンチャーも含め，製薬企業が大学の研究グループと密接に連携をとって新薬の開発を進めている。特にリスクの大きな医薬シーズの探索では，大学に資金面の援助を行ない，新しいシーズを積極的に開拓している。海洋天然物の利用においても，大学の研究グループとタイアップした欧米製薬企業が臨床試験をリードしている。

海洋細菌および真菌の代謝産物から医薬候補が生まれてきたことにより，これら微生物からの生物活性物質の探索にも拍車が掛かっている。以下に，2004年以降に発見された抗菌，抗カビ，抗ウイルス物質および抗腫瘍物質などのいくつかについて，生産菌，生物活性，および構造を紹介する。報告されている生物活性では，抗微生物活性（1.2）および培養がん細胞に対する増殖抑制活性（1.3）が多い。また，疾病などに関与するタンパク質（酵素）に対する分子標的物質の探索も進んでいる。

1. 1. 3　略号等の解説

本節では抗微生物活性試験や培養がん細胞増殖抑制活性試験に利用される微生物およびがん細胞の系統株などが略して記載されている。一番はじめに記載した所では全スペルおよび細胞株の由来を示しているが，分かり易くするためにここにまとめて列記した。

①MRSA：メチシリン耐性黄色ブドウ球菌（methicillin-resistant *Staphylococcus aureus*）。

②VRE：バンコマイシン耐性腸球菌（vancomycin-resistant *Enterococcus* spp.）*E. faecium* がよく利用されており，*E. faecalis* も使われることがある。

③抗微生物活性試験に利用される細菌および真菌類

　・グラム陽性菌：*Bacillus subtilis*（枯草菌），*Bacillus cereus*（セレウス菌），*Corynebacterium xerosis*（乾燥菌症），*Micrococcus luteus*（ミクロコッカス菌），*Micrococcus lysodeikticus*,

Mycobacterium smegmatis（恥こう菌），*Staphylococcus aureus*（黄色ブドウ球菌），*Streptococcus pneumoniae*（肺炎レンサ球菌）

・グラム陰性菌：*Escherichia coli*（大腸菌），*Pseudomonas aeruginosa*（緑膿菌）

・酵母：*Candida albicans*（カンジダ菌），*Cryptococcus humicolus*，*Cryptococcus neoformans*（クリプトコッカス症），*Pichia angusta*，*Rhodotorula acuta*

・糸状菌（カビ）：*Aspergillus fumigatus*（アスペルギルス症），*Aspergillus niger*（麹菌，クロカビ），*Botrytis fabae*（植物病原菌），*Epidermophyton floccosum*（鼠経表皮菌），*Fusarium oxysporum*（乾腐病，植物病原菌），*Mycrosporum gypseum*（白癬菌），*Trichophyton mentagrophytes*（白癬菌），*Trichophyton rubrum*（白癬菌）

④培養細胞増殖抑制活性試験に利用されるがん細胞系統株

・ヒトがん細胞株：大腸がん（HCT-116，KM20L2），肺がん（A549，LXFA 629L），肺大細胞がん（NCI-H460），膵臓がん（BXPC-3），乳がん（MCF-7，MDA-MB-231，SK-BR3），腎臓がん（RXF 944L，RXF 393），膀胱がん（T-24），前立腺がん（DU145，LN-CaP），子宮がん（UXF 1138L），子宮頸がん（HeLa），卵巣がん（OVCAR-3），神経グリア芽細胞腫（SF-268），脳腫瘍（HNXF 536L），メラノーマ（MEXF 276L，MEXF 514L，MEXF 520L），T-細胞リンパ腫（Jurkat），急性前骨髄性白血病（HL-60）

・マウス：リンパ腫（L5178Y），白血病（P388）

1.2　抗菌，抗カビ，および抗ウイルス物質

抗微生物活性では，近年大きな社会問題となっている院内感染などの原因となる薬剤耐性菌に対する活性評価の報告が多くなっている。新しい抗生物質の実用化が特に急がれているメチシリン耐性黄色ブドウ球菌（MRSA）とバンコマイシン耐性腸球菌（VRE）に対して比較的強い抗菌活性を示す物質が海洋細菌から単離されている。また，グラム陽性菌，陰性菌および真菌に対して広い抗菌スペクトルを示す物質や抗ウイルス活性物質もいくつか報告されている。

米国カリフォルニア州 La Jolla 沖の海泥（−56 m）から分離された海洋放線菌 *Marinispora* sp. CNQ-140 株から，抗菌活性とがん細胞増殖抑制活性をもつ4種の新規物質 marinomycin A～D が単離された[39]。Marinomycin A（16），B，D は対称なマクロジオライド（macrodiolide）構造をもち，C は非対称な構造である。室内の光で A はゆっくりと異性化し，B と C が生成してくる。抗菌活性は A（16）が最も強く，MRSA および VRE *faecium* ともに $MIC_{90}=0.13$ μM で増殖を抑制した。B～D は MRSA に対して 0.25 μM で活性を示したが，VRE *faecium* に対する活性は弱い（>10.0 μM）。これらの化合物はアメリカがん研究所（NCI）の60がん細胞パネル試験で比較的強い活性と高い選択性を示した（後述 1.3）。

第 2 章　医薬素材および試薬

16

Marinispora 属は海洋生活に特化した放線菌で，世界の海に広く分布している[40]。グアムの海泥から分離された *Marinispora* sp. NPS008920 株は抗菌物質 lipoxazolidinone A〜C（**17**〜**19**）を生産している[41]。NPS008920 株は菌糸の生育には塩を要求しないが，胞子の形成とこれらの化合物の生産には海水が必須である[42]。人工海水での培養では，これらの化合物は天然海水の 10〜20％の生産性しかなく，NaCl 添加培地では生産されなかったので，天然海水中に含まれる微量元素が生産に関与していると考えられる。MRSA に対する抗菌活性（MIC, μg/mL）は，1.0（A），1.5（B），3.0（C）で，抗 VRE *faecium* 活性（同）は 1.8（A），1.5（B）であった。構造中にある 5 員環 4-oxazolidinone を加水分解して生成したイミノカルボン酸は活性を失うので，この環構造が活性に必須であることがわかる。抗菌物質としてこのようなファーマコフォアをもつものはこれまでに例がないので，lipoxazolinone は抗菌剤開発の新しいリードとなる。

17: n = 5, m = 2
18: n = 5, m = 3
19: n = 4, m = 2

　塩素原子を含むジヒドロキノン誘導体の新規化合物 3 種類と既知化合物 1 種が海洋放線菌 CNQ-525 株から単離された[43]。CNQ-525 株はカリフォルニア州 La Jolla 沖の −152 m の海底から採取した海泥から分離された菌で，Streptomycetaceae 科に分類されるが，属名は未決定である。化合物 **20** と **21** の抗菌活性（MIC）は，MRSA に対してともに 1.95 μg/mL で，VRE *faecium* ではそれぞれ 3.90 と 1.95 であった。既知化合物は **20** と同等の抗菌活性を示した

20　　　　　　　　　　**21**

15

が，もう１つの新規化合物の活性（ともに MIC＝15.6 μg/mL）は弱かった。また，化合物 **21** を除く単離化合物のヒト大腸がん細胞株 HCT-116 に対する細胞増殖抑制活性（IC$_{50}$, μg/mL）も報告されている。化合物 **20** は 2.40，既知化合物は 1.84 で，もう一つの新規化合物が 0.97 と最も強い活性を示した。

カリフォルニア州サンディエゴ沖の海泥から分離された *Marinispora* sp. NPS12745 株から 5 種類の新規化合物 lynamicin A～E が単離された[44]。いずれも塩素を含むビスインドールピロール化合物で，lynamicin B（**22**）が最も強い活性を示した。化合物 **22** は MRSA に対して MIC＝2.2 μM（1.0 μg/mL），VRE *faecium* には MIC＝4.4 μM（2.0 μg/mL）で生育を阻害した。

22

La Jolla 沖の海泥（−51 m）から分離された *Streptomyces* sp. CNQ-418 株は塩要求性（obligate marine）の放線菌で，非常に珍しい化合物 marinopyrrole 類を生産している[45, 46]。ピロールの C-2 と窒素が結合した二量体構造は天然物としては初めての発見である。この架橋部分の α 位には 4 カ所とも置換基が結合しているため，この結合が不斉軸となるが，単離された化合物はいずれも（−）-アトロプ異性体のみである。（−）-marinopyrrole A（**23**）をトルエン中で 220℃ に加熱するとラセミ化する。（＋）-marinopyrrole A は（−）-異性体と同等の抗菌活性を示す。（−）-marinopyrrole A（**23**），B（**24**），および C（**25**）の MRSA に対する活性（MIC$_{90}$, μg/mL）は，それぞれ 0.31，0.63，および 0.16 であった。これらの化合物は HCT-116 の増殖も抑制した（IC$_{50}$ ＝4.5，5.3 および 0.21 μg/mL）。いずれの活性においても marinopyrrole C（**25**）が最も強い。これらの化合物のファーマコフォアもユニークな構造であるので，新しい抗菌剤のリードとなる。また，現在研究が進んでいるという活性発現のメカニズムにも興味がある。

23: R$_1$ ＝ R$_2$ ＝ H
24: R$_1$ ＝ H, R$_2$ ＝ Br
25: R$_1$ ＝ Cl, R$_2$ ＝ H

ハワイのオアフ島で採取したウミウシの体表から *Pseudoalteromonas* sp. CMMED 290 株が分

第2章　医薬素材および試薬

離された。この放線菌の培養液が強い抗MRSA活性を示し，抗菌物質として新規臭素化芳香族化合物 **26** と **27** および既知化合物の pentabromopseudilin（**28**）と bromophene（化合物 **27** の6'-Br体）が単離された[47]。化合物 **26** と **28** は生合成的に関連があると考えられる。化合物 **26** の benzofuraro(2,3-*b*)pyrrole 構造は，合成物では知られているが，天然物としては非常に珍しい。MRSA に対する化合物 **26** と **27** の抗菌活性（IC_{50}, μM）は，それぞれ 1.93 ± 0.05, および 0.19 ± 0.08 で，バンコマイシン（0.91 ± 0.09）より多少弱かったが，pentabromopseudilin **28**（0.1 ± 0.18）はバンコマイシンよりも強い活性を示した。化合物 **26** と **27** は酵母 *Candida albicans* にも活性を示すが，単離された化合物量が少なかったため，詳細は検討されていない。

26　　　　　**27**　　　　　**28**

　ノルウェーのグループが，海泥（4カ所，18株）および海綿（4種類，9株）から分離した放線菌の生育における塩要求性，培養液の抗微生物活性，およびポリケタイド合成酵素系と非リボゾームペプチド合成酵素系遺伝子の有無を検討した[48]。21種が塩要求性で，海綿由来の9株は全て海水を必要とした。生合成遺伝子をもつものの，培養液が抗菌活性を示さない株も多く，何らかの理由で遺伝子の発現が押さえられていると考えられる。塩要求性ではないが，培養液が抗

29

マリンバイオテクノロジーの新潮流

菌活性を示した *Nocardiopsis* sp. TFS65-07 株から新規チオペプチド化合物 TP-1161（**29**）が単離された。化合物 **29** はグラム陽性菌に活性を示し，VRE *faecium* と VRE *faecalis* に対してともに 1.0 μg/mL（MIC）で増殖を抑制した。

エジプトの地中海の海泥（−2 m）から分離された *Streptomyces* sp. Merv8102 株は，珍しい triazolopyrimidine 化合物 essramycin（**30**）を生産している[49]。[1,2,4]triazolo[1,5-a]pyrimidine 構造をもつ化合物は，合成物について活性が調べられているが，天然物としてはこの化合物が初めてである。化合物 **30** はグラム陰性菌と陽性菌に抗菌活性を示し，*Escherichia coli*, *Pseudomonas aeruginosa*, *Bacillus subtilis*, *Staphylococcus aureus*, および *Micrococcus luteus* に対して，それぞれ 8.0, 3.5, 1, 1, および 1.5 μg/mL（MIC）で増殖を抑制した。

30

広い抗菌スペクトルをもつ抗生物質 ayamycin（**31**）が *Nocardia* sp. ALAA2000 株から単離された[50]。この放線菌はエジプトの紅海で採取された紅藻 *Laurencia spectabilis* から分離された。3 種類の既知芳香族化合物も同時に単離されたが，抗菌活性は化合物 **31** よりもかなり弱い。化合物 **31** はグラム陰性菌（*E. coli*, *P. aeruginosa*），陽性菌（*B. subtilis*, *B. cereus*, *S. aureus*, *M. luteus*, *Mycobacterium smegmatis*, *Corynebacterium xerosis*）に対していずれも 1.0 μg/mL（MIC）で活性を示し，真菌（*Rhodotorula acuta*, *Pichia angusta*, *C. albicans*, *Cryptococcus neoformans*, *Aspergillus niger*, *Botrytis fabae*）には，それぞれ 0.5, 0.5, 0.2, 0.1, 0.2, および 0.1 μg/mL（MIC）で増殖を抑制した。有望な活性を示したので，genome shuffling 法により化合物 **31** の生産性を高める研究が行われた。Genome shuffling 法は人為的に誘導した変異株を掛け合わせてより優秀な表現型を作る方法で[51]，ALAA2000 株の 19 倍の化合物 **31** 生産性をもつ株が作られた[52]。

31

エジプトの海綿 *Aplysina fistularis* 由来の放線菌 *Streptomyces* sp. Hedaya48 株から単離された saadamycin（**32**）は簡単な構造をもつが，皮膚真菌症などの感染症に関係する真菌に対して抗真菌剤のミコナゾール（myconazole）よりも強い活性を示した[53]。化合物 **32** とミコナゾールの抗真菌活性（MIC，μg/mL）は，*Trichophyton rubrum*（5, 6），*Trichophyton mentagrophytes*（1.5, 3），*Mycrosporum gypseum*（1.25, 3），*Epidermophyton floccosum*（1.0, 6），*A. niger*（1.0,

18

第2章 医薬素材および試薬

10），*Aspergillus fumigatus*（1.6，12），*Fusarium oxysporum*（1.2，8），*C. albicans*（2.22，20），
および *Cryptococcus humicolus*（5.16，10）であった。また，UV 照射による突然変異誘導により，
10 倍以上の生産能をもつ変異株を作製している。

32

海洋糸状菌 *Ascochyta* sp. NGB4 株からグラム陽性菌と酵母に活性を示すスピロジオキシナフ
タレン化合物 ascochytatin（**33**）が単離された[54]。この糸状菌は長崎県の港で浮かんでいた朽ち
たロープから分離された。化合物 **33** は 0.3 µg/disk で *C. albicans* に対して 11 mm の阻止円を
示したほか，*S. aureus*（阻止円 7 mm）と *B. sbtilis*（同 10 mm）に抗菌活性を示した。この化
合物はヒト肺がん A549 細胞およびヒト T-細胞リンパ腫 Jurkat 細胞の増殖を阻害（それぞれ 4.8
および 6.3 µM）した。

33

中国海南島の流木から分離された *Aspergillus sydowi* PFW1-13 株から，新規化合物 **34**，**35**
および新規ジケトピペラジン 3 種類と 12 種類の既知化合物が単離された[55]。3 種類の新規ジケ
トピペラジンは A549 細胞に対して弱い増殖抑制活性を示した。一方，化合物 **34** と **35** はグラ
ム陰性菌と陽性菌に抗菌活性を示し，*E. coli*，*B. subtilis*，および *Micrococcus lysoleikticus*
（*Micrococcus lysodeikticus* の誤りと思われる）に対する MIC（µM）は，それぞれ 3.74，14.97，
7.49 および 10.65，5.33，10.65 であった。

34

35

中国西沙湾の海水から分離された *Aspergillus* sp. MF-93 株は，7 種の既知化合物とともにタ
バコモザイクウイルスの複製を阻害する新規化合物 asperxanthone（**36**）および asperbiphenyl

19

（**37**）を生産している[56]。化合物 **36** と **37** は 0.2 mg/mL でウイルスの複製をそれぞれ 62.9 と 35.5％阻害したが，これらの化合物を単離した菌体のメタノール抽出物は同濃度で 81.2％の阻害率を示したので，より強い活性物質は単離された 9 種類以外の化合物であると考えられる。

36　　　　　　　　　　**37**

　単純ヘルペスウイルス（HSV-1）に活性を示す化合物 balticolid（**38**）が，子のう菌 222 株から単離された[57]。この子のう菌はドイツのバルティック海の流木から分離されたが，検定用培地で胞子を形成しないため，同定（小房子のう菌綱，プレオスポラ目）が完了していない。化合物 **38** の HSV-1 に対する抗ウイルス活性は $IC_{50} = 0.45$ μM で，ヘルペス感染症治療薬のアシクロビル（aciclovir，0.44 μM）と同等の活性であった。ちなみに，化合物 **38** はマクロライド（macrolide）であるので化合物の英語名は balticolide のように最後に「e」が入る方が自然であるが，ドイツ語名となっているようである。

38

　イタリアの地中海の海綿 *Ircinia fasciculata* の内部組織から *Penicillium chrysogenum* が分離された。この糸状菌はヒト免疫不全ウイルス（HIV-1）に抗ウイルス活性を示す化合物 sorbicillactone A（**39**）と B を生産している[58]。抗ウイルス活性を示したのは A（**39**）のみで，0.3〜3.0 μg/mL の濃度でヒト T-リンパ球（H9 細胞）を HIV-1 の細胞毒性活性から守り，ウイルスタンパク質の発現を阻止した。また，化合物 **39** は神経保護作用を示し，マウスリンパ腫

39

第 2 章　医薬素材および試薬

L5178Y 細胞の増殖を抑制（$IC_{50} = 2.2\ \mu g/mL$）した。

1.3　抗腫瘍物質

　培養がん細胞に対する増殖抑制活性物質の探索および単離した化合物の活性評価に，ヒト固形がん細胞株を用いた報告が多くなっている。また，直接がん細胞の増殖抑制を検定する方法の他に，悪性腫瘍の発がんから転移に至る各段階に関与するタンパク質に対する分子標的物質の探索も進んでいる。

　MRSA と VRE に強い抗菌活性を示す marinomycin A（**16**）は，NCI の 60 ヒトがん細胞パネル試験で平均 $LC_{50} = 2.7\ \mu M$ の活性と高い選択性を示した[39]。メラノーマ細胞 8 株中 6 株に非常に強い活性を示し，白血病細胞 6 株に対する活性（～50 μM）はいずれも弱かった。最も有効だったのは SK-MEL-5 メラノーマ細胞株で，LC_{50} は 5.0 nM であった。パネル試験の結果から，化合物 **16** の活性は特異的で，まだ知られていないメカニズムが働いていると考えられているので，今後の研究の発展が期待される。

　フロリダの海綿 *Chondrilla caribensis* から分離された放線菌 *Verrucosispora* sp. WMMA107 株から，thiocoraline（「海洋生物成分の利用」p. 20, 21, 化合物 **28**）の同族体 22'-deoxythiocoraline（**40**）と 12'-sulfoxythiocoraline および 3 種類の単量体 thiochondrilline A～C が単離された[59]。この放線菌の主成分は thiocoraline で，他の成分は 40 分の 1～160 分の 1 の得量であった。1997 年に放線菌 *Micromonospora marina* から単離された thiocoraline は臨床試験に入ると期待されている。化合物 **40** は A549 細胞の増殖を 0.13 μM（EC_{50}）で阻害したが，その活性は thiocaraline（0.0095 μM）よりもかなり弱かった。12'-sulfoxythiocoraline および単量体 3 種類はさらに弱い活性を示した。化合物 **40** の活性から，22' 位のフェノール性 OH 基が活性に大きく関与していることが分かる。実際，合成によって作られた 22,22'-dideoxy 体は thiocoraline の 100 分の 1 の活性しかなく，キノリン環上の OH 基が DNA との水素結合を形成し，複合体を安定化させていると考えられる。

40

グアムの海泥（−20 m）から分離された *Streptomyces* sp. CNQ-593 株は，環状デプシペプチ
ド（depsipeptide）の piperazimycin A（**41**）〜C を生産している[60]。これらの化合物は HCT-
116 細胞に対して，それぞれ平均 GI_{50}＝76 ng/mL の活性を示した。化合物 **41** は NCI の 60 がん
細胞パネル試験で GI_{50}＝100 nM（LC_{50}＝2 μM）を示し，白血病細胞株（平均 LC_{50}＝31.4 μM）
よりも固形がん細胞株（同 13.9 μM）の増殖を強く抑制した。また，メラノーマ（0.3 μM），神
経膠腫（0.4 μM），前立腺がん細胞（0.6 μM）に対してよく効いた。NCI でさらに詳細な検討が
行われている。

41

Streptomyces sp. CNH990 株から marmycin A（**42**）と B（**43**）が単離された[61]。この放線菌は
メキシココルテス海の海泥（−20 m）から分離された。HCT-116 に対する活性（IC_{50}）は **42**
（60.5 nM）の方が **43**（1.09 μM）よりも約 18 倍強かった。12 ヒトがん細胞パネル試験では，化
合物 **42** の活性（IC_{50}）がきわめて高く，0.007〜0.058 μM（平均 0.022 μM）の活性を示した。一
方，化合物 **43** の活性（IC_{50}）は 1.0〜4.4 μM（平均 3.5 μM）で，塩素の存在が活性を弱める結
果となった。

42: R = H
43: R = Cl

カリフォルニア州 La Jolla 沖の海泥から分離された *Streptomyces* sp. CNQ-617 株は
marineosin A（**44**）と B を生産している[62]。これらの化合物はこれまでにないユニークな構造を
もっている。化合物 **44** は HCT-116 に対して IC_{50}＝0.5 μM で活性を示し，B（スピロ結合部分
の立体異性体）は同 46 μM と弱かった。NCI の 60 がん細胞パネル試験で化合物 **44** は，広い抗
がん細胞活性を示すとともに，メラノーマと白血病細胞株に選択性が見られた。一方，B は化合
物 **44** の 100 分の 1 の活性であった。

第2章　医薬素材および試薬

44

　真正細菌 *Bacillus silvestris* がチリで採取された大西洋のカニから分離された。この菌から環状デプシペプチド bacillistatin 1 (**45**) と 2 (**46**) が単離された[63]。化合物 **45** と **46** のヒトがん細胞に対する増殖抑制活性 (GI$_{50}$, ng/mL) は，膵臓がん BXPC-3 細胞 (0.95, 0.34)，乳がん MCF-7 細胞 (0.61, 0.31)，神経グリア芽細胞腫 SF-268 細胞 (0.45, 1.80)，肺大細胞がん NCI-H460 細胞 (2.30, 0.45)，大腸がん KM20L2 細胞 (0.87, 0.26)，前立腺がん DU-145 細胞 (1.50, 0.86) で，非常に強い活性を持つ。また，これらの化合物はペニシリン耐性 *Streptococcus pneumoniae* (ともに MIC=1 μg/mL) と多剤耐性 *S. pneumoniae* (同＜0.5 μg/mL) にも抗菌活性を示した。

45: R$_1$ = Me, R$_2$ = H
46: R$_1$ = H, R$_2$ = Me

　ドイツ北海の海泥から分離された *Streptomyces* sp. Mei37 株から mansouramycin A (**47**)〜D (**50**) が単離された[64]。36 ヒト固形がん細胞パネル試験では，C (**49**) が最も強い活性 (平均 IC$_{50}$ =0.089 μM) を示し，次いで B (**48**, 同 2.7 μM)，A (**47**, 3.49 μM) であった。化合物 **49** は 36 細胞中 10 種 (膀胱がん T-24, SF-268, 肺がん LXFA 629L, MCF-7, メラノーマ MEXF 276L, MEXF 514L, MEXF 520L, 卵巣がん OVCAR-3, 腎臓がん RXF 944L, および子宮がん UXF 1138L 細胞) に選択性 (IC$_{50}$=0.008〜0.02 μM) を示し，**47** は 6 種 (T-24, 脳腫瘍 HNXF 536L, MCF-7, MEXF 276L, MEXF 520L, DU-145 細胞) に選択性 (IC$_{50}$=0.24〜1.11 μM) を示した。

23

マリンバイオテクノロジーの新潮流

47: R$_1$ = H, R$_2$ = R$_3$ = Me
48: R$_1$ = Cl, R$_2$ = H, R$_3$ = Me
49: R$_1$ = R$_2$ = H, R$_3$ = COOMe

50

中国南シナ海の深海の海泥（−3258 m）から放線菌 *Pseudonocardia* sp. SCSIO 01299 株が分離され，その培養液から3種の新規化合物 pseudonocardian A〜C が単離された[65]。A（**51**）および B（**52**）の活性（IC$_{50}$, μM）は，SF-268（0.028, 0.022），MCF-7（0.027, 0.021），および NCI-H460（0.209, 0.177）で，C（配糖体）の活性は2桁弱かった。化合物 **51** と **52** はグラム陽性菌に抗菌活性（MIC＝2〜4 μg/mL）を示した。ちなみに，pseudonocardian 類は含窒素化合物（アルカロイド）であるので，英語名の末尾には「e」を付けるべきである。

51: R = H
52: R = Me

ドイツバルティック海の海綿 *Halichondriapanicea* から分離された *Streptomyces* sp. HB202 株から mayamycin（**53**）が単離された[66]。この放線菌からは以前8種類の新規フェナジン（phnazine）化合物 streptophenazine A〜H が単離されていたが[67]，生合成遺伝子検索でポリケタイド合成酵素II型（PKS type II）をもつことが分かったので，芳香族ポリケタイドの生産性を高める培養条件の検討を行い，化合物 **53** を発見した。化合物 **53** の肝細胞がん HepG2 細胞および大腸がん HT-29 細胞に対する活性（IC$_{50}$, μM）はそれぞれ 0.2 および 0.3 で，抗がん剤のタモキシフェン（tamoxifen, 23.4 および 38.6）よりも強かった。その他，胃がん，肺がん，乳がん，メラノーマ，膵臓がん，腎臓がんに対して，抗がん剤のアドリアマイシン（adriamycin＝ドキソルビシン，

53

第2章　医薬素材および試薬

doxorubicin；$IC_{50}=<0.052$ μM）よりも弱いが，$IC_{50}=0.13～0.33$ μM で活性を示した。また，グラム陽性菌に $IC_{50}=0.31～8.0$ μM の活性を示し，MRSA の増殖を 1.25 μM（IC_{50}）で抑制した。

　ポルトガルの海泥（−25 m）から分離された *Streptomyces albus* POR-04-15-053 株は 4 種類の新規化合物を生産している[68]。化合物 **54** および **55** は乳がん MDA-MB-231，HT-29，A549 細胞に対してそれぞれ $GI_{50}=0.5$，0.69，0.53 μM および 0.24，0.38，0.28 μM で活性を示した。一方，他の 2 化合物（**54**，**55** の脱グルコース体）の活性は弱かったが，**54** の脱グルコース体はヒト子宮頸がん HeLa 細胞において 7 nM で上皮細胞成長因子が関与する転写因子 AP-1 の活性を阻害した。

54: R = H
55: R = Me

　ノルウェーのフィヨルドの海泥（−250 m）から分離された放線菌 *Verrucosispora* sp. MG-37 株から proximicin A（**56**）～C が単離された[69]。Proximicin A（**56**）は日本海の海泥（−289 m）から分離された *Verrucosispora maris* AB-18-032 株からも得られている。A（**56**），B（**56** のチラミンアミド体），C（**56** のトリプタミンアミド体）の培養がん細胞に対する活性（GI_{50}, μg/mL）は，胃がん AGS 細胞（0.6，1.5，0.25），HepG2 細胞（0.82，9.5，0.78），MCF-7 細胞（7.2，5.0，9.0）であった。これらの化合物は AGS 細胞の周期を G_0/G_1 期で停止させ，さらにがん抑制タンパク質 p53 と細胞周期を G_1 期で停止させるタンパク質 p21 を増加させる効果を持つことが報告された[70]。

56

　Streptomyces sp. CNR-698 株から単離された ammosamide A（**57**）と B（**58**）は，HCT-116 細胞の増殖をともに $IC_{50}=320$ nM で抑制し，様々ながん細胞系統株に顕著な選択性（20 nM～1 μM）を示した[71]。この放線菌はバハマの深海の海泥（−1618 m）から分離された。化合物 **57** と **58** は細胞質のミオシンに結合することが明らかにされた[72]。よって，これらの化合物はミオシンが関与する細胞内プロセスの研究のプローブとなる。

57: R = S
58: R = O

マリンバイオテクノロジーの新潮流

　グアムの海泥（－30 m）から分離された放線菌 *Sarinispora arenicola* CNR-005 株は,
sariniketal A (**59**) と B (**60**) を生産している[73]。これらの化合物は, 発がんプロモーターの TPA
によるオルニチン脱炭酸酵素（ODC）の誘導活性を阻害する。化合物 **59** は $IC_{50}=1.95\pm0.37$ $\mu g/$
mL の活性を示すが, **60** はそれよりも弱く 7.83 ± 1.2 $\mu g/mL$ であった。ODC は発がん遺伝子
MYC の転写ターゲットで, 様々な腫瘍細胞で過剰発現しており, 発がん予防の重要な標的タン
パク質である。

59: R = H
60: R = OH

　ボラ *Mugil cephalus* の消化管から分離した糸状菌 *Aspergillus fumigatus* OUPS-T106B-5 株か
ら cephalimysin A (**61**) 〜D が単離された[74,75]。化合物 **61** は P388 とヒト急性前骨髄性白血病細
胞 HL-60 細胞に対して, それぞれ $IC_{50}=15.0$ および 9.5 nM の非常に強い活性を示した[74]。側鎖
にフラン環をもつ B〜D の活性は弱かった[75]。化合物 **61** について 39 がん細胞パネル試験なら
びに分子標的の解析が行なわれており, 成果が期待される。

61

　環状デプシペプチドの zygosporamide (**62**) がハワイのマウイ島産ラン藻から分離された糸状
菌 *Zygosporium masonii* CNK458 株から単離された[76]。化合物 **62** は NCI の 60 がん細胞パネル
試験で, 中枢神経系のがん細胞株 5 種類のうち SF-268 細胞に対して $GI_{50}=6.5$ nM, 腎臓がん細
胞株 8 種類中 RXF 393 細胞に 5.0 nM 以下で活性を示し, 非常に高い選択性を持つ。

62

　バージン諸島のコケムシ *Bugula* sp. から分離された糸状菌 *Microsporum* cf. *gypseum* CNL-
629 株から, 環状ペプチド microsporin A (**63**) と B が得られた[77]。化合物 **63** は HCT-116 の増
殖を 0.6 $\mu g/mL$（IC_{50}）で抑制したが, B（側鎖のカルボニル基が OH 基に還元されている）の

26

第 2 章　医薬素材および試薬

活性は 8.5 μg/mL であったので，側鎖のカルボニル基が活性に重要であると考えられる。NCI の 60 ヒトがん細胞パネル試験で化合物 **63** は，平均 IC$_{50}$＝2.7 μM の活性を示した。また，**63** はヒストン脱アセチル化酵素（HDAC）の強い阻害作用を示し，HeLa 細胞由来の HDAC アイソザイムおよび HDAC8 を，それぞれ IC$_{50}$＝0.14±0.01 および 0.55±0.01 μM で阻害した。

63

ドミニカのカリブ海産海綿 *Ectyplasia perox* から分離された *Paraconiothyrium* cf. *sporulosum* は，epoxyphomalin A（**64**）と B（**65**）を生産している[78,79]。この糸状菌は初め *Phoma* sp. と同定されたが[78]，その後の再検討により改訂された[79]。36 ヒトがん細胞パネル試験（14 種類の異なる固形がんタイプ）において，化合物 **64** と **65** はそれぞれ平均 IC$_{50}$＝0.11 と 1.25 μg/mL の活性を示した。化合物 **64** は 12 種類の細胞株に顕著な選択性と強い活性（IC$_{50}$＝0.010〜0.038 μg/mL）を示し，COMPARE 解析の結果ではこれまでに明らかにされている化合物とは異なるユニークなパターンであった[78]。化合物 **65** も選択性を示したが，活性は **64** よりも弱く，COMPARE 解析ではプロテアソーム阻害剤の tyropeptin A と同様のパターンを示した。前臨床試験と活性発現機構の解明に利用するためにさらに培養が行われ，3 種の新規 epoxyphomalin C〜E が単離された[79]。標的分子の解析の結果，化合物 **64** は 20S プロテアソームのキモトリプシン，カスパーゼおよびトリプシン様活性を濃度依存的に阻害することが分かった[79]。一方，化合物 **65** は主にキモトリプシン様活性を阻害した。

64: R = OH
65: R = H

バハマのホヤから分離された子のう菌 CNL-523 株の 28S rDNA 配列は，最も近い種と 94％の相同性であったので，*Cryptsphaeria* 属の新種と考えられている。CNL-523 株の培養ろ液からエレモフィラン（eremophilane）タイプのセスキテルペン cryptophaerolide（**66**）が単離された[80]。

マリンバイオテクノロジーの新潮流

化合物 66 は HCT-116 の増殖を 4.5 μM（IC$_{50}$）で抑制し，タンパク質 Mcl-1 の活性を 11.4 μM（IC$_{50}$）で阻害した。Mcl-1 はアポトーシスに対して抑制的に働くタンパク質で，多くのがん細胞で過剰に産生されている。よって，Mcl-1 の阻害剤はがん細胞のアポトーシスの開始を促進することにより，がんの治療に重要な役割を果たすと考えられる。化合物 66 はがん化学療法における Mcl-1 経路の分子標的薬開発に役立つ可能性がある。

66

日本の海綿から分離された糸状菌 *Clonostachys* sp. ESNA-A009 株の菌体抽出物から環状デプシペプチド IB-01212（**67**）が単離された[81]。化合物 67 は対称構造（C_2 symmetry）を持つ。14 ヒトがん細胞パネル試験において，化合物 67 は前立腺がん LN-CaP，乳がん SK-BR3，HT-29 および HeLa 細胞に特に強い活性（GI$_{50}$ は 10^{-8} M レベル）を示した。また，化合物 67 はリーシュマニア属の原虫に対しても活性をもつことが分かった[82]。メキシコリーシュマニア *Leishmania pifonoi*（中米）およびドノバンリーシュマニア *L. donovani*（南アフリカ，中東，インド）に対して，それぞれ LC$_{50}$ = 7.1 ± 0.4 および 10.5 ± 1.3 μM で活性を示した。ミトコンドリアの機能不全により，アポトーシス様の経過を経て寄生虫に死をもたらす。化合物 67 は新しいタイプのリーシュマニア症化学療法剤のリード化合物となる。構造活性相関の研究も行われている[82]。

67

1.4 その他の活性物質

化合物 67 はリーシュマニア原虫に活性を示すが，マラリア原虫やトリパノソーマ原虫に対す

第 2 章　医薬素材および試薬

る阻害物質も発見されている。その他，疾病に関与するタンパク質の阻害作用，抗炎症作用，抗酸化作用（ラジカル除去，活性酸素除去など），UV 防御作用などをもつ物質が報告されている。

　抗マラリア原虫活性をもつポリエーテル化合物 68 が，ハワイの海泥から分離された放線菌 *Streptomyces* sp. H668 株から得られた[83]。化合物 68 はクロロキン耐性および感受性 *Plasmodium falciparum* のいずれに対しても同等の活性（$IC_{50} = 0.1 \sim 0.2\ \mu g/mL$）を示した。一方，正常な細胞（Vero 細胞）には毒性を示さないので，マラリア治療薬としての開発が期待される。

68

　ギリシャの海藻から分離された糸状菌 *Chaetomium* sp. 620/GrK 1a 株から，chaetoxanthone A，B（**69**）および C（**70**）が単離された[84]。化合物 69 はラセミ体として得られたが，マラリア原虫 *P. falciparum* に対して選択的な毒性（$IC_{50} = 0.5\ \mu g/mL$）を示した。これに対し，化合物 70 はシャーガス病の原因となるトリパノソーマ原虫 *Trypanosoma cruzi* に選択性（$IC_{50} = 1.5\ \mu g/mL$）を持っていた。

69　　　　　　　　　　　**70**

　ヒト血小板リン酸ジエステラーゼ（phosphodiesterase，PDE）を阻害する化合物 lorneic acid A（**71**）と B が宮崎港の海泥（-38 m）から分離された放線菌 *Streptomyces* sp. NPS554 株から得られた[85]。化合物 71 は PDE5 に選択的に作用（$IC_{50} = 12.6\ \mu M$）した。B（71 のアルキル側鎖のベンジル位に OH 基をもつジヒドロ体）の活性（$IC_{50} = 87.1\ \mu M$）は弱かった。PDE は細胞内

71

マリンバイオテクノロジーの新潮流

セカンドメッセンジャーであるサイクリック AMP およびサイクリック GMP を分解する酵素
で，ほ乳類では 11 種類のファミリーを形成している。PDE5 阻害剤には，男性機能障害（ED）
や肺高血圧の治療薬となっているものがある。

　α-グルコシダーゼ（α-glucosidase）阻害物質 aspergillusol A（**72**）がタイの海綿 *Xestospongia
testudinaria* から分離された糸状菌 *Aspergillus aculeatus* CRI323-04 株から単離された[86]。化合
物 **72** は酵母 *Saccharomyces cerevisiae* およびグラム陽性菌 *Bacillus stearothermophilus* 由来の
α-グルコシダーゼの活性を，それぞれ $IC_{50}=465$ および $1060\ \mu M$ で阻害した。抗ウイルス薬の
1-デオキシノジリマイシン（1-deoxynojirimycin）の活性は，それぞれ $IC_{50}=222$ および 0.45
μM であったので，化合物 **72** は対象薬のおよそ 2 分の 1 の活性であるが，酵母由来の酵素に選
択性を持っている。

72

　南シナ海のマングローブ *Kandelia candel* の幹から分離された糸状菌 *Penicillium
chermesinum* ZH4-E2 株から単離された 6'-*O*-desmethylterphenyllin **73** は，酵母由来の α-グ
ルコシダーゼを $IC_{50}=0.9\ \mu M$ で阻害した[87]。この糸状菌は化合物 **73** のほかに 3 種の新規と 2 種
の既知 terphenyl 類および 3 種の新規 azaphilone 類を生産している。化合物 **73** のほか，新規 1
種と既知 1 種の terphenyl 類が 5 μM 以下で α-グルコシダーゼの活性を阻害したが，化合物 **73**
が最も強かった。コントロールとして用いたゲニステイン（genistein）の活性は $IC_{50}=9.8\ \mu M$
であった。

73

　ギリシャのクレタ島の海砂から分離されたミキソバクテリア *Nannocystis exedens* 150 株から
phenylnannolone A（**74**）～C が単離された[88]。化合物 **74** は P 糖タンパク質（P-glycoprotein,
P-gp）を阻害した。P-gp は細胞毒性物質の細胞外排出を行うタンパク質で，薬剤耐性の形成に

第2章　医薬素材および試薬

寄与している。化合物 74 は 31.6 μM で，P-gp を発現して抗がん剤ダウノルビシンに耐性をもつヒト卵巣がん A2780 細胞のダウノルビシンに対する感受性を 10 倍高める効果を示した。A2780 細胞に対する化合物 74 の阻害活性は弱く，31.6 μM では細胞毒性を示さない。よって，化合物 74 は抗がん剤などの P-gp による耐性の克服に利用できる可能性がある。

74

　新規キサントン類 4 種と新規ベンゾフェノン 1 種が，スペインの緑藻の内部組織から分離された糸状菌 *Monodictys putredinis* 187/195 15 I 株から単離された[89]。新規化合物のうち monodictysin C（**75**）が，薬物代謝酵素シトクロム P450 1A を IC$_{50}$ = 3.0 ± 0.7 μM で阻害した。

75

　カリフォルニア州 La Jolla 沖の海泥（−30 m）から分離された放線菌 *Streptomyces* sp. CNQ431 株から，新規 9 員環ビスラクトン splenocin A～J が単離された[90]。これらの化合物はアレルギー性喘息に関係するサイトカインの産生を抑制する効果をもち，B（**76**）が最も強い活性を示した。化合物 76 はマウス T$_H$2 脾臓細胞におけるインターロイキン（IL）-5 および IL-13 の産生を，それぞれ IC$_{50}$ = 1.8 ± 0.2 および 1.6 ± 0.02 μM で抑制した。この活性は喘息治療薬のデキサメタゾン（dexamethasone，コルチコステロイド）の活性（ともに IC$_{50}$ = 5 ± 0.1 μM）よりも強かった。化合物 76 は IL-1 と TNF-α の産生も抑制した。よって，splenocin 類は喘息治療薬の開発に利用できる可能性がある。

76

　ラジカル除去活性をもつ化合物 asperflavin ribofuranoside（**77**）が，韓国産紅藻 *Lomentaria catenata* から分離された糸状菌 *Microsporum* sp. から単離された[91]。化合物 77 は 1,1-diphenyl-2-picrylhydrazyl ラジカルの除去活性試験（DPPH アッセイ）で，IC$_{50}$ = 14.2 μM の活性を示し，

31

マリンバイオテクノロジーの新潮流

対象として用いたアスコルビン酸の活性（$IC_{50} = 20\ \mu M$）よりも強かった。

77

　2種類の新規ベンゾジアゼピン同族体 2-hydroxycircumdatin C（**78**）および circumdatin I（**79**）が，それぞれ *Aspergillus achraceus* および *Exophiala* sp. から得られた。これらの糸状菌はそれぞれ中国の褐藻 *Sargassum kjellmanianum* および韓国の海綿 *Halichondria panicea* から分離された。化合物 **78** は DPPH ラジカルを $IC_{50} = 9.9\ \mu M$ で除去し，食品添加物などに利用されている抗酸化剤ブチルヒドロキシトルエン（BHT）の活性（$IC_{50} = 88.2\ \mu M$）の 8.9 倍であった[92]。一方，化合物 **79** は UV-A 防御作用（$ED_{50} = 98\ \mu M$）を示し，この活性はサンスクリーンなどに使用されているオキシベンゾン（oxybenzone, $ED_{50} = 350\ \mu M$）よりも強かった[93]。ちなみに，circumdatin 類に付けられる通常の炭素番号と化合物 **79** は同一であるが，化合物 **78** の表示法は異なっている。通常の番号表記に従えば，化合物 **78** は 6-hydroxycircumdatin C となる。

78: R$_1$ = H, R$_2$ = OH
79: R$_1$ = OH, R$_2$ = H

1.5　おわりに

　これまでの研究成果から考えると，生物活性や構造などでは海洋無脊椎動物由来の化合物の方が海洋細菌および真菌の代謝産物よりも優れていると認められるが，無脊椎動物由来の化合物には物質供給の問題点がある。一方，海洋環境から分離した細菌および真菌は培養によって代謝産物を増産できるため，応用する際に安定した物質供給を行うことができる。それゆえ，海洋細菌および真菌は今後も探索資源として重要な役割を担うと考えられる。

　海洋細菌および真菌のうち，分離・培養できるものは陸棲菌よりも遥かに少ないと考えられている。また，海洋においてはマクロ生物との共存・共生関係が非常に濃密で，これまでに海洋無脊椎動物から得られた生物活性物質の少なからぬ数が，共存・共生微生物によって作られている可能性が指摘され，物質生産も含めて研究が進められている[94〜101]。しかしながら，共存・共生微生物を培養によって増やすのはさらに困難で，特に共生微生物を物質生産に利用するのは現時点では難しい。そのようなことから，共存・共生微生物を分離・培養することなく，それらが持つ生合成遺伝子を利用しようという metagenomics[102] が海洋微生物にも応用され始めてい

32

第 2 章　医薬素材および試薬

る[103〜107]。

　培養が難しいあるいは培養できない微生物および生合成遺伝子が利用できるようになるまでには，まだしばらくかかると思われる。それらが技術として確立するまでの生物活性物質の探索および物質生産には，やはり培養による方法が最も重要である。分離・培養が可能な海洋細菌および真菌からの生物活性物質探索の研究が進むにつれ，陸棲菌と同様に既知物質が単離される確率が高くなってきている。また，細菌や真菌を保存，継体していると 2 次代謝産物を作らなくなる傾向があり，これは海洋由来の菌でも同様である。そこで，眠っている物質生産能（生合成遺伝子）を働かせる方法がいくつか研究されている。ひとつには，遺伝子の発現を抑制している酵素（ヒストン脱アセチル化酵素など）の阻害剤を培養液に添加して休眠遺伝子を覚醒させる方法で[108]，海洋糸状菌への応用も報告されている[109]。また，微生物が抗生物質を生産する理由を生態学的に考察すると，共存培養（mixed fermentation）も有効な方法で[110]，海洋糸状菌にも応用されている[111,112]。塩素を含む 2 次代謝産物を生産する菌を，塩化ナトリウムの代わりに臭素塩で培養すると，塩素の代わりに臭素が利用されることがある[113,114]。この方法はsalinosporamide A（marizomib）でも成功している（1.1.2 を参照）。これはハロゲン化を行う酵素のタイプによるが，臭素塩を使用することにより別の生合成経路の代謝産物が生産されることがある[115〜117]。この場合は，臭素塩がストレスとなって異なる生合成経路のスイッチが入ったと考えられる。ヨウ素塩やフッ素塩は菌にとって毒となることが多いので利用しにくいが，無機塩を使って眠っている生合成遺伝子を覚醒させることが可能であることを示している。この方法は，生育に塩を要求したり，高い耐塩性を示す海洋細菌および真菌にはとくに有効な方法である。古くは，培地に昆布茶を加えたら 2 次代謝産物の生産性が高まったという例もある。また，海綿から分離した糸状菌の培養液に海綿の抽出物を加えて生合成遺伝子を活性化する方法も試みられている。分離源となった生物と分離された菌に何らかの生態学的なつながりがあるとすると，有用な手段となる可能性がある。2 次代謝産物の生合成についての様々な考察から生産培地に加える物質あるいは生物を工夫すると，休眠生合成遺伝子を覚醒させるきっかけとなるかも知れない。

　海洋環境には未利用の微生物資源が無尽蔵と思える程に存在する。遺伝子の利用に関する研究とともに，新しい細菌および真菌の分離・培養による資源化にもさらに拍車をかける必要がある。また，これまでに分離・保存してきた海洋細菌および真菌の眠っている生合成遺伝子の覚醒によって，新しい生物活性物質を探索する研究も広く発展させて欲しい。臨床試験中の 2 つの抗がん剤候補に続く有用な生物活性物質が，海洋細菌および真菌の代謝産物から発見されることを願っている。

文　　献

1) M. E. Rateb and R. Ebel, *Nat. Prod. Rep.*, **28**, 290 (2011)
2) C. C. Hughes and W. Fenical, *Chem Eur. J.*, **16**, 12512 (2010)
3) A. Debbab *et al.*, *Microb. Biotechnol.*, **3**, 544 (2010)
4) A. L. Waters *et al.*, *Curr. Opin. Biotechnol.*, **21**, 780 (2010)
5) X. Liu *et al.*, *J. Antibiot.*, **63**, 415 (2010)
6) R. Ebel, *Mar. Drugs*, **8**, 2340 (2010)
7) H. Rahman *et al.*, *Mar. Drugs*, **8**, 498 (2010)
8) A. Penesyan *et al.*, *Mar. Drugs*, **8**, 438 (2010)
9) P. G. Williams, *Trends Biotechnol.*, **27**, 45 (2009)
10) T. A. M. Gulder and R. S. Moore, *Curr. Opin. Microbiol.*, **12**, 252 (2009)
11) A. Isnansetyo and Y. Kamei, *J. Ind. Microbiol. Biotechnol.*, **36**, 1239 (2009)
12) C. Olano *et al.*, *Mar. Drugs*, **7**, 210 (2009)
13) Z. Li, *Mar. Drugs*, **7**, 113 (2009)
14) R. H. Baltz, *Curr. Opin. Pharmacol.*, **8**, 557 (2009)
15) M. Saleem *et al.*, *Nat. Prod. Res.*, **24**, 1142 (2009)
16) A. T. Bull *et al.*, *Trends Microbiol.*, **15**, 491 (2007)
17) G. M. König *et al.*, *ChemBioChem*, **7**, 229 (2006)
18) P. Bhadury *et al.*, *J. Ind. Microbiol. Biotechnol.*, **33**, 325 (2006)
19) R. H. Feling *et al.*, *Angew. Chem. Int. Ed.*, **42**, 355 (2003)
20) K. Kanoh *et al.*, *Bioorg. Med. Chem. Lett.*, **7**, 2847 (1997)
21) 福元研治，浅利徹，特開平 10-130266（特願平 9-188749）(1998)
22) W. Fenical *et al.*, WO 1999/48889 (1999)
23) M. Namikoshi and J.-Z. Xu, "Fungi from Different Environments", p. 81, Science Publishers, Enfield (2009)
24) Y. Yamazaki *et al.*, *Bioorg. Med. Chem.*, **18**, 3169 (2010)
25) http://www.nereuspharm.com/overview.shtml
26) A. M. S. Mayer *et al.*, *Trends Pharmacol. Sci.*, **31**, 255 (2010)
27) 伏谷伸宏監修，海洋生物成分の利用－マリンバイオのフロンテイア，p. 23，シーエムシー出版 (2005)
28) A. Obaidat *et al.*, *J. Pharmacol. Exp. Ther.*, **337**, 479 (2011)
29) T. A. M. Gulder and B. S. Moore, *Angew. Chem. Int. Ed.*, **49**, 9346 (2010)
30) P. G. Williams *et al.*, *J. Org. Chem.*, **70**, 6196 (2005)
31) K. A. Reed *et al.*, *J. Nat. Prod.*, **70**, 269 (2007)
32) K. S. Lam *et al.*, *J. Antibiot.*, **60**, 13 (2007)
33) K. Müller *et al.*, *Science* **317**, 1881 (2007)
34) A. S. Eustáquio, B. S. Moore, *Angew. Chem. Int. Ed.*, **47**, 3936 (2008)
35) Y. Liu *et al.*, *J. Am. Chem. Soc.*, **131**, 10376 (2009)
36) A. S. Eustáquio *et al.*, *J. Nat. Prod.*, **73**, 378 (2010)

第2章　医薬素材および試薬

37) R. P. McGlinchey *et al.*, *J. Am. Chem. Soc.*, **130**, 7822 (2008)

38) M. Nett *et al.*, *J. Med. Chem.*, **52**, 6163 (2009)

39) H. C. Kwon *et al.*, *J. Am. Chem. Soc.*, **128**, 1622 (2006)

40) L. A. Maldonado *et al.*, *Int. J. Syst. Evol. Microbiol.*, **55**, 1759 (2005)

41) V. R. Macherla *et al.*, *J. Nat. Prod.*, **70**, 1454 (2007)

42) M. J. Sunga *et al.*, *J. Ind. Microbiol. Biotechnol.*, **35**, 761 (2008)

43) I. E. Soria-Mercado *et al.*, *J. Nat. Prod.*, **68**, 904 (2005)

44) K. A. McArthur *et al.*, *J. Nat. Prod.*, **71**, 1732 (2008)

45) C. C. Hughes *et al.*, *Org. Lett.*, **10**, 629 (2008)

46) C. C. Hughes *et al.*, *J. Org. Chem.*, **75**, 3249 (2010)

47) D. Fehér *et al.*, *J. Nat. Prod.*, **73**, 1963 (2010)

48) K. Engelhardt *et al.*, *Appl. Environ. Microbiol.*, **76**, 4969 (2010)

49) M. M. A. El-Gendy *et al.*, *J. Antibiot.*, **61**, 149 (2008)

50) M. M. A. El-Gendy *et al.*, *J. Antibiot.*, **61**, 149 (2008)

51) Y. X. Zhang *et al.*, *Nature*, **415**, 644 (2002)

52) M. M. A. El-Gendy and A. M. A. EL-Bondkly, *Antonie van Leeuwenhoek*, **99**, 773 (2011)

53) M. M. A. El-Gendy and A. M. A. EL-Bondkly, *J. Ind. Microbiol. Biotechnol.*, **37**, 831 (2010)

54) K. Kanoh *et al.*, *J. Antibiot.*, **61**, 142 (2008)

55) M. Zhang *et al.*, *J. Nat. Prod.*, **71**, 985 (2008)

56) Z.-J. Wu *et al.*, *Pest Manag. Sci.*, **65**, 60 (2009)

57) M. A. M. Shushni *et al.*, *Mar. Drugs*, **9**, 844 (2011)

58) G. Bringmann *et al.*, *Tetrahedron*, **61**, 7252 (2005)

59) T. P. Wyche *et al.*, *J. Org. Chem.*, **76**, 6542 (2011)

60) E. D. Miller *et al.*, *J. Org. Chem.*, **72**, 323 (2007)

61) G. D. A. Martin *et al.*, *J. Nat. Prod.*, **70**, 1406 (2007)

62) C. Boonlarppradab *et al.*, *Org. Lett.*, **10**, 5505 (2008)

63) G. R. Pettit *et al.*, *J. Nat. Prod.*, **72**, 366 (2009)

64) U. W. Hawas *et al.*, *J. Nat. Prod.*, **72**, 2120 (2009)

65) S. Li *et al.*, *Mar. Drugs*, **9**, 1428 (2011)

66) I. Schneemann *et al.*, *J. Nat. Prod.*, **73**, 1309 (2010)

67) M. I. Mitova *et al.*, *J. Nat. Prod.*, **71**, 824 (2008)

68) C. Schleissner *et al.*, *J. Nat. Prod.*, **74**, 1590 (2011)

69) H.-P. Fiedler *et al.*, *J. Antibiot.*, **61**, 158 (2008)

70) K. Schneider *et al.*, *Angew. Chem. Int. Ed.*, **47**, 3258 (2008)

71) C. C. Hughes *et al.*, *Angew. Chem. Int. Ed.*, **48**, 725 (2009)

72) C. C. Hughes *et al.*, *Angew. Chem. Int. Ed.*, **48**, 728 (2009)

73) P. G. Williams *et al.*, *J. Nat. Prod.*, **70**, 83 (2007)

74) T. Yamada *et al.*, *Tetrahedron Lett.*, **48**, 6294 (2007)

75) T. Yamada *et al.*, *J. Org. Chem.*, **75**, 4146 (2010)

76) D.-C. Oh *et al.*, *Tetrahedron Lett.*, **47**, 8625 (2006)

77) W. Gu *et al.*, *Tetrahedron*, **63**, 6535 (2007)

78) I. E. Mohamed *et al.*, *Org. Lett.*, **11**, 5014 (2009)

79) I. E. Mohamed *et al.*, *J. Nat. Prod.*, **73**, 2053 (2010)

80) H. Oh *et al.*, *J. Nat. Prod.*, **73**, 998 (2010)

81) L. J. Cruz *et al.*, *J. Org. Chem.*, **71**, 3335 (2006)

82) J. R. Luque-Ortega *et al.*, *Mol. Pharm.*, **7**, 1608 (2010)

83) M. Na *et al.*, *Tetrahedron Lett.*, **49**, 6282 (2008)

84) A. Pontius *et al.*, *J. Nat. Prod.*, **71**, 1579 (2008)

85) F. Iwata *et al.*, *J. Nat. Prod.*, **72**, 2046 (2009)

86) N. Ingavat *et al.*, *J. Nat. Prod.*, **72**, 2049 (2009)

87) H. Huang *et al.*, *J. Nat. Prod.*, **74**, 997 (2011)

88) B. Ohlendorf *et al.*, *ChemBioChem.* **9**, 2997 (2008)

89) A. Krick *et al.*, *J. Nat. Prod.*, **70**, 353 (2007)

90) W. K. Strangman *et al.*, *J. Med. Chem.*, **52**, 2317 (2009)

91) Y. Li *et al.*, *Chem. Pharm. Bull.*, **54**, 882 (2006)

92) C.-M. Cui *et al.*, *Helv. Chim. Acta*, **92**, 1366 (2009)

93) D. Zhang *et al.*, *J. Antibiot.*, **61**, 40 (2008)

94) E. W. Schmidt and M. S. Donia, *Curr. Opin. Biotechnol.*, **21**, 827 (2010)

95) T. R. A. Thomas *et al.*, *Mar. Drugs*, **8**, 1417 (2010)

96) J. Piel, *Nat. Prod. Rep.*, **26**, 338 (2009)

97) T. Hochmuth and J. Piel, *Phytochemistry*, **70**, 1841 (2009)

98) Z. Li, *Mar. Drugs*, **7**, 113 (2009)

99) E. W. Schimidt, *Nature Chem. Biol.*, **4**, 466 (2008)

100) M. W. Taylor *et al.*, *Microbiol. Mol. Biol. Rev.*, **71**, 295 (2007)

101) G. M. König *et al.*, *ChemBioChem*, **7**, 229 (2006)

102) P. Hugenholtz and G. W. Tayson, *Nature*, **455**, 481 (2008)

103) J. A. Gilbert and C. L. Dupont, *Ann. Rev. Mar. Sci.*, **3**, 347 (2011)

104) K. B. Heidelberg *et al.*, *Microb. Biotechnol.*, **3**, 531 (2010)

105) J. Kennedy *et al.*, *Mar. Drugs*, **8**, 608 (2010)

106) S. F. Brady *et al.*, *Nat. Prod. Rep.*, **26**, 1488 (2009)

107) J. Kennedy *et al.*, *Appl. Microbiol. Biotechnol.*, **75**, 11 (2007)

108) R. B. Williams *et al.*, *Org. Biomol. Chem.*, **6**, 1895 (2008)

109) H. C. Vervoort *et al.*, *Org. Lett.*, **13**, 410 (2011)

110) R. K. Pettit, *Appl. Microbiol. Biotechnol.*, **83**, 19 (2009)

111) D.-C. Oh *et al.*, *J. Nat. Prod.*, **70**, 515 (2007)

112) D.-C. Oh *et al.*, *Bioorg. Med. Chem.*, **13**, 5267 (2005)

113) V. Nenkep *et al.*, *J. Nat. Prod.*, **73**, 2061 (2010)

114) K. R. Watts *et al.*, *J. Org. Chem.*, **76**, 6201 (2011)

115) R. Ookura *et al.*, *J. Org. Chem.*, **73**, 4245 (2008)

第 2 章　医薬素材および試薬

116)　K. Kito *et al.*, *Org. Lett.*, **10**, 225 (2008)
117)　K. Kito *et al.*, *J. Nat. Prod.*, **70**, 2022 (2007)

2 微細藻類および海藻

沖野龍文[*]

2.1 はじめに

　微細藻類および海藻は，第4章に述べられるようにバイオエネルギー研究で脚光を浴びているが，医薬素材を目指した研究も衰えることなく進められている。大型海藻の天然物は古くから研究されていて新規化合物を発見し難くなったという印象があるものの，実際のところは90年代以降現在に至るまで，紅藻と褐藻合わせて毎年100種前後の新規化合物が報告されており，減少傾向にはない。とはいえ，新しい骨格の化合物が見付かることが稀であるのも事実である。このような状況下，これまであまり研究されていない種や超微量成分に興味のある化合物が発見されている。また，微量成分を分析することが容易になったゆえに，その化合物が海藻に付着している微生物由来である可能性も高まった。

　微細藻類の研究は，藍藻（シアノバクテリア）と渦鞭毛藻が中心である。渦鞭毛藻の研究者の多くは，医薬品探索よりも赤潮などの有毒物質を研究対象としている。しかしながら，有毒物質の中にも医薬品に応用可能な性質があり，詳細な毒性のメカニズムを明らかにすることから医薬品開発が進む可能性がある。また，分子量2000以上の巨大な分子も渦鞭毛藻の特徴である。藍藻からの医薬品探索は，ますます盛んである。抗がん剤ばかりでなく，マラリアやいわゆる"neglected diseases"などの感染症の治療薬も探索されている。また，原核生物であり生合成遺伝子がクラスターを形成しているという利点を活かして，欧米を中心に生合成酵素の研究が盛んである。

　本節では最近の報告を中心に重要な化合物を概説するが，微細藻類の生物活性物質の網羅的な総説[1~4]も合わせて読まれたい。

2.2 紅藻

　Bromophycolide A（**1**）がフィジーの紅藻 *Callophycus serratus* から2005年に報告されるまで[5]，*Callophycus* 属はほとんど調べられていなかった。その後，*C. serratus* からは30種以上のジテルペン–ベンゾエートマクロライド，ジテルペン安息香酸，ジテルペンフェノールなどのメロテルペノイドが単離されている。ジテルペン–ベンゾエートマクロライドである bromophycolide A は，多剤耐性菌に対する抗菌性（MRSA および VREF に対する MIC；5.9 μM），抗カビ活性（amphotericin B 抵抗性 *Candida albicans* に対する IC$_{50}$ 49 μM），細胞毒性（11種の細胞に対する平均 IC$_{50}$；6.7 μM），抗 HIV 活性（UG/92/029 に対する IC$_{50}$；9.1 μM）を示した。また，細胞周期を G1 期で停止させてアポトーシスを誘導した。さらに，0.9 μM で抗マラリア活性を示した。Bromophycolide A は，乾燥藻体の0.8％の濃度で存在することから，抗菌性を示す濃度の100倍以上の藻体濃度であることになる。最近発展著しい質量分析によるイメージングが200

---

[*]　Tatsufumi Okino　北海道大学　大学院地球環境科学研究院　准教授

第 2 章　医薬素材および試薬

μm の分解能をもつ DESI-MS（desorption electrospray ionization mass spectrometry）によっ
て行われ，本海藻の表面に bromophycolide A がパッチ状に存在すること，その表面積あたりの
濃度が抗菌性を示す濃度以上であることが示された[6]。以上のことから，本化合物はこの海藻の
化学防御の機能を担っていると考えられる。

1

　Thyrsiferol 類は，紅藻ソゾ類のポリエーテルトリテルペノイドで顕著な細胞毒性で知られる。
最近，*Laurencia thyrsifera* から最初に単離された thyrsiferol（**2**）が HIF-1（低酸素誘導因子）
を阻害することが示された（3 μM で 66％阻害）[7]。HIF-1 を阻害することによって，血管新生誘
導因子である VEGF などの誘導を抑制することから，この活性が thyrsiferol の細胞毒性や化学
防御活性に寄与していると考えられる。ただし，この活性の強さは thyrsiferol 23-acetate のタ
ンパク質脱リン酸化酵素 2A に対する IC_{50}（4〜16 μM）と大差なく，P388 に対する極めて低濃
度（0.3 ng/mL）での細胞毒性のメカニズムの確証とはなっていない。

2

2.3　緑藻

　Nigricanoside A（**3**）と B は，ドミニカの緑藻クロハウチワ *Avrainvillea nigricans* から単離
された[8]。有糸分裂阻害活性を指標に得られた物質は非常に微量で当初構造決定には不足してい
たが，活性が顕著であった。8 年間に及ぶ努力の結果，28 kg の海藻からついに nigricanoside A
をメチルエステルとして 0.8 mg，B のメチルエステルを 0.4 mg 単離した。精製の途中で活性画
分をメチルエステル化することによって活性が低下したが，A のジメチルエステルでさえも 3
nM でヒト乳がん由来細胞 MCF-7 に対して有糸分裂を停止させ，紡錘体微小管の配列を乱した。
構造的には，モノガラクトシルジアシルグリセロール（MGDG）の構成成分からなるが，2 つの
オキシリピンが互いにエーテル結合しており，一方がガラクトースとエーテル結合しているとい

マリンバイオテクノロジーの新潮流

う点で新規の結合様式をしている。2つの長い炭素鎖の中央でエーテル結合している構造は *Botryococcus* の A 品種のエーテル（第4章参照）を思い起こさせる。

3

　ハワイ産後鰓類 *Elysia rufescens* から単離されたデプシペプチド kahalalide F（**4**）は，ハネモ属の緑藻 *Bryopsis* sp.（収率 0.0002％）が合成し *E. rufescens*（収率1％）に濃縮される化合物である。現在，大型海藻由来で臨床試験に進んでいる唯一の化合物であるが，その活性のメカニズムははっきりしない[9]。2008 年にスペインの PharmaMar が肺がんに対する Phase II の試験を開始した。

4

2.4　褐藻

　褐藻から新規化合物の報告は続くものの，際だった活性を示すものは見当たらない。古くから知られるフロロタンニンは，フロログルシノールを基本骨格とするポリフェノールで褐藻類に多く含まれる。フロロタンニンは海藻類の防御物質として働くと考えられているほか，各種生物活性が知られている。特に最近，グルコシダーゼ阻害活性や酸化ストレスに対する抑制効果が多数報告されている。例えば多くの褐藻に含まれる eckol（**5**）が，MAP キナーゼの一種である Erk

40

第 2 章　医薬素材および試薬

などの活性化を介してヘムオキシゲナーゼ 1（HO-1）の発現を誘導することが報告された[10]。HO-1 は，生体内で酸化ストレスに応答して発現する酵素である。発現した HO-1 は，ヘムタンパク質を分解して抗酸化性物質を生成させ，酸化ストレスから細胞を保護する。しかし，フロロタンニンの活性は一般に高濃度が必要であり，単独の化合物での利用を考えるよりも，食品中の機能性成分としてとらえた方がよい。

5

褐藻ハイオオギ *Lobophora variegata* から抗カビ性物質として単離されたマクロライドlobophorolide（**6**）の G-アクチンとの共結晶構造が最近報告された[11]。本化合物は海綿由来のswinholide A の半分の構造に相当するが，アクチンと swinholide A が 2：1 の複合体を形成するのに対し，lobophorolide 2 分子とアクチン 2 分子で複合体を形成する。

6

2.5　藍藻

藍藻の生物活性物質の 3 分の 1 以上は *Lyngbya* 属から報告されており，その 4 分の 3 が*Lyngbya majuscula* から単離したとされている。しかし，16S rRNA による *Lyngbya* の分類の問題点が指摘されていることもあり，同定が混乱している。ごく最近 *Lyngbya* に代わって *Moorea*という属名が提案された[12]。この名称は藍藻の天然物のパイオニア Moore 教授に由来する。なお，本書では，報告された当時の分類で記述する。

藍藻の生物活性物質を生合成的にみると，半数以上が非リボソームペプチド合成酵素（NRPS）・ポリケチド合成酵素（PKS）複合体により合成される。これまでに，curacin A，jamaicamide，hectochlorin，barbamide，cryptophycin，lyngbyatoxin，および lcyanobactin の生合成酵素遺伝子クラスターが海洋藍藻から明らかにされている[13]。

41

マリンバイオテクノロジーの新潮流

　一方，ホヤの共生ラン藻 *Prochloron* sp. が合成する patellamide 類のように，環状であってトレオニンあるいはセリンが環化して生成するオキサゾールあるいはチアゾールが含まれて NRPSで合成されるとみえるが，アミノ酸配列が遺伝子にコードされていて，翻訳後に修飾を受けることもある。この種の化合物は，最近 cyanobactin と総称されるようになった[14]。共生藍藻および自由生活性の藍藻のみならず，ホヤ・海綿などから報告されているものを含めて 100 種以上に上る。例えば，*Trichodesmium erythraeum* は，窒素固定をする代表的な外洋性藍藻で，2 次代謝産物は全く見出されてこなかったが，ゲノム情報から patellamide 生合成酵素遺伝子と類似の配列が発見された。予想される構造をもとに質量分析により探索したところ数十 μg の trichamide（**7**）が単離され FT-MS により予想構造と同じであることが確認された[15]。まさに，ポストゲノム時代の天然物化学の新手法の成果である。

7

　微小管をターゲットとする dolastatin 類は，軟体動物タツナミガイから単離されたが，餌となる藍藻によって合成される。ごく最近まで dolastatin 10 の合成類縁体 TZT-1027（**8**）やdolastatin 15 の第 3 世代水溶性類縁体である ILX651 の臨床試験が進められていた[1]が，中止となった。現在は dolastatin 10 類縁体の monomethylauristatin E および F の抗体複合体について，数社で臨床試験が行われている。

8

　微小管をターゲットとする cryptophycin 類は藍藻 *Nostoc* sp. から単離された化合物であり抗

第2章 医薬素材および試薬

がん剤として期待されていた。しかしながら，合成類縁体cryptophycin-52の臨床試験は失敗に終わった。その後，化学的安定性と水溶性を向上させた類縁体cryptophycin-309（**9**）とcryptophycin-249が第2世代の臨床試験化合物として候補に上げられている[16]。

9

Largazole（**10**）は，フロリダ産の藍藻*Symploca* sp.から単離されたデプシペプチドで，側鎖にチオエステルを有することが特徴的である。構造決定が報告された直後から全合成が次々と報告され，その活性についての研究が進んだ。その結果，largazoleのターゲットはHDAC（ヒストン脱アセチル化酵素）であることが判明した。HDAC1に対して$K_i = 20$ nMで阻害した。Largazoleは特に大腸がん細胞に対して強い阻害活性が認められると共に，骨粗鬆症の治療薬としても期待されている[17]。天然物が生体中で加水分解してオクタノイル基が解離して生成するチオール分子に亜鉛イオンが結合して強い活性を示す。

10

藍藻から単離された化合物でアクチンをターゲットとするものとしてはhectochlorin，majusculamide C，dolastatin 11，dolastatin 12などが知られていた。最近dolastatin 11およびdolastatin 12の類縁体であるdesmethoxymajusculamide C（**11**）が，フィジー産の*L. majuscula*から単離された。Desmethoxymajusculamide Cは，HCT-116に対して顕著な阻害活性（$IC_{50} = 20$ nM）を示し，アクチンフィラメントを崩壊させるが，興味深いことにアルカリ加水分解して開環した化合物にも同様の活性が見出された[18]。パプアニューギニア産の*L. majuscula*から単離されたlyngbyabellin E（**12**）はhectochlorinに類似の化合物である。Lyngbyabellin Eは，同様に60 nMでアクチンフィラメントを崩壊させた[19]。

マリンバイオテクノロジーの新潮流

11

12

　沖縄産の藍藻 *Lyngbya* sp. から単離された bisebromoamide（**13**）は，直鎖のペプチドで，39種のヒトがん細胞に対する GI_{50} が平均 40 nM であった。本化合物は，ERK（細胞外シグナル調節キナーゼ）のリン酸化を阻害し，アクチンフィラメントを安定化する[20]。

13

　パナマ産の藍藻 *Leptolyngbya* sp. から単離されたデプシペプチド coibamide A（**14**）は，高度に *N*-メチル化，*O*-メチル化されていることが特徴である[21]。その細胞毒性は非常に高く，NCI-H460 肺がん細胞に対する LC_{50} が 23 nM 以下であった。さらに，NCI の 60 種のがん細胞に対するパネルテストで，肺がん，中枢神経系胚芽腫，大腸がん，卵巣がん細胞に対して数 nM の GI_{50}

第2章 医薬素材および試薬

を示し，非常に高い選択性があるとの評価であった。この化合物は微小管やアクチンには作用せ
ず，新しいメカニズムによりがん細胞の分化を阻害していると示唆されている。

14

Apratoxin A（**15**）は，グアム産の *L. majuscula* から単離され，LoVo 細胞と KB 細胞に対す
る IC_{50} がそれぞれ 0.36 nM および 0.52 nM という極めて高い細胞毒性を示した。毒性が強く抗
がん剤としての開発は進まなかったが，構造活性相関や活性メカニズムの研究が進められてい
る。まず，転写因子の1種 STAT3（signal transducer and activator of transcription 3）のリン
酸化を阻害することで上皮成長因子受容体（EFGR）経路を阻害する。EFGR の過剰発現は肺が
んなどでよくみられるので，この阻害物質は抗がん剤として期待される。プロテオミクスの手法
により小胞体の受容体の *N*-グリコシル化を阻害し，翻訳時転位における分泌系を阻害すること
が判明した[22]。そのため，翻訳時転位における分泌系の研究試薬として使われ，この系が抗がん
剤のターゲットになりうるか調べられる可能性がある。

15

Somocystinamide A（**16**）は，フィジー産の *L. majuscula* と *Schizothrix* sp. の混合試料から
単離されたジスルフィド結合を介する2量体構造のリポペプチドである。この化合物は血管新生
を阻害し，アポトーシスの誘導により細胞分化を阻害した。Jurkat 白血病細胞に対する IC_{50} は，
3 nM であった。また，ゼブラフィッシュでも血管新生阻害が観察された。さらに，カスパーゼ

マリンバイオテクノロジーの新潮流

8を発現させた細胞の成長を阻害することから，カスパーゼ8を介してアポトーシスを誘導することがわかった[23]。

16

　環状ペプチドでAhp（3-amino-6-hydroxy-2-piperidone）を含む化合物は淡水産藍藻由来のペプチドも含めて80種以上報告され，そのほとんどにプロテアーゼ阻害活性が認められている。最近の報告で活性が強いのは，フロリダ産のL. confervoidesから単離されたlyngbyastatin 4（**17**）である[24]。本化合物はエラスターゼに対するIC$_{50}$が30 nMと非常に強く，キモトリプシンに対するIC$_{50}$は300 nMと弱い。さらに，他のセリンプロテアーゼ（トリプシン，トロンビン，プラスミン）は阻害せず，各種がん細胞に対する細胞毒性も示さなかった。

17

　フロリダ産のL. confervoidesから単離されたgrassystatin B（**18**）は，直鎖のデカデプシペプチドでstatineを構成成分として有する[25]。Statineを含むペプスタチンAと同様にアスパラギン酸プロテアーゼを阻害することが予想されたため，59種のプロテアーゼ阻害活性を調べたところ，アスパラギン酸プロテアーゼであるカテプシンDとカテプシンEを特異的に阻害した。興味深いことにペプスタチンAは両酵素を阻害しなかった。カテプシンDとEに対するIC$_{50}$は

第 2 章　医薬素材および試薬

それぞれ 7.27 nM と 354 pM と非常に強かった。さらに，grassystatin B はカテプシン E が関与する樹状細胞における抗原提示を抑制した。

18

　熱帯地域の感染症に対する活性物質も藍藻から最近探索されるようになり，活性物質が相次いで発見された。パナマ産の *Oscillatoria* sp. から単離された cyanobactin の 1 種である環状ヘキサペプチド venturamide A（**19**）は，クロロキンに耐性を有するマラリア原虫 *Plasmodium falciparum* に対して 8.2 μM で活性を示す一方，Vero 細胞に対する毒性は 86 μM と弱かった[26]。パナマ産の *L. majuscula* から単離された almiramide B（**20**）は，高度に *N*-メチル化された直鎖のリポペプチドである。抗リーシュマニア活性を 2.4 μM で示す一方，Vero 細胞に対する毒性は 52 μM と弱かった[27]。キュラソーで採集された *Oscillatoria nigro-vifidis* の培養藻体から単離された直鎖のリポデプシペプチド viridamide A（**21**）は，眠り病原虫，リーシュマニア原虫，マラリア原虫に対して 1.1～5.8 μM で活性を示す一方，HCT-116 細胞に対する毒性は 250 μM と弱かった[28]。その他にも末端アセチレンを有する直鎖のリポペプチドがこれらの感染症原虫に対する阻害物質として単離されている。しかしながら，いずれの化合物も数 μM の活性であり，

19

20

例えばクロロキンのマラリアに対する阻害活性に比べて弱い。現在使用されている安価な治療薬に比べて生産コストが非常に高いことも問題である。熱帯地域で実際に使われうる新薬開発にはよりよい化合物が必要である。

21

　Antillatoxin（**22**）は，カリブ海産 *L. majuscula* から細胞毒性物質として有名な curacin A を生産する株から魚毒性物質として単離された。その後，電位依存性ナトリウムチャネルを活性化することが示されていたが，最近になり電位依存性ナトリウムチャネル α サブユニット9種のアイソフォームのうち $rNa_v1.2$，$rNa_v1.4$，$rNa_v1.5$ を発現させた細胞でナトリウムイオンの流入を促進させることが認められた[29]。これは，veratridine や brevetoxin のような既知のナトリウムチャネル活性化剤とは異なる作用である。さらに，側鎖の8-デメチル体で活性が大きく落ちることがわかり，エステル結合付近の立体配置ばかりでなく側鎖のねじれ構造も活性発現に重要である。

22

2.6 渦鞭毛藻

　1996年に米国メリーランドで起きた渦鞭毛藻赤潮による魚類の大量斃死現象が，*Pfiesteria piscicida* の有毒物質によるものとされ多くの研究が行われたが，結局のところはっきりした結論に至っていない。その後，同時に発生する渦鞭毛藻 *Karlodinium veneficum* が水溶性の毒 karlotoxin 類を生産することが分かった。本毒は溶血活性，魚毒性を示し，現在では米国東海岸だけでなく，ヨーロッパやオーストラリアでも報告され問題となっている。2008年に amphidinol 類に類似する平面構造が，2010年に karlotoxin 2（**23**）の絶対立体構造が報告された[30]。現在では7種の構造が報告されている。Karlotoxin 1 の溶血活性の EC_{50} は 63 nM であった。Karlotoxin 類は，細胞膜に作用して細孔を形成して毒性を示す。興味深いことに，この活性は細胞膜のステロールの構成によって差が生じる。つまり，4α-メチルステロール類をもつものには毒性を示さず，コレステロールなどの4-デスメチルステロール類を含む膜に対して毒性を示す。

第 2 章　医薬素材および試薬

このことから karlotoxin をもとにコレステロールをコントロールする医薬品を開発する可能性が指摘されている。コレステロールはいうまでもなく動脈硬化など生活習慣病につながる物質である。渦鞭毛藻の研究は，赤潮毒に着目されている場合がほとんどであるが，有毒成分が医薬品開発につながる可能性を示すよい例である。

23

Amphidinium 属の渦鞭毛藻は，共生性，浮遊性，底生性など各種環境に生息し，多様なマクロライドあるいは長鎖のポリケチドを生産することで知られる[31]。北海道大学の小林淳一教授，高知大学の津田正史教授のグループをはじめとして，続々と細胞毒性物質が報告されている。最近の報告では，西表島の砂から単離された *Amphidinium* sp. の培養藻体から，15 員環マクロライド iriomoteolide-3a（**24**）の構造が決められた[32]。この化合物は，B リンパ腫 DG-75 細胞に対して 80 ng/mL で阻害活性を示す一方で，白血病細胞に対しては弱かった。小林教授が報告した amphidinolide 類の活性発現メカニズムも徐々に調べられており，環が大きく活性の強い amphidinolide H が F-アクチンを安定化する一方で，環が小さく活性が比較的弱い amphidinolide J と X は G-アクチンをターゲットとする。

24

現神奈川大学の上村大輔教授のグループは，共生渦鞭毛藻 *Symbiodinium* sp. の培養藻体から次々と活性物質を報告している。特に，上村教授のパリトキシン以来のライフワークといえる巨

マリンバイオテクノロジーの新潮流

大炭素鎖有機分子が MALDI-TOF MS を活用して見出されている。その代表格は symbiodinolide
(**25**) で，炭素数 137 の 62 員環マクロライドで分子量 2859 である。沖縄産ヒラムシ *Amphiscolops*
sp. の共生藻 *Symbiodinium* sp. から単離されたこの化合物は，電位依存性 N 型 Ca チャネルを 7 nM
で開く活性がある[33]。Symbiodinolide に続く化合物は，沖縄産ウミウシ *Chelidonura fulvipunctata*
の共生渦鞭毛藻 *Durinskia* sp. から単離された durinskiol A（**26**）である。この炭素数 110 の長
鎖ポリオールの分子量は 2128 である。Durinskiol A はゼブラフィッシュに 188 μM で形態異常を起
こす[34]。沖縄産ヒラムシ *Amphiscolops* sp. の共生藻 *Symbiodinium* sp. から単離された symbiospirol
A（**27**）は，炭素 67 個の長鎖を有する分子量 1207 の化合物である。Symbiospirol A は，細胞
毒性や抗カビ性を示さなかったが，L-ホスファチジルセリンで活性化された在来型プロテインキ
ナーゼ C（PKC）を 19.7 μM の IC_{50} で阻害した[35]。したがって，炎症関連の疾患を抑える可能
性がある。

25

第2章　医薬素材および試薬

26

27

　　底生性の渦鞭毛藻 *Prorocentrum belizeanum* の培養藻体 750 L から得られた 1.5 g の抽出物より，belizeanolide（**28**）が 6.7 mg 単離された[36]。Belizeanolide は，分子量 1425 の 54 員環ラクトンである。また，ラクトンがエステル部分で開環した belizeanoic acid も 44.7 mg 単離されている。Belizeanolide は，卵巣がん，肺がん，乳がん，および大腸がんに対して数 μM で抗腫瘍活性を示したが，興味深いことに開環型の方が 10 倍強い活性を示した。数値的には選択性がないが，一般的には大腸がん細胞の方が卵巣がん細胞より感受性が低いことを考えると一種の選択性があるといえる。

マリンバイオテクノロジーの新潮流

28

　渦鞭毛藻はシガテラの原因物質 ciguatoxin のように，エーテル環が連続的に縮合している化合物を生産することで有名である。赤潮渦鞭毛藻 *Karenia mikimotoi* の 2800 L の培養から gymnocin-B（**29**）が 2.8 mg 単離された[37]。ポリエーテル gymnocin-B の分子量は 1156 で炭素数は 62 であり，15 個のエーテル環が連続的に縮合している。連続的に縮合している環の数としては最多である。Gymnocin-B は，P388 細胞に対して 1.7 μg/mL で細胞毒性を示した。

29

　渦鞭毛藻由来の化合物で，臨床試験に進んだものはない。培養藻体から活性物質が抽出されているが，培養期間が 1 ヶ月程度かかり，数百リットルから，多い場合には 2700 リットルの規模が必要である。その規模で数ミリグラムの活性物質しか得られていないことからわかるように供給面の問題が大きい。カブ型フラスコや腰高シャーレを多数並べて培養するという状況から脱却して，津田教授は，連続的な培養装置を用いて高密度の培養にも成功している。それでも収量の向上は十分ではない。一方，渦鞭毛藻の化合物は有機合成のターゲットとして魅力的で，例えば *Amphidinium* 属から報告されている amphidinolide 類をはじめとする約 50 種のマクロライドの

52

第 2 章　医薬素材および試薬

うち約 4 割の化合物の全合成が達成されている。有機合成の力により，臨床試験に進む化合物を選択することが第一の課題である。生合成酵素の研究はまだまだ初期段階にあるが，トランスクリプトームなど最新の技術を導入して生合成反応を明らかにしていくことが期待される。その先には生合成酵素を大腸菌などに発現させて，活性物質を生産させる可能性がでてくる。

2.7　おわりに

　海藻・微細藻類の生物活性物質は，これまで述べてきたように新規化合物の構造決定から臨床試験までいろいろなステージで研究が進められている。生合成酵素（遺伝子）の研究が盛んな藍藻では，採集あるいは培養した大量の藻体の抽出物から研究するよりも，直接生合成遺伝子をクローニングする，あるいはわずかの藻体からでも微量分析技術を活かして活性物質を単離・構造決定して生合成遺伝子を探索するという研究に一部ではシフトしている。一方，海藻の生合成研究はほとんどなく，ゲノムサイズの大きい渦鞭毛藻の生合成研究もあまり進んでいない。今後 5 年ほどでは，海藻や渦鞭毛藻の生合成研究も新しい局面に入ることが期待される。そのうえで，生合成酵素・培養・活性物質のターゲットなど複合的な研究の進展が，実用化への可能性を切り開くだろう。

文　　　献

1)　L. T. Tan, *J. Appl. Phycol.*, **22**, 659 (2010)

2)　J. K. Nunnery *et al*, *Curr. Opin. Biotechnol.*, **21**, 787 (2010)

3)　J. Kobayashi *et al*, *J. Nat. Prod.*, **70**, 451 (2007)

4)　F. Folmer *et al*, *Phytochem. Rev.*, **9**, 557 (2010)

5)　J. Kubanek *et al*, *Org. Lett.*, **7**, 5261 (2005)

6)　A. L. Lane *et al*, *Proc. Natl. Acad. Sci. USA*, **106**, 7314 (2009)

7)　F. Mahdi *et al*, *Phytochem. Lett.*, **4**, 75 (2011)

8)　D. E. Williams *et al*, *J. Am. Chem. Soc.*, **129**, 5822 (2007)

9)　J. Gao *et al*, *Chem. Rev.*, **111**, 3208 (2011)

10)　K. Kim *et al*, *Int. J. Biochem. Cell Biol.*, **42**, 297 (2010)

11)　J. C. Blain *et al*, *Chem. Biol.*, **17**, 802 (2010)

12)　N. Engene *et al*, *Int. J. Sys. Evol. Microbiol.*, doi : 10. 1099/ijs. 0. 033761-0

13)　A. C. Jones *et al*, *Nat. Prod. Rep.*, **27**, 1048 (2010)

14)　M. S. Donia *et al*, *Chem. Biol.*, **18**, 508 (2011)

15)　S. Sudek *et al*, *Appl. Env. Microbiol.*, **72**, 4382 (2006)

16)　J. Liang *et al*, *Invest. New Drugs*, **23**, 213 (2005)

17)　S. Lee *et al*, *ACS Med. Chem. Lett.*, **2**, 248 (2011)

18) T. Simmons *et al*, *J. Nat. Prod.*, **72**, 1011 (2009)

19) B. Han *et al*, *Tetrahedron*, **61**, 11723 (2005)

20) E. Sumiya *et al*, *ACS Chem. Biol.*, **6**, 425 (2011)

21) R. A. Medina *et al*, *J. Am. Chem. Soc.*, **130**, 6324 (2008)

22) Y. Liu *et al*, *Mol. Pharmacol.*, **76**, 91 (2009)

23) W. Wrasidlo *et al*, *Proc. Natl. Acad. Sci. USA*, **105**, 2313 (2008)

24) S. Matthew *et al*, *J. Nat. Prod.*, **70**, 124 (2007)

25) J. C. Kwan *et al*, *J. Med. Chem.*, **52**, 5732 (2009)

26) R. G. Linington *et al*, *J. Nat. Prod.*, **70**, 397 (2007)

27) L. M. Sanchez *et al*, *J. Med. Chem.*, **53**, 4187 (2010)

28) T. L. Simmons *et al*, *J. Nat. Prod.*, **71**, 1544 (2008)

29) Z. Cao *et al*, *BMC Neurosci.*, **11**, 154 (2010)

30) J. Peng *et al*, *J. Am. Chem. Soc.*, **132**, 3277 (2010)

31) J. Kobayashi *et al*, *J. Nat. Prod.*, **70**, 451 (2007)

32) K. Oguchi *et al*, *J. Org. Chem.*, **73**, 1567 (2008)

33) M. Kita *et al*, *Tetrahedron*, **63**, 6241 (2007)

34) M. Kita *et al*, *Tetrahedron Lett.*, **48**, 3423 (2007)

35) Y. Tsunematsu *et al*, *Org. Lett.*, **11**, 2153 (2009)

36) J. G. Napolitano *et al*, *Angew. Chem. Int. Ed.*, **48**, 796 (2009)

37) M. Satake *et al*, *Tetrahedron Lett.*, **46**, 3537 (2005)

3　無脊椎動物

塚本佐知子[*]

　本節では，海綿やホヤなどの海洋無脊椎動物から発見された，医薬品素材となり得る低分子化合物について紹介する。2007年には，ホヤから単離された天然物「ヨンデリス」が，欧州において新規抗がん剤として承認された。また，2010年には，海綿から単離された天然物ハリコンドリンBの合成類縁化合物E7389が，米国食品医薬品局（FDA）によって転位性乳がん治療薬「ハラヴェン」として承認されている。そして，これら医薬品として承認された化合物以外にも，将来の医薬リードとなりうる顕著な生物活性を示す化合物や，これまでに報告がなかった特異な化学構造を有する化合物が多く発見されている。

3.1　海綿

　海綿は，地球上で6億年以上前から棲息している，最も未分化な多細胞動物である。約1万種の海綿が存在するといわれており，その分布は熱帯から極圏まで，そして浅瀬から深海まで広く分布している。海綿は，プランクトンや浮遊している有機物質をろ過して栄養源とする固着生物の一種である。そして，捕食生物や感染性の微生物から身を守るため，抗菌物質や細胞毒性物質により化学防御している。これまでに海綿からは，9000種類にも及ぶ新規化合物の単離が報告されている。しかし，共生微生物をもつ海綿が多く，海綿から得られる生物活性物質の真の生産者が海綿であるのか共生微生物であるのか明確でない場合が多い。

3.1.1　ハラヴェン

　1986年，上村らにより，相模湾で採集されたクロイソカイメン（*Halichondria okadai*）から，強い細胞毒性を示すハリコンドリンB（halichondrin B）が単離された[1]。その構造は，トリオキサトリシクロ骨格およびスピロケタール構造を含む特異なもので，誘導体のX-線結晶構造解析により決定された。halichondrin Bは，B-16メラノーマ細胞に対してIC$_{50}$値が0.09 nMという非常に強い細胞毒性を示したが，これは単離された類縁化合物の中で最も強い作用を示した化合物であった。その後，halichondrin Bは前臨床試験へと進んだが，海綿から試験を行うための十分な量の化合物を供給することには限界があった。当時，最もhalichondrin類を大量に供給することのできる海綿は*Lissodendoryx*属海綿で，1トンから310 mgの供給が可能であった。しかし，前臨床試験に供する量が十分であったとはいえ，天然資源の乱獲は現実的な手段であるとはいい難かった。1992年に岸らは，halichondrin Bの合成に成功した[2]。その後，エーザイにおいて類縁体が合成され，数百に及ぶ類縁化合物の中から，halichondrin Bに優る抗腫瘍活性を示すE7389が見出された。E7389は，halichondrin Bの右半分である大環状ラクトン部分に相当する化合物で，優れた抗腫瘍効果を示したことから臨床試験が行われた。そして，2010年に

　＊　Sachiko Tsukamoto　熊本大学　大学院生命科学研究部　天然薬物学分野　教授

マリンバイオテクノロジーの新潮流

FDA により転位性乳がんへの適応で承認された。E7389 の商品名は，ハラヴェン（Halaven™，一般名：eribulin mesylate）である[3]。微小管を標的とする従来の薬剤は，ビンカアルカロイドのように微小管を脱重合させるものと，タキサンのように微小管を安定化させるものとに大別される。微小管の特性は動的不安定性にあるので，いずれの化合物も細胞分裂を阻害し，細胞をアポトーシスへと導く。しかし，E7389 が微小管の機能を阻害するメカニズムは，それらとは異なることが明らかになった。E7389 は，微小管を安定化させるのでも脱重合させるのでもなく，微小管の伸長を阻害し，G2/M 期で細胞分裂を停止させる。チューブリンは α-チューブリンと β-チューブリンのヘテロダイマーとして存在するが，2 つのチューブリンダイマーへの E7389 の結合に関するモデル作製から，E7389 は，チューブリンダイマー間の接触面で，β-チューブリンのヌクレオチド交換部位の近傍に結合すると推論された。また，E7389 はチューブリンにおけるヌクレオチド交換を阻害することが明らかになった。さらに最近，E7389 が，可溶性チューブリンや微小管の端に結合すること，そして，微小管の伸長を阻害することが明らかになり，E7389 は微小管のプラス端に結合してその伸長を阻害すると推論されている。

Halichondrin B   E7389

3.1.2 クチノエラミン

　魚類を感染症から防御するため，安全で有効な化学療法剤の開発が求められている。そこで，魚類に対して出血性敗血症を引き起こす病原性バクテリア *Aeromonas hydrophila* を用いたスクリーニングにより，口永良部島で採集された *Hexadella* 属海綿から，11-*N*-メチルモロカイアミン（11-*N*-methylmoloka'iamine），11-*N*-シアノ-11-*N*-メチルモロカイアミン（11-*N*-cyano-11-*N*-methylmoloka'iamine）およびクチノエラミン（kuchinoeramine）が単離された[4]。それら化合物の中でも kuchinoeramine は，トリシクロデカン骨格を部分構造として有するユニークなブロモチロシン誘導体である。3 種類の化合物は，*Aeromonas hydrophila* に対して，それぞれ 7.5，8，7 mm の阻止円（100 μg/ϕ6.5 mm disk）を示した。

11-*N*-Methylmoloka'iamine   11-*N*-Cyano-11-*N*-methylmoloka'iamine   Kuchinoenamine

第 2 章　医薬素材および試薬

3.1.3　アキシネロシド A

染色体の末端領域はテロメアとよばれ，ヒトでは TTAGGG の反復配列を有する。テロメアは，染色体の安定に必須な領域で，その消失は染色体間の融合等を引き起こす。また，ヒト細胞などではテロメアの短縮や伸長が，細胞の寿命やがん細胞の活性と深くかかわっている。テロメアの反復配列を合成する酵素であるテロメラーゼは，テロメラーゼ逆転写酵素と RNA の二つの成分を含む。RNA の一部の配列が逆転写され，染色体 DNA の 3' 末端に繰返し付加されて反復配列が生じる。ヒトのテロメラーゼ活性は，生殖細胞や多くのがん細胞では一般に高いが体細胞では抑制されている。したがって，テロメラーゼに対する阻害物質は，選択性の高い抗がん剤になると期待されている。式根島で採集された海綿 *Axinella infundibula* から，テロメラーゼを阻害する新規硫酸化糖脂質アキシネロシド A（axinelloside A）が単離され，構造決定された[5]。本化合物は，(*R*)-3-hydroxy-octadecanoic acid と 3 個の (*E*)-2-hexadecenoic acid および 12 個の糖（*scyllo*-inositol，D-arabinose，5×D-galactose，5×L-fucose）から構成されているが，構成糖の水酸基のうちの 19 個が硫酸エステルになった非常に特異な構造をしている。また本化合物は，海綿の抽出物を水とジエチルエーテルで分配し，さらに，ジエチルエーテル層をヘキサンと 90% MeOH で分配したヘキサン層から得られている。Axinelloside A のように，19 個の硫酸エステルを有する糖脂質がヘキサン層から単離されたことは，とても意外に思われる。また，axinelloside A は，ヒトテロメラーゼを 0.4 μM の IC$_{50}$ 値で阻害した。

Axinelloside A

3.1.4　セコミカロリド A

2003 年に米国で認可された多発性骨髄腫治療薬　ヴェルケード（Velcade^{TM}，一般名：bortezomib）は，ユビキチン依存的にタンパク質を分解するプロテアソームの働きを阻害する。そして現在，プロテアソーム阻害剤は，がん治療薬の新規標的として注目されている。プロテアソーム阻害活性のスクリーニングにおいて，鳥羽市沖の菅島において採集された *Mycale* 属海綿の抽出物が顕著な阻害活性を示した。そして，海綿の抽出物から，プロテアソームのキモトリプシン様作用を 11 μg/mL の IC$_{50}$ 値で阻害する新規ミカロリド誘導体が得られた。構造決定の結果，ミカロリド A に存在する 3 つのオキサゾール環のうちの 1 つが開裂した構造であることが分かり，セコミカロリド A（secomycalolide A）と命名された[6]。

57

マリンバイオテクノロジーの新潮流

OHC... Secomycalolide A

3.1.5 アズマミド A-E

ヒストン脱アセチル化酵素（histone deacetylase；HDAC）は，遺伝子の転写制御において重要な役割を果たしている。HDAC は，細胞周期の制御や細胞内情報伝達に関与していることから，がん治療のための標的分子としても注目されている。天草諸島で採集した海綿 *Mycale izuensis* から，新規アミノ酸を含む5個の環状テトラペプチドであるアズマミド A-E（azumamidse A-E）が HDAC 阻害物質として単離された[7]。Azumamidse A-E は，$0.045\sim1.3$ μM の IC_{50} 値で HDAC を阻害した。また，azumamidse A は，ヒト赤芽球様白血病細胞（K562）に対して $0.19\sim19$ μM の範囲で濃度依存的にヒストンの脱アセチル化を阻害し，さらに，4.5 μM の IC_{50} 値で K562 細胞の増殖を阻害した。

Azumamides	R^1	R^2	$R^3 = R^4$
A	NH_2	H	Me
B	NH_2	OH	Me
C	OH	OH	Me
D	NH_2	H	H
E	OH	H	Me

3.1.6 エキシグアミン A

トリプトファン分解酵素の一種であるインドール 2,3-ジオキシゲナーゼ（indole-2,3-dioxygenase, IDO）は，生体内におけるトリプトファン代謝経路において，トリプトファンから *N*-フォルミルキヌレニンへと分解するステップを触媒する。トリプトファンは，生体の防御機能である免疫反応を司る T-細胞が機能するための必須のアミノ酸であることから，IDO の作用が亢進するとトリプトファンが不足し免疫機能が低下する。そして，がん細胞は IDO の活性を亢進させることにより，免疫反応によってがん細胞が分解されることを防いでいる。したがって，IDO の作用を阻害する物質は，現在用いられている抗がん剤とは異なった作用機構を有するがん治療薬になると考えられる。そして，パプアニューギニアで採集された海綿 *Neopetrosia exigua* から，IDO を阻害する物質として三環性アルカロイドであるエキシグアミン A（exiguamine A）が得られた[8]。海綿から得られた exiguamine A はラセミ体であったが，実際に，DOPA，トリプトファン，*N,N*-ジメチルヒダントインを前駆体として，アトロープ異性体の鏡像体が生合成される経路を推定することができる。Exiguamine A の IDO に対する阻害定数

第 2 章　医薬素材および試薬

（Ki）は，210 nM であった。

Exiguamine A

3.1.7　コルチスタチン A

　固形がんは栄養分を確保し増殖するため，血管新生促進物質を放出し周辺組織から血管を誘引する。血管新生は，通常，創傷の治癒など限られた状況でのみ亢進する現象なので，血管新生を選択的に阻害する薬剤は，正常細胞に毒性を示さず固形がんの成長を特異的に抑制する副作用の少ない抗がん剤として期待されている。そこで，血管新生阻害剤を探索する目的で，正常ヒト臍帯静脈血管内皮細胞（HUVECs）に対する選択的増殖抑制作用のスクリーニングが行われた。そして，インドネシアのフローレス島で採集した海綿 *Corticium simplex* から，オキサビシクロ[3.2.1]オクテン環とイソキノリン環を有する特異なステロイドアルカロイドが得られ，コルチスタチン A（cortistatin A）と命名された[9]。Cortistatin A は，HUVECs に対して 1.8 nM の IC_{50} 値で増殖抑制作用を示したが，この値は，正常ヒト繊維芽細胞（NHDF），神経芽細胞腫（Neuro2A），慢性骨髄性白血病細胞（K562）などの細胞に対する毒性と比較すると 3000 倍以上の強い作用であった。したがって，HUVECs に対する cortistatin A の増殖抑制作用は，とても選択性が高いものであるといえる。さらに，cortistatin A は，血管内皮増殖因子（vascular endothelial growth factor，VEGF）あるいは塩基性繊維芽細胞増殖因子（basic fibroblast growth factor，bFGF）の刺激によって誘導される HUVECs の遊走化や管腔形成を，2 nM の濃度で阻害した。Cortistatin A の発見以来，より有望な薬剤の開発のため，誘導体の合成が，複数の研究グループにより行われた。その中でも Corey らは，cortistatin A よりも血管新生阻害作用が強く，水溶性で毒性のない誘導体を合成することに成功した[10]。血管新生促進物質は，抗がん剤だけでなく，半数の患者が失明するといわれている黄斑変性症の治療薬としての応用展開も期待されている。

Cortistatin A

A potent cortistatin analog synthesized by Corey *et al.*

3.1.8　シュードセラチン A, B

　酵母 *Saccharomyces cerevisidae* の遺伝子 *erg6* に変異を有する株は，エルゴステロールの生合

成に変異を生じることから，低分子有機化合物の膜透過性が亢進する。したがって，*erg6* 変異株を用いることにより，野生株に比較して高感度な成長阻害試験を行うことが可能となる。この変異株を用いたスクリーニングにより，奄美大島で採集された海綿 *Pseudoceratina purpurea* から二環性のブロモチロシン誘導体であるシュードセラチン A，B（pseudoceratins A，B）が単離された[11]。Pseudoceratins A および B は，スピロアセタール，オキシムエーテル，1,5-ジアミノ-1,5-ジデオキシ-D-アラビトールなどの部分構造から構成されているユニークな構造の化合物である。Pseudoceratins A と B は，1,5-ジアミノ-1,5-ジデオキシ-D-アラビトール部分の 1 箇所の炭素原子の絶対立体配置が異なるエピマーの関係にある。Pseudoceratins A と B の抗菌活性は，ディスク法により試験されたが，両者の活性に大きな差は認められなかった。酵母 *S. cerevisidae* に対する pseudoceratins A と B の成長阻害作用は，*erg6* 変異株（YAT2285）に対しては，それぞれ 7.0，6.5 mm の阻止円（50 μg/ϕ6 mm disk）を与えたが，野生株（W303-1B）に対しては成長阻害作用を全く示さなかった。また，抗真菌活性については，*Candida albicans* に対して抗真菌活性を示した（A：11.0 mm；B：9.0 mm）が，*Penicillium chrysogenum* および *Mortierella ramaniana* に対しては，成長阻害作用を示さなかった。一方，細菌（*Escherichia coli*，*Bacillus subtilis*，*Staphylococcus aureus*）に対しては，pseudoceratin A が 7.5〜8.5 mm，B が 10.0〜12.5 mm の阻止円を示した。

Pseudoceratin A   Pseudoceratin B

3.1.9 ルーセッタモール A

ユビキチン依存的にプロテアソームにより分解される短寿命の標的タンパク質には，その機能不全が，がんなどの各種疾病の発症に関係するものが多い。そして，その短寿命タンパク質の蓄積を誘導できる化合物は，従来の抗がん剤とは異なる作用機構で働き，副作用の少ない選択性の高い薬剤になると期待される。標的タンパク質のユビキチン化は，3 つのタンパク質（E1，E2，E3）の働きにより進行するが，それらの中でも E2 酵素である Ubc13 を阻害する化合物は，p53 の核外輸送を阻害することにより核内における p53 の蓄積を誘導でき，その結果として p53 の作用を亢進させ，抗がん作用を示すと期待される。しかし現在までに，そのような薬剤の開発例は報告されていない。E2 酵素 Ubc13 は，他の E2 酵素と異なり，E2 様タンパク質 Uev1A とヘテロダイマーを形成することにより E2 活性を発揮する。このことから，Ubc13-Uev1A 複合体の形成を阻害する物質は，抗がん剤としての開発が期待される。ELISA 法を用いたスクリーニングにより，インドネシアで採集された海綿 *Leucetta microrhaphis* の抽出液に，Ubc13-Uev1A複合体形成を阻害する作用が検出された。そして，湿重量 80 g の海綿から，阻害物質として

第2章 医薬素材および試薬

200 mg のルーセッタモール A（leucettamol A）が得られた（IC_{50}, 4 μg/mL）[12]。Leucettamol A は，以前，Faulkner らにより抗菌物質として単離され，その際に，ラセミ体であると報告されていた。しかし，Ubc13-Uev1A 複合体形成阻害物質として得られた際，leucettamol A について ECCD（exciton-coupled circular dichroism）スペクトルによる解析を行ったところ，leucettamol A の絶対立体配置は，2R,3S,28S,29S であることが明らかとなった[13]。

Leucettamol A

3.1.10 フォルバシン D-F

Phorbas 属海綿からは，これまでに興味深い化学構造と生物活性を示す化合物が数多く報告されている。グレートオーストラリア湾で採集された *Phorbas* 属海綿から，既知化合物であるフォルバシン B および C（phorbasins B, C）に加えて3種類の新規ジテルペニルタウリンであるフォルバシン D-F（phorbasins D-F）が得られた[14]。生合成的には，phorbasin B にタウリンが結合して phorbasin D が生成し，さらに，もう一分子の phorbasin B が縮合して phorbasin E が生成したと推定できる。縮合により生成した，スルホンを含むヘテロ環は，初めて発見された構造である。Phorbasins B, C, E は，ヒト肺がん細胞（A549），大腸がん細胞（HT29），乳がん細胞（MDA-MB-231）に対して，5-15 μM の IC_{50} 値で毒性を示した。しかし，phorbasin D は 30 μM の濃度でも毒性を示さなかった。

Phorbasin B R=H
Phorbasin C R=Ac

Phorbasin D

Phorbasin E R=H
Phorbasin F R=Ac

3.1.11 ナキジキノン

これまでに，海洋生物からは，多様な生物活性を示すセスキテルペノイドキノン類が単離されている。沖縄産 *Spongia* 属海綿から，ナキジキノン E-I（nakijiquinones E-I）と命名された新規化合物が得られた。赤色非結晶性固体として得られた nakijiquinones E, F は，セスキテルペノイドキノンならびにヒドロキノンが窒素原子を介したダイメリックな構造であることが明らかとなった[15]。Nakijiquinones G-I は，いずれもセスキテルペノイドキノン誘導体であるが，それぞれ histamine, agmatine, 3-(methylsulfinyl)propan-1-amine がキノン環に結合した構造である[16]。Nakijiquinones E, F は，マウス白血病細胞（P388），マウス白血病細胞（L1210），ヒト口腔がん細胞（KB）に対して細胞毒性を示さなかったが，nakijiquinones G-I は，それらの細

61

マリンバイオテクノロジーの新潮流

胞に対して弱い毒性を示した。また，nakijiquinone H は，抗菌活性を示した。

Nakijiquinone E: Δ$^{3',4'}$
Nakijiquinone F: Δ$^{4',11'}$

Nakijiquinone G: R=HN〜〜〜
Nakijiquinone H: R=HN〜〜〜
Nakijiquinone I: R= HN〜〜〜

3. 1. 12　ムイロノリド A およびフォルバシド A

　オーストラリアの西海岸で採集した *Phorbas* 属海綿から，微量成分としてムイロノリド A （muironolide A）が単離された[17]。Muironolide A は 90 μg（152 nmole）しか得られなかったので，その NMR スペクトルは，内径 1.7 mm のチューブを用いてクライオプローブの装着された 600 MHz の NMR 装置で測定された。さらに，マススペクトル，CD スペクトル，化学分解を用いることにより，絶対立体配置も含めた構造が決定された。これまでに同じ海綿から，フォルボキサゾール A （phorboxazole A）[18〜20]および特異なエンイン-トランス-2-クロロシクロプロパン環を有するフォルバシド A （phorbaside A）[21, 22]も単離されているが，これら 3 種類の化合物は，全く異なる骨格を有している。さらに，muironolide A と phorbaside A に存在するクロロシクロプロパン部分の絶対立体配置が逆になっている。これらのことから，3 種類の化合物の生産者は，海綿に含まれる異なった微生物である可能性が強く示唆される。Muironolide A の収量は，海綿の湿重量あたり 0.41 ppm であったが，phorboxazole A と phorbaside A は，それぞれ，400 ppm および 11.6 ppm であった。

Muironolide A

Phorbaside A

Phorboxazole A

3. 1. 13　ザマミジン A-C

　マラリアの病原体は，熱帯熱マラリア原虫 *Plasmodium falciparum* でハマダカラの媒介により感染する。マラリアは亜熱帯・熱帯地域を中心として世界 100 カ国以上で認められ，重症化あるいは死亡に至る危険性の高い疾患である。世界保健機関（WHO）の推計では，年間 3 億〜5 億人の罹患者と 150 万〜270 万人の死亡者があるといわれている。マラリアの急性期の治療にはクロロキンが用いられ，さらに重症のマラリアにはキニーネやアルテミシニンなども用いられているが，クロロキン耐性の出現もあって有効な新規マラリア治療薬の開発が期待されている。

62

第2章　医薬素材および試薬

1986年にマンザミンA（manzamine A）が*Haliclona*属海綿から単離されて以来，約100種の関連アルカロイドの単離が報告されている。そして，manzamine A が抗マラリア活性を初めとした種々の生物活性を示し，また，複雑な構造を有することから全合成研究も活発に行われた。沖縄で採集された*Amphimedon*属海綿から，新規 manzamine 関連化合物が単離され，ザマミジン A-C（zamamidines A-C）と命名された[23, 24]。Zamamidines A-C は，それぞれ manzamine H，1,2,3,4-tetrahydromanzamine B，manzamine D の N-2 位に，2つ目の β-カルボリンユニットがエチレンを介して結合した構造で，manzamine 関連化合物としては，初めての骨格である。そして，zamamidines A-C のクロロキン耐性マラリア原虫*Plasmodium falciparum*（K1 strain）に対する IC_{50} 値は，それぞれ 7.16，12.20 および 0.58 μg/mL，トリパノゾーマ原虫*Trypanosoma brucei brucei*（GUTat 3.1）に対しては，それぞれ 1.04，1.05 および 0.27 μg/mL であった。

Zamamidine A　　　　Zamamidine B　　　　Zamamidine C

3. 1. 14　モツアレヴィックアシド A-F

感染症の拡大にともない，メシチリン耐性黄色ブドウ球菌（*Staphylococcus aureus*）（MRSA），バンコマイシン耐性腸球菌（VRE），多剤耐性結核菌（MDR-TB）などの薬剤耐性菌の出現が問題になっている。そのような背景から，新規の感染症治療薬の開発が強く望まれている。フィジーで採集した*Siliquariaspongia*属海綿の抽出物が MRSA に対して強い成長阻害作用を示したので活性物質の精製が行われ，7種類の新規化合物として，モツアレヴィックアシド A-F（motualevic acids A-F）および（4*E*）-（*R*）-アンタジリン（（4*E*）-（*R*）-antazirine）が得られた[25]。Motualevic acids A-D は，2個の臭素が ω 位に結合した脂肪酸にグリシンがアミド結合した新規骨格を有している。そして，motualevic acid F は，長鎖の 2*H*-アジリン 2-カルボン酸誘導体である。これら化合物の中で，motualevic acids A と F が，MRSA に対して 1.2～10.9 μg/mL で抗菌作用を示した。

Motualevic acid A: R=OH
Motualevic acid C: R=NH$_2$
Motualevic acid D: R=N(CH$_3$)$_2$

Motualevic acid B

Motualevic acid E

Motualevic acid F: R=H
(4*E*)-(*R*)-Antazirine: R=CH$_3$

3. 1. 15　グラシリオエーテル A-C

大島新曽根の 150 m の深海で採集された海綿*Agelas gracilis*から3種類の新規化合物グラシ

63

リオエーテル A–C（gracilioether A–C）が単離された[26]。Gracilioether A–C は，熱帯熱マラリア原虫 *Plasmodium falciparum* に対して，それぞれ 10，0.5 および 10 μg/mL の IC$_{50}$ 値で抗マラリア活性を示した。また，リーシュマニア症は原虫 *Leishmania major* による感染症の一種であるが，gracilioether B は，10 μg/mL でリーシュマニアの成長を 68％阻害した。

Gracilioether A　　　Gracilioether B　　　Gracilioether C

3. 1. 16　エニグマゾール A

　腫瘍細胞に対して顕著な細胞毒性を示したパプアニューギニア産海綿 *Cinachyrella enigmatic* の水抽出物から，リン酸エステルを有する 18 員環マクロライド化合物が得られ，エニグマゾール A（enigmazole A）と命名された[27]。本化合物は，NCI が保有する 60 種類の腫瘍細胞に対して GI$_{50}$ 値の平均が 1.7 μM であった。以前，海綿 *Discodermia calyx* から単離されたカリキュリン A（calyculin A）も分子中にリン酸エステルを有しているが，calyculin A は，プロテインフォスファターゼ 1（PP1）と 2A（PP2A）を強力に阻害することが知られている[28]。しかし，enigmazole A は，40 μg/mL の濃度でも PP1 と PP2A の作用を阻害しなかった。Enigmazole A は，海綿からの単離と構造決定に引き続き，22 ステップで全合成された[29]。

Enigmazole A

3. 1. 17　ヤクアミド A および B

　海洋無脊椎動物や微生物からは，異常アミノ酸とよばれる通常のアミノ酸とは異なったアミノ酸残基から成るペプチドが単離されている。このような非リボソーム起源のペプチドは，構造が特異なだけでなく顕著な生物活性を示すものが多い。屋久新曽根産 *Ceratopsion* 属海綿から，ヤクアミド A および B（yaku'amides A, B）と命名したペプチドが得られた[30]。Yaku'amides は，多くのデヒドロアミノ酸や β–ヒドロキシアミノ酸を含むユニークな構造を有している。また，N 末端および C 末端には，天然物としては初めての修飾基が結合している。Yaku'amides A および B は，マウス白血病細胞（P388）に対して IC$_{50}$ 値がそれぞれ 14 および 4.0 ng/mL で細胞毒性を示した。

第2章　医薬素材および試薬

Yaku'amide A: R=H
Yaku'amide B: R=CH₃

3. 1. 18　新規プリン誘導体

　天然には，多くの生理活性プリン誘導体が存在する。それらの中でも植物に含まれるカフェインやテオフィリンは，中枢神経に対する刺激作用を有する。また，海洋無脊椎動物からもプリン誘導体が単離されており，細胞毒性，抗菌，酵素阻害，血管新生阻害，神経活性などが報告されている。パラオ産の Haplosclerida（ザラカイメン目）海綿である *Cribrochalina olemda* から，新規プリン誘導体として，1,9-ジメチル-8-オキソイソグアニン（1,9-dimethyl-8-oxoisoguanine）が，*Amphimedon viridis* からは1,3-ジメチル-8-オキソイソグアニン（1,3-dimethyl-8-oxoisoguanine），3,9-ジメチル-8-オキソイソグアニン（3,9-dimethyl-8-oxoisoguanine），9-メチル-8-オキソイソグアニン（9-methyl-8-oxoisoguanine）が単離された[31]。マウスに対して，これら化合物の水溶液を脳室内に投与し生理活性を調べたところ，以下のような結果が得られた。1,9-Dimethyl-8-oxoisoguanine を高濃度で投与したところ，痙攣症状を示した後，死亡し，痙攣誘発活性の CD_{50} は 2.4 nmol/mouse であった。しかし，痙攣を誘発しない程度の低濃度では，マウスの自発運動を顕著に抑制しカタレプシー症状をもたらした。一方，1,3-dimethyl-8-oxoisoguanine および 9-methyl-8-oxoisoguanine は，1,9-dimethyl-8-oxoisoguanine と同様に高濃度で痙攣を誘発し，低濃度では抑制作用を示した。そして，痙攣誘発活性の CD_{50} は，それぞれ 54 および 18 nmol/mouse であった。また，3,9-dimethyl-8-oxoisoguanine は，高濃度においても痙攣誘発作用を示さず抑制作用を示した。さらに，1,9-dimethyl-8-oxoisoguanine については，受容体および神経細胞を用いた研究成果についても報告されている。

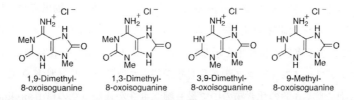

1,9-Dimethyl-8-oxoisoguanine　　1,3-Dimethyl-8-oxoisoguanine　　3,9-Dimethyl-8-oxoisoguanine　　9-Methyl-8-oxoisoguanine

3. 1. 19　ポリセオナミド B

　1994年に海綿 *Theonella swinhoei* から得られたポリセオナミドAおよびB（polytheonamides A, B）は，48個のアミノ酸残基から構成される非リボソーム起源のペプチドで，興味深いことに D-アミノ酸と L-アミノ酸が交互に配列した構造であった[32〜34]。また，48個のアミノ酸残基のうちの8個は異常アミノ酸であった。Polytheonamides AとBは，44番目のアミノ酸残基に含まれるスルフォキシドの立体配置のみが異なるエピマーの関係にある。Polytheonamides A, B が強い細胞毒性を示したので，作用発現機構を検討するため，3次元構造についての検討が行な

マリンバイオテクノロジーの新潮流

われた。その結果，polytheonamide B は，メタノールとクロロホルム（1：1）の混合溶媒中において 6.3 残基で 1 回転する β-ヘリックス構造をとっており，その長さは 45 オングストロームで内側の親水性のポアサイズは 4 オングストロームであることが明らかとなった。このような構造の特徴から，polytheonamide B は，生体膜を貫通することにより 1 価のカチオンを透過させ，その結果として強い細胞毒性を示すことが示唆された。同様の作用機構を示す化合物として，グラミシジン（gramicidin）類が知られている。Gramicidin 類においては 2 分子で膜を貫通するポアを形成するのに対して，polytheonamide B は 1 分子でポアを形成する。また，polytheonamide B は，P388 マウス白血病細胞に対して 70-80 pg/mL の IC_{50} 値で細胞毒性を示すのに対して，gramicidin A の IC_{50} 値は 1000 倍の 0.1 μg/mL であった[35]。さらに，polytheonamide B は，予想通りにチャネルが形成されることが電気生理学的に確認された[36,37]。

Polytheonamides A and B

3. 1. 20　フランクリノリド A-C

　グレートオーストラリア湾の深海 105 m の海底から得られた海綿の抽出液が，ヒト結腸がん細胞（HT-29），前立腺がん細胞（DU145），卵巣がん細胞（JAM および C180-13S），肺がん細胞（A549）に対して顕著な成長阻害作用を示した（GI_{50} < 5-10 μg/mL）。化合物を精製したところ，3 種類のポリケチドフォスフォジエステル化合物が得られフランクリノリド A-C（franklinolides A-C）と命名された[38]。3 個の化合物の中で最も細胞毒性が強かったのは franklinolide A で，各種細胞における毒性は，B の 2～7 倍，C の 30～50 倍であった。また，franklinolide A のカルボン酸部分をメチルエステルにすると，細胞毒性は弱くなった。また，2002 年に，海綿 *Theonella* cf. *swinhoei* からビツンゴリド A，B，D（bitungolides A，B，D）が単離されているが[39]，これらの化合物は，それぞれ franklinolides A-C のリン酸ジエステル部分がない構造であった。Bitungolides の細胞毒性は非常に弱く，対応する franklinolides の 30 分の 1 ～ 300 分の 1 程度であった。

66

第 2 章　医薬素材および試薬

Franklinolide A: 12Z,14Z
Franklinolide B: 12E,14E
Franklinolide C: 12E,14Z

3.1.21　モナンフィレクチンA

　プエルトリコで採集された *Hymeniacidon* 属海綿の抽出物が，マラリア原虫の成長を阻害したので，活性物質の精製を行ったところ，β-ラクタム環を有する新規ジテルペノイド化合物としてモナンフィレクチンA（monamphilectine A）が得られた[40]。以前，*Hymeniacidon amphilecta* から，β-ラクタム環の代わりにイソシアノ基が結合した 8,15-ジイソシアノ-11（20）-アンフィレクテン（diisocyano-11（20）-amphilectene 8,15-diisocyano-11（20）-amphilectene）が単離されている[41]。Monamphilectine A と diisocyano-11（20）-amphilectene 8,15-diisocyano-11（20）-amphilectene は，クロロキン耐性（CQ-R）熱帯熱マラリア原虫 *Plasmodium falciparum* の W2 株に対して，それぞれ 0.60 および 0.04 μM の IC_{50} 値を示した。

Monamphilectine A: R=

8,15-Diisocyano-11(20)-amphilectene: R= -NC

3.1.22　レイオデルマトリド

　新規化合物の探索のため，深海に棲息する無脊椎動物からの生物活性物質の探索が行われた。そして，フロリダ沖の 401 m の深海から採集された *Leiodermatium* 属海綿から，新規 16 員環マクロリド化合物であるレイオデルマトリド（leiodermatolide）が単離された[42]。Leiodermatolide は，10 nM の IC_{50} 値で有糸分裂を阻害し，G2/M 期で細胞周期を停止させた。

Leiodermatolide

3.2　ホヤ

　ホヤは，未分化な動物に見えるが，オタマジャクシ型の浮遊幼生期に一時的にではあるが脊索を有することから，分類上は脊椎動物の近くに位置する。ホヤの種類は豊富で，世界中で約 2 千種が知られている。ホヤは岩場に付着し，海水中のプランクトンや浮遊している有機物質をろ過して栄養源としている。また，表皮は，後生動物では他に類のないセルロースを含む被嚢で覆われている。興味深いことに，ホヤは雌雄同体であるが自家不稔性であるため，同じ個体の精子と

マリンバイオテクノロジーの新潮流

卵では受精ができない。東北地方ではマボヤ *Halocynthia roretzi* が，北海道ではアカボヤ *H. aurantium* が食用とされている。これまでにホヤからは，1000種類にも及ぶ新規化合物の単離が報告されている。

3.2.1 ヨンデリス

1990年に2つの研究グループにより同時に，カリブ海産のホヤ *Ecteinascidia turbinata* から，抗腫瘍物質としてテトラヒドロイソキノリンアルカロイドであるエクテイナシジン743（ecteinascidin 743，ET743，Yondelis[TM]，一般名：trabectedin）が単離・構造決定された[43,44]。Ecteinascidin 743の作用機構として，2つのテトラヒドロイソキノリン環がDNAのマイナーグループに結合してグアニン塩基と付加物を形成し，細胞分裂，遺伝子転写，DNA修復機構を阻害することが明らかとなった[45]。Ecteinascidin 743は，ホヤ1トンから800 mgしか得られないが，海洋細菌 *Pseudomonas fluorescens* から得られるシアノサフラチンB（cyanosafracin B）から，21工程の半合成によりキログラムスケールでの供給が可能である[46]。Ecteinascidin 743の開発は，スペインのPharma Mar社を中心に行われていたが，2007年に欧州において転移性軟部組織肉腫の治療薬として販売承認を得た。2008年には，ペグ化リポソームドキソルビシンとの併用で再発卵巣がんを適応として，欧州医薬品審査庁（EMEA）と米国食品医薬品局（FDA）に承認申請を提出している。そして2009年には，大鵬薬品が日本での開発販売に関してライセンス契約を締結した。また，現在，ecteinascidin 743を用いた乳がん，ホルモン耐性前立腺がん，肺がんに対する第II相試験も進行中である。一方，Zalypsis[TM]は，ウミウシから単離されたジョルマイシン（jorumycin）の合成誘導体で，Pharma Mar社により開発されたものである。現在，子宮内膜がんおよび子宮頸がんに対する第II相試験が，さらに，固形がんに対する第I相試験が進行中である。

ET743 Cyanosafracin B Zalypsis

3.2.2 リソクリバジン 8-14

これまで群体ボヤ *Lissoclinum cf. badium* からは，ドーパミンに複数のイオウが結合したユニークな構造を有するアルカロイドが単離されている。そして，抗菌，抗カビ，がん細胞に対する増殖抑制活性を示すことが報告されている。さらに，インドネシア北スラウエシ島のサンゴ礁で採集した *L. cf. badium* から，新規アルカロイドであるリソクリバジン 8-14（lissoclibadins 8-

第2章　医薬素材および試薬

14）が単離された[47]。それらの中でも lissoclibadin 8 は，4量体構造をもつ含イオウ芳香族アルカロイドとして初めて発見された化合物である。Lissoclibadins 8，9，13，および14のマウス白血病細胞（L1210）に対する増殖抑制活性（IC_{50}）は，それぞれ 2.5，0.30，0.70，および 0.64 $\mu g/$ mL であった。Lissoclibadins 11 および 12 は，他の lissoclibadin に較べると細胞毒性は低く，9 $\mu g/mL$ で約40%の阻害活性を示した。

Lissoclibadin 8　　Lissoclibadin 9　　Lissoclibadin 10

Lissoclibadin 11　　Lissoclibadin 12　　Lissoclibadin 13　　Lissoclibadin 14

3.2.3　ボトリラミド

　膜タンパクの一種である ABC トランスポーター（ABC ファミリー輸送体）は，よく保存された ATP 結合領域（ATP binding cassette，ABC）を持つ一群の輸送体で，ATP が加水分解される際のエネルギーを利用してさまざまな基質を能動輸送する。200個のアミノ酸から構成される ATP 結合領域は，細菌からヒトまでとてもよく保存されている。現在，細菌からヒトまで 500以上の ABC トランスポーターが同定されており，ヒトでは主に生体異物や有害な代謝産物に対する生体防御のために用いられている。そのため，ABC トランスポーターの機能異常はさまざまな疾病に直接関係することが多い。がんの多剤耐性の原因となっている ABC トランスポーター遺伝子として，P-糖タンパクをコードしている *ABCB1*（*MDR-1*），MRP1（Multidrug Resistance-associated Protein 1）をコードしている *ABCC1*，BCRP（breast cancer resistance protein，ABCG2）をコードしている *ABCG2* の3種類が同定されている。ABCG2 は，肺がんなどの多くの腫瘍に高い発現が認められ，トポテカン，メトトレキサート，ミトキサントロンなどの抗がん剤の輸送に関与していることから，抗がん剤の薬剤耐性と密接な関係がある。このような背景から，ABCG2 に対する特異的な阻害剤は，抗がん剤の効果を高める働きをすることが期待される。そこで，クロロフィルの分解物であるフェオフォルビド *a*（pheophorbide *a*）の蓄積を指標として，米国国立がん研究所（National Cancer Institute，NCI）で収集している天然

69

マリンバイオテクノロジーの新潮流

資源抽出物を用いて，ABCG2 の機能阻害についてのハイスループットスクリーニングが行われた。その結果，群体ボヤ *Botryllus tyreus* の抽出物に顕著な阻害作用が認められ，阻害物質を精製したところ，既知物質であるボトリラミド A-H（botryllamides A-H）[48,49] と新規ボトリラミド I および J（botryllamides I, J）が得られた[50]。

Botryllamide A　　Botryllamide B　　Botryllamide C
Botryllamide D　　Botryllamide E　　Botryllamide F
Botryllamide G　　Botryllamide H　　Botryllamide I　　Botryllamide J

3. 2. 4　パルメロリド A

　これまで，南極に棲息する海洋無脊椎生物の化学成分に関する研究は，ほとんど行われてこなかった。しかし，極寒冷地に適応するために生物が獲得した独特の生体機構にともない，温暖な環境に棲息している生物には含有されていないような特異な化学成分が含まれている可能性が考えられる。Baker らは，南極半島近傍にあるアンバース島（Anvers Island，南緯 64 度 46 分，西経 64 度 03 分）の周囲の浅瀬で採集したホヤ *Synoicum adareanum* からパルメロリド A（palmerolide A）を単離した[51]。Palmerolide A は，NCI が保有する 60 種類の細胞の中でも特に，メラノーマ細胞（UACC-62）に対して強い毒性（$LC_{50}=18$ nM）を示した。Palmerolide A の UACC-62 に対する毒性は，他の細胞に比較して 1000 倍も強い値であったことから，UACC-62 細胞に対して強い特異性を示しているといえる。V-ATPase は真核生物の空胞系膜に存在するプロトンポンプで，ATP の加水分解エネルギーを使ってプロトンを小胞内に輸送し，内部を酸

Palmerolide A

第 2 章　医薬素材および試薬

性化する働きをしている。そして，がん転移に V-ATPase の作用が関与していることから，V-ATPase 阻害剤は，新しいがん治療薬になると期待されている。Palmerolide A は，V-ATPase（IC_{50}＝2 nM）を阻害することが明らかとなったので，抗がん剤としての開発が期待されている。

3.2.5　シシジデムニオール A, B

　魚類の養殖において，感染症を防御するための薬剤の開発が求められている。海洋無脊椎動物を用いてビブリオ病の原因細菌 *Vibrio anguillarum* に対する生育阻害をスクリーニングすることにより，獅子島産 Didemnidae 科の群体ボヤからセリノリピッド誘導体であるシシジデムニオール A, および B（shishididemniols A, B）が単離された[52]。Shishididemniol B の構造は，shishididemniol A のエポキシドがクロロヒドリンに置き換わった構造に相当する。Shishididemniols A, および B は，魚病細菌 *Vibrio anguillarum* に対してペーパーディスクを用いたアッセイ（20 μg/disk）で，それぞれ 8 および 7 mm の阻止円を形成した。

Shishididemniol A

3.3　その他の無脊椎動物

3.3.1　コンプラニン

　環形動物門多毛類の一種であるハナオレウミケムシ *Eurythoe complanata* は，体側にガラス質の刺針を有し，手で触れると激しい炎症をもたらす。上村らは，沖縄本島で採集した湿重量 225 g のハナオレウミケムシから 10 mg の炎症惹起物質を単離し，コンプラニン（complanine）と命名した[53]。さらに，2 種類の微量成分の混合物が 2.0 mg 得られたが，分離が困難だったため合成により構造を決定し，ネオコンプラニン A, B（neocomplamines A, B）と命名した[54]。いずれの化合物も，マウス足裏のふくらみ部分に 2% 水溶液で 50 μL を皮下投与することにより炎症を惹起する活性を示した。また，12-*O*-テトラデカノイルフォルボール 13-アセテート（12-*O*-tetradecanoylphorbol 13-acetate, TPA）とカルシウムイオンの存在下で，プロテインキナーゼ C（PKC）を容量依存的に活性化することが明らかとなった。このことから，いずれの化合物も，ホスファチジルセリンと同一の結合部位に作用すると考えられる。

Complanine　　　Neocomplanine A　　　Neocomplanine B

3.3.2　オピオジラクトン A, B

　インド洋から西太平洋にかけて分布しているウデフリクモヒトデ *Ophiocoma scolopendrina*

は，主に潮間帯で微細な水表生物を餌として生活している。クモヒトデからの二次代謝産物の探索はあまり報告がないが，奄美大島で採集されたウデフリクモヒトデから，細胞毒性成分としてオピオジラクトン A および B (ophiodilactones A, B) が単離された[55]。Ophiodilactones の絶対立体配置は，γ-ラクトン誘導体における CD スペクトルのコットン効果に基づき決定された。Ophiodilactonse に類似したフェニルアラニン由来の γ-ラクトン化合物は，菌類，ホヤ，シアノバクテリア，植物などからも得られている。Ophiodilactones A および B のマウス白血病細胞 (P388) に対する IC_{50} 値は，それぞれ 5.0 および 2.2 μg/mL であった。

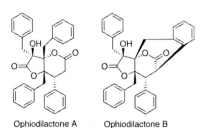

Ophiodilactone A　　Ophiodilactone B

文　　献

1) Y. Hirata, *et al.*, *Pure Appl. Chem.*, **58**, 701 (1986)
2) T. D. Aicher, *et al.*, *J. Am. Chem. Soc.*, **114**, 3162 (1992)
3) H. Ledford, *Nature*, **468**, 607 (2010)
4) S. Matsunaga, *et al.*, *J. Org. Chem.*, **70**, 1893 (2005)
5) K. Warabi, *et al.*, *J. Am. Chem. Soc.*, **127**, 13262 (2005)
6) S. Tsukamoto, *et al.*, *Mar. Drugs*, **3**, 29 (2005)
7) Y. Nakao, *et al.*, *Angew. Chem. Int. Ed.*, **45**, 7553 (2006)
8) Harry C. Brastianos, *et al.*, *J. Am. Chem. Soc.*, **128**, 16046 (2006)
9) S. Aoki, *et al.*, *J. Am. Chem. Soc.*, **128**, 3148 (2006)
10) B. Czakó, *et al.*, *J. Am. Chem. Soc.*, **131**, 9014 (2009)
11) J.-H. Jang, *et al.*, *J. Org. Chem.*, **72**, 1211 (2007)
12) S. Tsukamoto, *et al.*, *Bioorg. Med. Chem. Lett.*, **18**, 6319 (2008)
13) D. S. Dalisay, *et al.*, *J. Nat. Prod.*, **72**, 353 (2009)
14) H. Zhang, *et al.*, *Org. Lett.*, **10**, 1959 (2008)
15) Y. Takahashi, *et al.*, *Bioorg. Med. Chem.*, **17**, 2185 (2009)
16) Y. Takahashi, *et al.*, *Bioorg. Med. Chem.*, **16**, 7561 (2008)
17) D. S. Dalisay, *et al.*, *J. Am. Chem. Soc.*, **131**, 7552 (2009)
18) P. A. Searle, *et al.*, *J. Am. Chem. Soc.*, **117**, 8126 (1995)
19) P. A. Searle, *et al.*, *J. Am. Chem. Soc.*, **118**, 9422 (1996)

第 2 章 医薬素材および試薬

20) T. F. Molinski, *Tetrahedron Lett.*, **37**, 7879 (1996)

21) C. K. Skepper, *et al.*, *J. Am. Chem. Soc.*, **129**, 4150 (2007)

22) J. B. MacMillan, *et al.*, *J. Org. Chem.*, **73**, 3699 (2008)

23) Y. Takahashi, *et al.*, *Org. Lett.*, **11**, 21 (2009)

24) Y. Takahashi, *et al.*, *Tetrahedron*, **65**, 2313 (2009)

25) J. L. Keffer, *et al.*, *Org. Lett.*, **11**, 1087 (2009)

26) R. Ueoka, *et al.*, *J. Org. Chem.*, **74**, 4203 (2009)

27) N. Oku, *et al.*, *J. Am. Chem. Soc.*, **32**, 10278 (2010)

28) Y. Kato, *et al.*, *J. Am. Chem. Soc.*, **108**, 2780 (1986)

29) C. K. Skepper, *et al.*, *J. Am. Chem. Soc.*, **132**, 10286 (2010)

30) R. Ueoka, *et al.*, *J. Am. Chem. Soc*, **132**, 17692 (2010)

31) T. Sakurada, *et al.*, *J. Med. Chem.*, **53**, 6089 (2010)

32) T. Hamada, *et al.*, *Tetrahedron Lett.*, **35**, 609 (1994)

33) T. Hamada, *et al.*, *Tetrahedron Lett.*, **35**, 719 (1994)

34) T. Hamada, *et al.*, *J. Am. Chem. Soc.*, **127**, 110 (2005)

35) T. Hamada, *et al.*, *J. Am. Chem. Soc.*, **132**, 12941 (2010)

36) M. Iwamoto, *et al.*, *FEBS Lett.*, **584**, 3995 (2010)

37) S. Matsuoka, *et al.*, *Angew. Chem. Int. Ed.*, **50**, 4879 (2011)

38) H. Zhang, *et al.*, *Angew. Chem. Int. Ed.*, **49**, 9904 (2010)

39) S. Sirirath, *et al.*, *J. Nat. Prod.*, **65**, 1820 (2002)

40) E. Avilés, *et al.*, *Org. Lett.*, **12**, 5290 (2010)

41) S. J. Wratten, *et al.*, *Tetrahedron Lett.*, 4345 (1978)

42) I. Paterson, *et al.*, *Angew. Chem. Int. Ed.*, **50**, 3219 (2011)

43) A. E. Wright, *et al.*, *J. Org. Chem.*, **55**, 4508 (1990)

44) K. L. Rinehart, *et al.*, *J. Org. Chem.*, **55**, 4512 (1990)

45) B. Haefner, *Drug Discov. Today*, **8**, 536 (2003)

46) C. Cuevas, *et al.*, *Org. Lett.*, **2**, 2545 (2000)

47) W. Wang, *et al.*, *Tetrahedron*, **65**, 9598 (2009)

48) L. A. McDonald, *et al.*, *Tetrahedron*, **51**, 5237 (1995)

49) M. R. Rao, *et al.*, *J. Nat. Prod.*, **67**, 1064 (2004)

50) C. J. Henrich, *et al.*, *ACS Chem. Biol.*, **4**, 637 (2009)

51) T. Diyabalanage, *et al.*, *J. Am. Chem. Soc.*, **128**, 5630 (2006)

52) H. Kobayashi, *et al.*, *J. Org. Chem.*, **72**, 1218 (2007)

53) K. Nakamura, *et al.*, *Org. Biomol. Chem.*, **6**, 2058 (2008)

54) K. Nakamura, *et al.*, *J. Nat. Prod.*, **73**, 303 (2010)

55) R. Ueoka, *et al.*, *J. Org. Chem.*, **74**, 4396 (2009)

4 酵素阻害剤

児玉公一郎[*1]，中尾洋一[*2]

4.1 はじめに

各種疾患に関わる酵素を分子標的とする薬剤は，医薬品開発の主要な戦略のひとつになっている。海洋生物からも，ここ十年ほどで数多くの酵素阻害剤が報告されるようになってきた。これらの中にはモデル動物を用いた活性評価でも期待通りの効果を示す有望化合物がある半面，*in vitro* の結果から期待されるほどの効果が認められなかった化合物もあり，必ずしも高い確率で医薬品として開発されるわけではない[1,2]。しかしながら一方で，低分子性酵素阻害剤は，ケミカルバイオロジー研究の進展とともに，生命現象解明のためのプローブ分子としても注目されている。プローブ分子としては，最初から特定の酵素を標的として得られた阻害剤だけでなく細胞毒性などの表現型を指向した活性試験で単離された化合物の標的分子が酵素と判明した場合や，詳細な作用メカニズム解析の結果，当初の標的とは別の標的分子に作用している可能性が考えられる化合物についても考慮すべきである。本稿では，海洋無脊椎動物から得られた酵素阻害剤を中心に，前書では紹介できなかった酵素に対する阻害剤も含めて，医薬品やプローブ分子として応用が期待されるものについて紹介する。

4.2 インドールアミン-2,3-ジオキシゲナーゼ（EC 1.13 11.42）

インドールアミン-2,3-ジオキシゲナーゼ（IDO）は，トリプトファンを *N*-ホルミルキヌレニンに酸化する酵素である。この代謝過程はトリプトファン分解の律速段階になっている。多くのがん細胞では IDO を高発現しているため，トリプトファンの代謝が過速され，周辺のトリプトファンが枯渇する。この結果，T 細胞のアポトーシスが誘導されるので，がん細胞は免疫応答を回避しながら増殖可能となる。IDO 阻害活性である 1-メチルトリプトファンやパクリタキセルをマウスに与えると，著しい腫瘍の縮退が見られることから，IDO 阻害剤が抗がん剤として期待されている。

エクシグアミン A（exiguamine A, **1**）はパプアニューギニア産の *Neopetrosia* 属海綿から単離された IDO 阻害剤である[3]。その 6 つの環を含む複雑なアルカロイド骨格は，DOPA，トリプトファン，および *N,N*-ジメチルヒダントインから生合成されたと考えられている。化合物 **1** の類縁体を合成し，IDO に対する阻害活性を調べたところ，いずれの阻害活性も **1**（Ki 41 nM）と比較して低かった。これらの類縁体中では，より単純な構造を持つ **2** が比較的強い IDO 阻害活性（Ki 200 nM）を示した[4]。一方，太平洋北東部で採集されたヒドロ虫 *Garveia annulata* からは，IDO 阻害剤としてアヌリン A-C（annulin A-C, **3-5**）が得られた。これらの化合物 **3-5** は，それぞれ Ki 値 0.14，0.69，および 0.12 μM で IDO 阻害活性を示した[5]。

＊1　Koichiro Kodama　早稲田大学　総合研究機構　ケミカルバイオロジー研究所　招聘研究員

＊2　Yoichi Nakao　早稲田大学　先進理工学部　化学・生命化学科　准教授

第2章　医薬素材および試薬

exiguamine A (**1**)

analogue (**2**)

annulin A (**3**) R = H
annulin C (**5**) R = Me

annulin B (**4**)

4.3　一酸化窒素合成酵素（EC 1.14 13.39）

　一酸化窒素合成酵素（NOS）は，アルギニンから一酸化窒素を合成する代謝反応に関与する酵素である。この酵素は脳内で働く神経伝達物質である一酸化窒素の代謝に関わっており，その過剰生産が脳卒中，アルツハイマー病，パーキンソン病，エイズ，認知症などの神経疾患で認められることから，それらの疾病に対する治療薬の重要な標的酵素となりうると考えられている。

　オーストラリア産ホヤ *Eusynstyela latericius* から単離されたユーシンスティエラミド A–C（eusynstyelamide A–C, **6-8**）は，細胞毒性を示さずに神経性 NOS（nNOS）を阻害した（IC$_{50}$ 41.7，4.3，5.8　μM）[6]。

4.4　ファルネシル基転移酵素（EC 2.5.1.58）

　Ras は低分子量 GTP 結合タンパク質の一種で，細胞分化と増殖に関するシグナル伝達に関与するが，その機能発現には，ファルネシル化などの翻訳後修飾が必要である。タンパク質のファルネシル化はファルネシル基転移酵素（FTase）によって行われ，C 末端領域のシステイン残基にファルネシル基が付加される。FTase 阻害剤は細胞増殖を抑制するので，抗がん剤として有望である。

　ニューカレドニアの深海に棲息する海綿から単離されたアリシアキノン A–C（alisiaquinone A–C, **9-11**）とアリシアキノール（alisiaquinol, **12**）は，FTase とマラリア原虫の Pfnek-1 キナー

75

マリンバイオテクノロジーの新潮流

eusynstyelamide A (**6**)

eusynstyelamide B (**7**)

eusynstyelamide C (**8**)

alisiaquinone A (**9**) R = H
alisiaquinone B (**10**) R =OMe

alisiaquinone C (**11**)

alisiaquinol (**12**)

ゼにも阻害活性を示す二重阻害剤である。化合物 **9-12** の FTase に対する阻害活性は，それぞ
れ IC_{50} 2.8, 2.7, 1.9, および 4.7 μM であった。一方，Pfnek-1 キナーゼは，NIMA 様キナーゼファ
ミリーのタンパク質キナーゼであり，その特徴的なアミノ酸配列は，マラリア治療薬の有望な分
子標的になると考えられている。アリシアキノン A（alisiaquinone A, **9**）およびアリシアキノー
ル（alisiaquinol, **12**）が Pfnek-1 キナーゼに対して IC_{50} 値がともに約 1 μM で阻害活性を示した
のに対して，アリシアキノン C（alisiaquinone C, **11**）はこの濃度で阻害活性をほとんど示さなかった。興味深
いことに，**9** より **11** の方が，熱帯熱マラリア原虫 *Plasmodium falciparum* に対する *in vitro* 増
殖阻害活性が強く，特にクロロキン耐性 PfFcMC29 株に対する選択性が高いなど，Pfnek-1 キ
ナーゼよりも FTase の阻害活性と抗マラリア活性の間に相関が認められた。齧歯類を用いた *in
vivo* 実験で **9** と **11** のマラリア増殖阻害を調べたところ，体重あたり 5 mg/kg の投与ではとも

76

第 2 章　医薬素材および試薬

にマラリア原虫の増殖を 50% 抑制したが，20 mg/kg の投与では強い毒性を示したため，残念ながらそれ以上の開発研究はなされていない[7]。

4.5　Ⅰ型ゲラニルゲラニル基転移酵素 （EC 2.5.1.59)

　Rho は，細胞の形態変化に関するシグナルを伝達する低分子量 GTP 結合タンパク質のファミリーである。Rho1 は，病原性真菌 *Candida albicans* にも存在し，β-1,3-グルカン合成酵素の活性を調節することにより細胞壁の生合成に関与している[8]。Rho1 の C 末端のシステイン残基は，Ⅰ型ゲラニルゲラニル転移酵素 （GGTase) によってゲラニルゲラニル化されるが[9]，この脂質修飾は Rho1 の機能発現に必須である。*C. albicans* とヒトの Rho1 は，僅か 30% の配列相同性しかないので，Rho1 のゲラニルゲラニル化を阻害する化合物は選択的抗真菌剤になることが期待される。

　コルチカット酸 （corticatic acid) は，海綿 *Petrosia corticata* から単離された，直鎖状の不飽和カルボン酸である。コルチカット酸 A，D，および E （**13-15**) の GGTase 阻害活性は，それぞれ IC$_{50}$ 1.9，3.3，および 7.3 μM であり，さらに **13** の *C. albicans* に対する最小発育阻止濃度 （minimum inhibitory concentration, MIC) は 54 μM であった[10]。マッサジン （massadine, **16**) は，相模湾で採取された海綿 *Stylissa* aff. *massa* から単離されたアルカロイドであるが，*C. albicans* の GGTase を IC$_{50}$ 3.9 μM で阻害した[11]。

corticatic acid A (**13**)

corticatic acid D (**14**)

corticatic acid E (**15**)

massadine (**16**)

4.6　ヒト免疫不全ウイルス逆転写酵素 （EC 2.7.7.49)

　ヒト免疫不全ウイルス逆転写酵素 （HIV reverse transcriptase) は，HIV の生活環において鍵となる多機能酵素である。HIV 逆転写酵素は HIV ウイルスの遺伝子である RNA を DNA へと逆転写する活性を持つと同時に，RNA 依存性 DNA ポリメラーゼ （RDDP) 活性と DNA 依存性

マリンバイオテクノロジーの新潮流

DNA ポリメラーゼ（DDDP）活性を持ち，さらにリボヌクレアーゼ H（RNase H）としても機能する。これらの活性は，HIV ウイルスの遺伝子を二本鎖 DNA にするのに必須であり，その増殖に極めて重要な役割を果たしている。

沖縄産海綿 *Hippospongia* sp. のアセチレン誘導体であるタウロスポンジン（taurospongin, **17**）は，HIV 逆転写酵素を阻害する活性を持つ（IC_{50} 6.5 μM, Ki 6.5 μM）。さらに，**17** はヒト DNA ポリメラーゼ β（IC_{50} 7.0 μM, Ki 1.7 μM）と c-erbB-2 キナーゼ（IC_{50} 28 μg/mL）を阻害した

taurospongin A (**17**)

18

19

20

21

toxicol A (**22**)
toxicol B (**23**)
toxicol C (**24**)

	R_1	R_2
	SO_3Na	SO_3Na
	H	H
	SO_3Na	H

toxiusol (**25**)

clathsterol (**26**)

polycitone A (**27**)

第 2 章 医薬素材および試薬

が，KB 細胞（ヒト口腔がん由来）と L1210 細胞（マウス白血病由来）に対して細胞毒性を示さなかった（IC_{50}＞10 μg/mL）[12]。フィジー産の海綿 *Fascaplysinopsis reticulata* から単離されたトリプトファンの二次代謝産物 **18** と **19**，およびセキスタテルペン **20** と **21** も，HIV 逆転写酵素を阻害することが報告されている[13]。また，トキシコール A-C（toxicol A-C, **22-24**）とトキシウソール（toxiusol, **25**）は，紅海産海綿 *Toxiclona toxius* から単離されたトリテルペンであり，HIV 逆転写酵素に対する阻害活性が報告されている[14]。クラスステロール（clathsterol, **26**）は，紅海で採取された *Clathria* 種の海綿から単離されたコレステロール類縁体であり，10 μM で HIV-1 の逆転写酵素を阻害した[15]。*Polycitor* 属のホヤから単離されたポリシトン A（polycitone A, **27**）は，レトロウイルスの逆転写酵素と DNA ポリメラーゼの阻害剤であるが，RDDP と DDDP 活性を，それぞれ IC_{50} 245 および 470 nM で阻害した。さらに **27** は，MuLV（マウス白血病ウイルス）の逆転写酵素，MMTV（マウス乳腺腫瘍ウイルス）の逆転写酵素，子牛胸腺の DNA ポリメラーゼ α，ヒト DNA ポリメラーゼ β，および大腸菌 DNA ポリメラーゼ I のクレノウ断片に対して，IC_{50} 73〜600 nM で阻害活性を示した[16]。

4.7 HIV インテグラーゼ（EC 2.7.7.-）

HIV インテグラーゼ（HIV integrase）は，逆転写されて二本鎖 DNA になったウイルスゲノムを，宿主ゲノムに組み込む働きをする酵素である。ウイルス特有の酵素であるため，低毒性抗 HIV 薬のための分子標的になると考えられる。

ホヤから単離されたアルカロイドのラメラリン類（lamellarin）は，DNA 鎖交換活性を阻害し（IC_{50} 14〜51 μM），また DNA 鎖切断活性も阻害した（IC_{50} 16〜73 μM）。C20 位が硫酸エステルであるラメラリン α 20-硫酸エステル（**28**）は，HIV-1 の増殖を IC_{50} 8 μM で阻害した[17]。一方，ラメラリン D（**29**）は現在抗がん剤として前臨床試験の段階にあるが，ミトコンドリア膜透過性遷移を引き起こすことにより，アポトーシスを惹起するとともに[18]，核内酵素であるトポイソメラーゼ I を阻害する[19]という，2 つの相補的な経路によって抗腫瘍活性を発揮していることが明らかになった[20]。

パラオ産のホヤ *Didemnum guttatum* から単離されたシクロジデムニステロールトリサルフェート（cyclodidemniserinol trisulfate, **30**）も，HIV インテグラーゼに対する阻害活性を示した（IC_{50} 60 μg/mL）[21]。ハプロサメート A（haplosamate A, **31**）と B（**32**）は，それぞれ *Xestospongia* 属および未同定の海綿から単離された HIV-1 インテグラーゼの阻害剤であり，それぞれ IC_{50} 50 および 15 μg/mL で阻害活性を示した[22]。また，深海に棲息する *Ircinia* 種の海綿から単離された 2 種類のプレニルハイドロキノンサルフェート類（prenylhydroquinone sulfates, **33-34**）は，HIV-1 インテグラーゼ活性を，1 および 5 μg/mL 濃度でそれぞれ 65 および 45％阻害した[23]。

4.8 テロメラーゼ（EC 2.7.7.49）

テロメラーゼ（telomerase）は，テロメア配列と呼ばれる塩基配列 TTAGGG を，染色体の 3'

マリンバイオテクノロジーの新潮流

lamellarin α 20-sulfate (**28**)

lamellarin D (**29**)

cyclodidemniserinol trisulfate (**30**)

haplosamate A (**31**)

haplosamate B (**32**)

33: n = 5

34

末端に付加する酵素である[24]。テロメラーゼ活性は，ヒト腫瘍の約90％に認められ，正常細胞では検出されない[25]。従って，テロメラーゼ活性を阻害する薬剤は有望な抗腫瘍剤として期待され[26]，テロメアDNAの立体構造に基づいて設計したテロメラーゼ阻害剤が臨床試験でよい成績を収めている[27]。

テロメラーゼ阻害剤であるジクチオデンドリンA-E（dictyodendrin A-E，**35-39**）は，鹿児

80

第2章 医薬素材および試薬

島産海綿 *Dictyodendrilla verongiformis* からアルドース還元酵素阻害剤として報告されていた2つの既知化合物 40 および 41[28] と共に単離された[29]。これらの化合物 35-41 は，すべて 50 μg/mL の濃度でテロメラーゼ活性を 100 ％阻害したが，37 は硫酸エステルを除くと阻害活性を失った。化合物 36，37，および 39 については，全合成が報告されている[30]。また，海綿 *Axinella infundibulum* から単離されたアキシネロサイド A（axinelloside A, 42）は，高度に硫酸化された多糖であり，ヒトのテロメラーゼに対して強い阻害作用（IC$_{50}$ 2.0 μg/mL）を示した[31]。

dictyodendrin A (35)

dictyodendrin B (36)

dictyodendrin C (37)

dictyodendrin D (38)

dictyodendrin E (39)

40

41

axinelloside A (42)

4.9 上皮成長因子受容体キナーゼ（EC 2.7.10.1）

チロシンキナーゼ（tyrosine kinase）は，真核の多細胞生物に広く存在するものの，酵母や植物からは見つかっておらず，セリン-スレオニンキナーゼと比較すると存在範囲は限られている。これらの酵素群は細胞の分化・増殖などにおけるシグナル伝達に関与することが知られている。受容体型チロシンキナーゼには，ErbB1 から ErbB4 までの4種類のファミリーが知られており，いずれも3つのドメイン（細胞外ドメイン，膜貫通ドメイン，および細胞内ドメイン）から構成されている。上皮成長因子受容体のチロシンキナーゼ（epidermal growth factor receptor kinase）は，細胞外ドメインのリガンド結合部位に上皮成長因子（EGF）が結合することで活性化され，細胞内ドメインのチロシン残基を自己リン酸化する。受容体型チロシンキナーゼを阻害すると，増殖シグナルが止まり，抗がん作用を発揮することが期待されるため[32]，受容体型チロシンキナーゼ阻害剤の探索が進められてきた[33]。

　タウロアシジン A（tauroacidin A, **43**）および B（**44**）は，沖縄で採集された *Hymeniacidon* 属の海綿から単離されたブロモピロール環を持つアルカロイドであり，c-erbB-2 に対する阻害活性を示した（IC_{50} 20 μg/mL）[34]。（＋）-アエロプリシニン-1（aeroplysinin-1, **45**）は，ユーゴスラビア産の海綿 *Verongia aerophoba* から単離されたブロモ基を持つ不飽和環状化合物であり，MCF-7 細胞（ヒト乳がん細胞由来）から粗精製した ErbB に対して阻害活性（Ki 0.91 μM）を示した[35]。マエダミン A（ma'edamine A, **46**）は，*Suberea* 属海綿から単離された細胞傷害性を持つアルカロイドであり，c-erbB-2 を IC_{50} 6.7 μg/mL で阻害した[36]。

tauroacidin A (**43**) R Br
tauroacidin B (**44**) H

(+)-aeroplysinin-1 (**45**)

ma'edamine A (**46**)

4.10　Raf/MEK1/MAPK

　Ras とその下流の Raf，MEK（MAPKK），および MAP キナーゼを経由する情報伝達経路（Ras-MAPK 経路）は，全ての真核生物が持つ主要な経路である。30％のがんで Ras 遺伝子に変異が見付かっているため，Ras-MAPK 経路を遮断する薬剤は有望な抗がん剤であると考えられている。

　Ras/MEK1/MAPK 経路を阻害する活性を指標として，フィリピン産海綿 *Stylissa massa* から 8 つの構造既知のピロールアルカロイド，アルディシン（aldisine, **47**），2-ブロモアルディシン（2-bromoaldisine, **48**），10Z-デブロモヒメニアルディシン（10Z-debromohymenialdisine, **49**），10E-ヒメニアルディシン（10E-hymenialdisines, **50**），10Z-ヒメニアルディシン（10Z-hymenialdisine, **51**），ヒメニン（hymenin, **52**），オロイジン（oroidin, **53**），および 4,5-ジブロモピロール-2-カーボンアミド（4,5-dibromopyrrole-2-carbonamide, **54**）が単離された。これらのうち，**48-52** が阻害活性（IC_{50} 3-1288 nM）を示し，**50** と **51** が最も高い阻害活性を示した（IC_{50} 値はそれぞれ 3 nM と 6 nM）。その後の *in vitro* 試験でこれらの化合物は MEK1 による MAPK のリン酸化の段階を阻害したが，上と同程度の IC_{50} 値であり，Raf による MEK1 のリン酸化の段階は阻害しなかった[37]。

第 2 章　医薬素材および試薬

aldisine (**47**)　R = H
2-bromoaldisie (**48**)　R = Br

10*Z*-debromohymenialdisine (**49**)

10*E*-hymenialdisine (**50**)

10*Z*-hymenialdisine (**51**)　　hymenin (**52**)

oroidin (**53**)

54

4. 11　プロテインキナーゼ C（EC 2.7.11.13）

　プロテインキナーゼ C（PKC）は，リン脂質依存性プロテインキナーゼであり，イノシトールリン脂質が加水分解されて生じるジアシルグリセロールによって活性化され，下流因子のセリン，スレオニン残基をリン酸化する。PKC は細胞内シグナル伝達において中心的な役割を担っており，がん，心臓血管疾患，腎疾患，免疫不全や関節リウマチなどの自己免疫疾患にも関与していると考えられている。従って，PKC は，そのような疾患治療薬の分子標的になっている。なお，これまでに 10 種類以上の PKC アイソザイムが同定されている。

　放線菌 *Streptomyces staurosporeus* から単離されたスタウロスポリン（staurosporine, **55**）は最もよく知られている PKC 阻害剤である[38]。11-ヒドロキシスタウロスポリン（11-hydroxystaurosporine, **58**）はミクロネシアで採取された *Eudistoma* 属のホヤから単離されたスタウロスポリン類縁体であり，**55** より 30％強い PKC 阻害活性（IC_{50} 2.2 nM）を示す[39]。K252-C（**57**）は，別の *Eudistoma* 属のホヤから単離された PKC 阻害剤であり，スタウロスポリン骨格から糖を除いた構造を持つ。PKC 各アイソザイムに対する阻害活性が調べられており，IC_{50} 値はそれぞれ PKCα（1.3 μM），PKCβI（0.6 μM），PKCβII（0.5 μM），PKCδ（1.2 μM），PKCε（1.1 μM），PKCη（0.8 μM），PKCγ（1.5 μM），および PKCζ（>6.4 μM）である[40]。ゼストサイクラミン A（xestocyclamine A, **58**）は，*Xestospongia* 属の海綿から単離された環状アミンであり，PKC を IC_{50} 4 μg/mL で阻害する[41]。また，イソアアプタミン（isoaaptamine, **59**）は，Suberitid 科の海綿から単離された複素環を持つ化合物である。その合成類縁体と共に PKC 阻害活性と抗腫瘍活性が調べられたが，それらのいずれも米国国立がん研究所（NCI）により定められた一次スクリーニングシステム（Anticancer Drug Development Guide）で，次の段階に進む基準を満たさなかった[42]。*Z*-アキシノヒダントイン（*Z*-axinohydantoin, **60**）とその脱ブロモ体

83

(debromo-Z-axinohydantoin, **61**) は, 海綿 *Stylotella aurantium* から単離された三環性の化合物であり, PKC 阻害活性 (IC_{50} 9.0 および 22 μM) を示した[43]。

コラリディクチアール A (corallidictyal A, **62**) と B (**63**) の混合物は, 海綿 *Aka* (*Siphonodictyon*) *coralliphagum* から単離されたスピロ環を持つセキスタテルペン類であり, PKCα を阻害した (IC_{50} 28 μM)。興味深いことに, この混合物の PKCε, η, およびζに対する IC_{50} 値は, それぞれ 89>300, および>300 μM と, PKCα を選択的に阻害した。さらに, **62** と **63** の混合物で 72 時間処理したアフリカミドリザル腎臓由来 Vero 細胞は, 増殖が IC_{50} 1 μM で阻害された[44]。ナキジキノン A-D (nakijiquinone A-D, **64-67**) は, 沖縄で採集された Spongiidae 科の海綿より単離されたセスキテルペンキノン類であり, PKC に対する阻害活性は, それぞれ IC_{50} 270, 200, 23, および 220 μM であった。また, **64-67** は, EGFR キナーゼ (IC_{50} 値はそれぞれ, >400, 250, 170, および>400 μM) と c-erbB-2 キナーゼ (IC_{50} 値はそれぞれ, 30, 95, 26, および

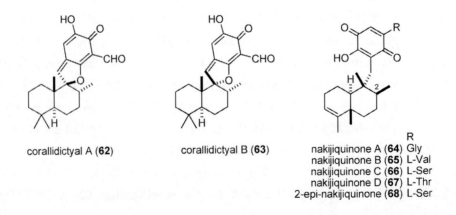

第 2 章　医薬素材および試薬

29 μM）に対しても阻害活性を示した[45]。最近，ナキジキノン（nakijiquinone）とその類縁体の
エナンチオ選択的全合成が報告された[46]。それらの生理活性を調べたところ，ナキジキノン C
の C-2 エピマー（**68**）が，VEGFR2（KDR）の強力かつ選択的な阻害剤（IC$_{50}$ 21 μM）である
ことが明らかになった。VEGFR2（KDR）は，血管内皮増殖因子（VEGF）の受容体型チロシン
キナーゼであり，内皮細胞の増殖と血球透過性の亢進に関与しているので，VEGFR2 阻害剤は
がん細胞の血管新生を阻害する薬剤として期待されている[47]。

　フロンドシン A-E（frondosine A-E，**69-73**）は，海綿 *Dysidea frondosa* から単離されたセキ
スタテルペン類であり，PKC に対して阻害活性を示した（IC$_{50}$ 値がそれぞれ 1.8，4.8，21，26，
および 31 μM）[48]。

frondosin A (**69**)　　frondosin B (**70**)　　frondosin C (**71**)　　frondosin D (**72**)　　R
　　　　　　　　　　　　　　　　　　　　　　　　　　　　　　　　　　　frondosin E (**73**)　　H
　　　Me

　スポンジアノリド A-E（spongianolide A-E，**74-78**）は，*Spongia* 属の海綿から単離されたセ
スタテルペンであり，PKC に対して IC$_{50}$ 20〜30 μM の阻害活性を示した[49]。*Pseudopterogorgia*
属のサンゴ虫から単離されたセコステロール類（**79-81**）は，ヒト PKCα，および βI，βII，γ，
δ，ε，η，およびζに対して IC$_{50}$ 12〜50 μM の阻害活性を示した。なお，その誘導体 **82-84**
も同様の活性を持つ[50]。

　ペナゼチジン A（penazetidine A，**85**）は，パプアニューギニア産海綿 *Penares sollasi* から単
離されたアゼチジンであり，PKC 阻害活性は IC$_{50}$ 1 μM である[51]。BRS1（**86**）は，オーストラ
リア産の未同定海綿から単離された直鎖アミノアルコールであり，PKC 阻害活性（EC$_{50}$ 98 μM）
を示した。PKC はジアシルグリセロール類縁体であるホルボールエステルにより活性化され，
発がん機構に関与することが知られているが，PKC とホルボールエステルの相互作用は **86** に
よって阻害される（EC$_{50}$ 9.2 μM）[52]。シモフリジン A（shimofuridin A，**87**）は沖縄産ホヤ
Aplidium multiplicatum から単離された PKC 阻害剤である（IC$_{50}$ 20 μg/mL）[53]。ブリオスタチ
ン-1（bryostatin-1，**88**）は，コケムシ *Bugula neritina* から単離された抗がん活性を持つ化合物
であるが[54]，PKC の C1 ドメインに結合し，その活性を上昇させることが報告されている[55]。抗
がん剤として数多くの臨床試験が行われたが，いずれにおいても目覚ましい効果は認められず，
天然からもしくは合成による化合物供給も難しいことから，抗がん剤候補からははずれていた。
しかしながら，近年 PKC 活性化剤にアミロイド斑の形成を防ぎ，シナプスを回復させ，記憶を
増強する効果があることが明らかとなり，PKC 活性化剤である **88** がアルツハイマー病の治療薬

85

マリンバイオテクノロジーの新潮流

spongianolide A (**74**)

spongianolide B (**75**)

	R
spongianolide A (**76**) 16*R*	COCH$_3$
spongianolide B (**77**) 16*S*	COCH$_3$
spongianolide C (**78**) 16*R*	COCH(OH)CH$_3$

79

80

81

82

83

84

penazetidine A (**85**)

BRS1 (**86**)

shimofuridin A (**87**)

bryostatin-1 (**88**)

候補として再注目されている。動物実験において **88** は脳卒中や外傷性の脳損傷後の記憶の回復に顕著な効果を示すことが認められ，第2相の臨床試験が承認されている[56]。

第 2 章　医薬素材および試薬

4.12　サイクリン依存性キナーゼ（EC 2.7.11.22）

　サイクリン依存性キナーゼ（CDK）は，調節因子であるサイクリンと複合体を形成してセリン/スレオニンキナーゼとして働き，真核細胞の細胞周期を次の周期に進行させる機能を持つ。複数種類の CDK およびサイクリンが存在し，細胞は各周期でサイクリンと CDK の組み合わせを変える。CDK 阻害剤は，細胞周期を停止させるため，抗がん剤として期待されている。

　コンブアシジン A（konbu'acidin A, **89**）は *Hymeniacidon* 属の海綿から分離されたブロモピロール環をもつアルカロイドであり，CDK4 を IC_{50} 20 μg/mL で阻害した[57]。同様に，*Hymeniacidon* 属海綿から単離されたスポンジアシジン A（spongiacidin A, **90**）と B（**91**）は，c-erbB-2 キナーゼ（IC_{50} 8.5 および 6.0 μg/mL）と CDK4（IC_{50} 32 および 12 μg/mL）を阻害した[58]。ロパラディン（rhopaladin）類は，沖縄産の *Rhopalaea* 属ホヤから発見されたイミダゾール環を 2 つ持つアルカロイドで，ロパラディン B（**92**）は CDK4 および c-erbB-2 キナーゼを，それぞれ IC_{50} 12.5 および 7.4 μg/mL で阻害した[59]。ミクロキシン（microxine, **93**）は，オーストラリアで採集された *Microxina* 属海綿から単離されたアルカロイドであり，CDK1（CDC2）キナーゼを IC_{50} 13 μM で阻害した[60]。

konbu'acidin (**89**)　spongiacidin A (**90**) R = Br　spongiacidin B (**91**) R = H　Rhopaladin B (**92**)　microxine (**93**)

4.13　タンパク質脱リン酸化酵素（EC 3.1.3.48）

　細胞周期の進行を促進させる cdc25 は，CDK のスレオニン残基およびチロシン残基を脱リン酸化する。高い基質特異性を持つ cdc25 は，抗腫瘍薬の分子標的として有望であり，cdc25 阻害剤のスクリーニングが盛んに試みられている。

　カリブ海で採集された海綿 *Dysidea etheria* より単離されたディシディオライド（dysidiolide, **94**）は，ヒトのホモログ cdc25A の阻害剤である（IC_{50} 値は 9.4 μM）[61]。重要な生理活性とその珍しい構造のため，多くの合成化学者が **94** の全合成を試み，その構造活性相関が明らかにされた[62]。コシノサルフェート（coscinosulfate, **95**）は，ニューカレドニア産の海綿 *Coscinoderma matthewsi* から単離されたセスキテルペン硫酸塩であり，IC_{50} 3 μM で cdc25A を選択的に阻害した[63]。

マリンバイオテクノロジーの新潮流

dysidiolide (**94**)　　　　coscinosulfate (**95**)

4.14　プロテアーゼ阻害剤

　1990 年代になってから，海洋生物由来のプロテアーゼ阻害剤の探索研究が盛んになってきた。特に，悪性度の高いがんに高い発現が認められ，がんの転移や血管新生に深くかかわるマトリックスメタロプロテアーゼ（MMP）に対する阻害剤の探索研究が世界中で精力的に行われてきた。また，血管新生に関わる MMP などの酵素阻害試験（標的分子を指向したアッセイ系）と，ES 細胞を用いた *in vitro* 血管再構築系（表現型を指向したアッセイ系）と組み合わせた化学遺伝学的探索手法によって，日本産海綿 *Agelas nakamurai* から発見されたアジェラディン A（ageladine A, **96**）は，各種 MMP に対する阻害活性（IC_{50} 0.33〜2.0 μg/mL）を示すとともに，10 μg/mL で ES 細胞を用いた *in vitro* 血管再構築系において血管新生を強く阻害した[64]。MMP と血管内皮細胞の遊走性の直接的なつながりから，**96** は MMP 阻害を介して血管内皮細胞の遊走を阻害することで血管の形成を阻害していると考えられていた。その後，合成されたさまざまな類縁体を用いて構造−活性相関を解析したところ，血管新生阻害活性と MMP 阻害活性が必ずしもリンクしていないことが明らかとなった。そこで，各種キナーゼに対する阻害活性が調べられ，DYRK1A（dual-specificity tyrosine-(Y)-phosphorylation regulated kinase 1A）に対する選択的な阻害活性が明らかとなり，化合物 **96** の血管新生阻害活性のターゲットは DYRK1A であることが示唆されている[65]。

ageladine A (**96**)

88

4.15　表現型指向の活性試験で得られた化合物の標的分子が特定された例：液胞型 ATPase

パルメロライド A（palmerolide A, **97**）は，メラノーマ細胞に対して選択的な強い細胞毒性（LC_{50} 18 nM）を示すマクロライドとして，南極産ホヤ *Synoicum adareanum* から得られた。NCI の 60 種類のがん細胞パネルにおける活性プロファイルを COMPARE アルゴリズムによって解析したところ，**97** は液胞型 ATPase（v-ATPase）の阻害剤であることが示唆された。そこで，実際に本酵素に対する阻害活性を調べたところ，強い活性（IC_{50} 2 nM）が認められた[66]。

4.16　プロヒビチン 1

オーリライド（aurilide, **98**）は日本産のタツナミガイから単離された強力な細胞毒性物質である[67]。佐藤らは **98** に残っている水酸基にポリプロリンロッドを含むリンカー部分を介してビオチンを導入したプローブを合成し，アビジンコートしたアガロースビーズを用いて，HeLa 細胞抽出液からミトコンドリアタンパク質であるプロヒビチン 1（PHB1）を標的タンパク質として同定した。化合物 **98** とミトコンドリアの PHB1 が相互作用することで OPA1（optic atrophy 1）タンパク質の分解が促進される結果，ミトコンドリアの断片化とアポトーシスへと続くことが明らかとなった[68]。

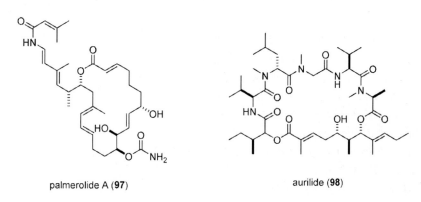

palmerolide A (**97**)　　　aurilide (**98**)

4.17　おわりに

本稿では，1990 年以降に報告された化合物を中心に，標的タンパク質が明らかになっている化合物を紹介した。すでに述べたように，分子標的薬の探索は医薬品開発の主要な戦略のひとつになっている。しかしながら，単純に病態に関わる酵素に対する阻害活性だけを指標として探索を行っても，期待通りの薬効を示す化合物を得られる確率は高くない。このため，今後は目的とする病態のモデルとなりうる表現型指向の生物活性試験と組み合わせて，活性化合物の探索を行ってゆく必要性があると考えられる。一方，ある酵素に対する阻害剤として得られた天然化合物であっても，知られていない別の活性を有している可能性があることが示された。従って，天然化合物の生理活性や作用機序の解明がこれまで以上に重要になるだろう。このようなアプローチによって，ひとつひとつの天然化合物にプローブ分子としてのより高い価値を付加することが

マリンバイオテクノロジーの新潮流

可能となり，天然物化学を新たなステージへと発展させることにつながると考える。

文　　献

1) Y. Nakao *et al.,* "Comprehensive Natural Products ; Chemistry II Chemistry and Biology" (L. Mander and H-.W. Lui, Eds), Vol. 2, p. 327, Elsevier, Oxford (2010)

2) Y. Nakao *et al., J. Nat. Prod.,* **70**, 689 (2007)

3) H. C. Brastianos *et al., J. Am. Chem. Soc.,* **128**, 16046 (2006)

4) G. Carr *et al., J. Med. Chem.,* **51**, 2634 (2008)

5) A. Pereira *et al., J. Nat. Prod.,* **69**, 1496 (2006)

6) D. M. Tapiolas *et al., J. Nat. Prod.,* **72**, 1115 (2009)

7) D. Desoubzdanne *et al., J. Nat. Prod.,* **71**, 1189 (2008)

8) O. Kondoh *et al., J. Bacteriol.,* **179**, 7734 (1997)

9) P. J. Casey *et al., Proc. Natl. Acad. Sci. USA,* **88**, 8631 (1991)

10) H. Y. Li *et al., J. Nat. Prod.,* **57**, 1464 (1994) ; S. Nishimura *et al., J. Nat. Prod.,* **65**, 1353 (2002)

11) S. Nishimura *et al., Org. Lett.,* **5**, 2255 (2003)

12) H. Ishiyama *et al., J. Org. Chem.,* **62**, 3831 (1997)

13) C. Jiménez *et al., J. Org. Chem.,* **56**, 3403 (1991)

14) S. Isaacs *et al., Tetrahedron,* **49**, 4275 (1993)

15) A. Rudi *et al., J. Nat. Prod.,* **64**, 1451 (2001)

16) S. Loya *et al., Biochem. J.,* **344**, 85 (1999)

17) M. V. R. Reddy *et al., J. Med. Chem.,* **42**, 1901 (1999) ; T. Yamaguchi *et al., Tetrahedron Lett.,* **47**, 3755 (2006)

18) C. Ballot *et al., Apoptosis,* **15**, 769 (2010)

19) C. Ballot *et al., Mol. Cancer Ther.,* **8**, 3307 (2009) ; D. PLa *et al., Small,* **5**, 1269 (2009)

20) D. Pla *et al., Med. Chem. Commun.,* **2**, 689 (2011)

21) S. S. Mitchell *et al., Org. Lett.,* **2**, 1605-1607 (2000)

22) A. Qureshi *et al., Tetrahedron,* **55**, 8323 (1999)

23) G. Bifulco *et al., J. Nat. Prod.,* **58**, 1444 (1995)

24) E. H. Blackburn *et al., Cell,* **106**, 661 (2001) ; T. R. Cech, *Angew. Chem. Int. Ed.,* **39**, 34 (2000) ; R. S. Maser *et al., Science,* **297**, 565 (2002)

25) F. Lavelle *et al., Crit. Rev. Oncol. Hematol.,* **34**, 111 (2000)

26) L. K. White *et al., Trends Biotechnol.,* **19**, 114 (2001) ; S. Neidle *et al., Nat. Rev. Drug Discov.,* **1**, 383 (2002) ; M. N. Helder *et al., Cancer Invest.,* **20**, 82 (2002)

27) S. M. Gowan *et al., Mol. Pharmacol.,* **61**, 1154 (2002)

28) A. Sato *et al., J. Org. Chem.,* **58**, 7632 (1993) ; Z. Wang *et al., J. Mol. Graph. Modelling,* **28**,

第2章　医薬素材および試薬

162 (2009)

29)　K. Warabi *et al.*, *J. Org. Chem.*, **68**, 2765 (2003)

30)　A. Fürstner *et al.*, *J. Am. Chem. Soc.*, **128**, 8087 (2006)

31)　K. Warabi *et al.*, *J. Am. Chem. Soc.*, **127**, 13262 (2005)

32)　J. E. Frampton *et al.*, *Drugs*, **64**, 2475 (2004) ; F. Ciardiello, *Drugs*, **60** (Suppl. 1), 25 (2000) ; J. Baselga *et al.*, *Drugs*, **60** (Suppl. 1), 33 (2000)

33)　H. He *et al.*, *Tetrahedron*, **51**, 51 (1995)

34)　J. Kobayashi *et al.*, *Tetrahedron*, **53**, 16679 (1997)

35)　M. H. Kreuter *et al.*, *Comp. Biochem. Physiol.*, **97B**, 151 (1990)

36)　K. Hirano *et al.*, *Tetrahedron*, **56**, 8107 (2000)

37)　D. Tasdemir *et al.*, *J. Med. Chem.*, **45**, 529 (2002)

38)　I. Takahashi *et al.*, *J. Antibiot.*, **42**, 571 (1989) ; H. Koshino *et al.*, *J. Antibiot.*, **45**, 195 (1992)

39)　R. B. Kinnel *et al.*, *J. Org. Chem.*, **57**, 6327 (1992)

40)　P. A. Horton *et al.*, *Experientia*, **50**, 843 (1994)

41)　J. Rodríguez *et al.*, *J. Am. Chem. Soc.*, **115**, 10436 (1993) ; J. Rodríguez *et al.*, *Tetrahedron Lett.*, **35**, 4719 (1994)

42)　A. J. Walz *et al.*, *J. Org. Chem.*, **65**, 8001 (2000)

43)　A. D. Patil *et al.*, *Nat. Prod. Lett.*, **9**, 201 (1997)

44)　J. A. Chan *et al.*, *J. Nat. Prod.*, **57**, 1543 (1994)

45)　H. Shigemori *et al.*, *Tetrahedron*, **50**, 8347 (1994) ; J. Kobayashi *et al.*, *Teterahedron*, **51**, 10861 (1995)

46)　P. Stahl *et al.*, *J. Am. Chem. Soc.*, **123**, 11586 (2001)

47)　P. Stahl *et al.*, *Angew. Chem. Int. Ed.*, **41**, 1174 (2002)

48)　A. D. Patil *et al.*, *Tetrahedron*, **53**, 5047 (1997)

49)　H. Y. He *et al.*, *Tetrahedron Lett.*, **35**, 7189 (1994)

50)　H. He *et al.*, *Tetrahedron*, **51**, 51 (1995)

51)　K. A. Alvi *et al.*, *Bioorg. Med. Chem. Lett.*, **4**, 2447 (1994)

52)　R. H. Willis *et al.*, *Toxicon*, **35**, 1125 (1997)

53)　J. Kobayashi *et al.*, *J. Org. Chem.*, **59**, 255 (1994)

54)　G. R. Pettit *et al.*, *J. Am. Chem. Soc.*, **104**, 6846 (1982) ; G. R. Pettit, *J. Nat. Prod.*, **59**, 812 (1996)

55)　J. Kortmansky *et al.*, *Cancer. Invest.*, **21**, 924 (2003) ; R. Etcheberrigaray *et al.*, *Proc. Natl. Acad. Aci. USA*, **101**, 11141 (2004) ; P. A. Wender *et al.*, *Org. Lett.*, **8**, 1893 (2006)

56)　B. Halford, *Chem. Eng. News*, **89**, 10 (2011)

57)　J. Kobayashi *et al.*, *Tetrahedron*, **53**, 15681 (1997)

58)　K. Inaba *et al.*, *J. Nat. Prod.*, **61**, 693 (1998)

59)　H. Sato *et al.*, *Tetrahedron*, **54**, 8687 (1998)

60)　K. B. Killday *et al.*, *J. Nat. Prod.*, **64**, 525 (2001)

61)　S. P. Gunasekera *et al.*, *J. Am. Chem. Soc.*, **118**, 8759 (1996)

62)　E. J. Corey *et al.*, *J. Am. Chem. Soc.*, **119**, 12425 (1997) ; J. Boukouvalas *et al.*, *J. Org.*

Chem., **63**, 228 (1998) ; S. R. Magnuson *et al.*, *J. Am. Chem. Soc.*, **120**, 1615 (1998) ; M. Takahashi *et al.*, *Bioorg. Med. Chem. Lett.*, **10**, 2571 (2000) ; D. Demeke *et al.*, *Org. Lett.*, **2**, 3177 (2000) ; D. Brohm *et al.*, *Angew. Chem. Int. Ed.*, **41**, 307 (2002)

63) A. Loukaci *et al.*, *Bioorg. Med. Chem.*, **9**, 3049 (2001) ; S. Poigny *et al.*, *J. Org. Chem.*, **66**, 7263 (2001)

64) M. Fujita *et al.*, *J. Am. Chem. Soc.*, **125**, 15700 (2003)

65) S. R. Shengule, *et al.*, *J. Med. Chem.*, **54**, 2492 (2011)

66) T. Diyabalanage *et al.*, *J. Am. Chem. Soc.*, **128**, 5630 (2006)

67) K. Suenaga *et al.*, *Tetrahedron Lett.*, **37**, 6771 (1996)

68) S. Sato *et al.*, *Chem. Biol.*, **18**, 131 (2011)

第3章　機能性食品

1　機能性食品素材開発の動向

矢澤一良[*]

1.1　はじめに―「海産性機能性食品と健康」

　水産分野において，未利用の水産資源を見付けて人類に役立てようとする研究や，微生物・酵素や遺伝子資源を高度に利用するテクノロジーを駆使することが，今後のマリンバイオテクノロジー研究のひとつの使命であると考えている。すなわち，魚介類を例にあげるならば，まず食糧資源（可食部は 1/3）としての重要性とその確保は当然のことではあるが，可食部以外にも多くの機能性物質がまだ存在しており，医薬品や機能性食品としての利用価値が考えられる。また魚介類自体が有する酵素や遺伝子の有効利用，その腸内に共生する微生物酵素や代謝産物，さらにその共生・寄生微生物の遺伝子資源などを有効利用することも考えられる。

　これらを考慮すると，魚介類一つを取り上げても，それらは大変幅広いマリンバイオテクノロジー資源であると考えられ，海洋には無限の可能性，科学としての研究対象もまた無限に存在していると考えられる。

　わが国は，世界でも稀な「長寿国」，「健康国」，「知能国」，「平和国」と言える。2005 年には食育基本法が施行され，知育・徳育・体育の基本である「食育」の重要性が再度認識されている。日本の「健康寿命」を支える伝統食品・食材として，海産物（魚介類や海藻類）の存在が重要であることは言うまでもない。四方を海に囲まれ魚介類の摂取量が非常に多いということが，わが国が平均寿命や健康寿命が世界一の健康国であり，さらに文明を発展させた知能国であることと無縁ではない。我々は身をもって海洋の恩恵に浴していると言える。EPA・DHA やアスタキサンチンなどの有効利用は近年急激に進展したが，水産，特に海洋にはまだ多くの未利用資源が存在し，この他にも多くの有用物質が海中に眠っていると考えられる。疾病発症の予防医学的な物質や栄養素がまだ海洋には多く存在すると考えており，これらを海洋由来の機能性食品，すなわちマリンビタミン（marine vitamin）と呼んでいる。

　食品は必ず何か機能を有するものである。海洋汚染に限ることなく地球汚染から人類を守る食品の視点からとらえれば，食の安全性は「守りの健康科学」であり，一方食品機能性は「攻めの健康科学」といえよう。現代の日本においては，守ろうとするだけでは守りきれず，「先手必勝」，すなわち「攻め」は重要な予防医学に必要な対抗策である。

　マリンバイオテクノロジーと機能性食品は極めて重要な将来の日本国民の「体・脳・心の健

---

[*]　Kazunaga Yazawa　東京海洋大学　大学院海洋科学技術研究科　ヘルスフード科学（中島董一郎記念）寄附講座　特任教授

マリンバイオテクノロジーの新潮流

康」の視点からの「国家の繁栄」にも直結する。

1.2 n-3系の高度不飽和脂肪酸の研究と開発

　近年高齢化が進むわが国において，食生活の欧米化に伴い，虚血性心疾患，脳梗塞血栓症，動脈硬化，認知症，アレルギー，がんなどの生活習慣病が増加している。ある種の食品や栄養素を用いてこれらの予防，治療，食事療法が試みられているが，なかでも，魚油中に多く含まれる海産性不飽和脂肪酸であるエイコサペンタエン酸（EPA）とドコサヘキサエン酸（DHA）が注目を浴びている。EPAとDHAはn-3系の高度不飽和脂肪酸の一種であり，魚油に豊富に含まれている。ヒト体内ではEPAとDHAの生合成はほとんどできず，またn-3系とn-6系の相互変換もできないとされており，ヒトの生体内に含まれるEPA・DHA量は，それらを含む食品，すなわち魚油（魚肉）の摂取量を反映していると考えられる。このようなn-3系の高度不飽和脂肪酸の摂取量が，脳・心臓血栓性疾患，がん，アルツハイマー病などの罹患率に大きな影響を持つことが，近年，疫学的および栄養学的研究の成果により漸次明らかとなり，疾患の予防・治療の観点からEPA，DHAなどの海産性高度不飽和脂肪酸が注目を浴びるようになった。

　すなわち，1970年代デンマークのDyerberg，Bangら[1]が，デンマーク領であるグリーンランドに居住するエスキモーは虚血性心疾患の罹患率が非常に低いことに注目し調査した結果，エスキモーは，総カロリーの35〜40%を脂肪から摂るにもかかわらず，血栓症の罹患率が低いのは，彼らが摂取する脂肪が欧米人と質的に相違することによるのではないかと報告した。最近，平山[2]により「魚食」に関する膨大な疫学調査の結果が報告された。即ち，約26万5千人の大集団の日本人について予め食生活を調査した上で，それらの人々の健康状態を17年間という長年月調査するという大規模疫学調査研究が行われた。そして魚介類摂取頻度と総死亡率および各死因別死亡率との関係についてまとめた結果，魚を毎日食べている人と比べ，毎日食べない人は男性で35%，女性では25%増という高い死亡率となっている。またその他，脳血管疾患，心臓病，高血圧症，肝硬変，胃がん，肝臓がん，子宮頸がん，胆石症，アルツハイマー病やパーキンソン病など，殆どの成人病やその死亡率に関し，「魚食」により予防または低下させる事ができることが示唆されている。

　このような「魚食」や「魚油摂取」に関する疫学調査は，1970年代初期以来，枚挙の暇がない程であるが，その成分であるEPAとDHAの研究には，その後20年が費やされてきた。以下，EPAおよびDHAの薬理作用について概説する。

1.3 EPAの薬理作用と医薬品開発

　図1にEPAの化学構造を示す。

　疫学研究より推測されたEPAの抗血栓，抗動脈硬化作用のメカニズムを明らかにするために，高純度EPAエチルエステルを健常人，および種々の血栓症を起こしやすいと考えられている疾患（虚血性心疾患，動脈硬化症，糖尿病，高脂血症）患者に投与し，血小板および赤血球機能や

94

第3章　機能性食品

図1　EPA（Eicosapentaenoic Acid）の化学構造

血清脂質に与える影響について1970年後期より検討された。その結果，①EPA投与によりヒト血小板膜リン脂質脂肪酸組成，血小板エイコサノイド代謝および血管壁プロスタグランジンI産生を変動させ，血小板凝集抑制作用が見られ，②EPAは赤血球膜リン脂質に取り込まれ，その化学構造に由来する物理化学的性状から赤血球膜の流動性が増し，すなわち赤血球変形能が増加することにより血栓症の予防に役立っていることが推測され，さらに，③血清トリアシルグリセロール値の低下とコレステロール値の若干の低下が見られた。

つまり，高純度EPAエチルエステルは，高脂血症患者の血清脂質の改善，各種血栓性疾患での昂進した血小板凝集の是正，血栓性動脈硬化性疾患の臨床症状の改善が推定され，例えば，バージャー病などの慢性動脈閉塞性疾患をターゲットとする医薬品として開発された（1990年）。その後，1994年には中性脂肪の低下作用が認められ，高脂血剤としての適応症の拡大の認可を受けている。その他EPAの抗炎症作用や免疫との関わりなど研究の進展は著しく，またそれらのメカニズムについても逐次明らかにされてきている。さらに，2004年には厚生労働省認可の「特定保健用食品（トクホ）」として，EPA 620 mg, DHA 260 mgを含有する飲料が登場した。

1.4　DHAの薬理活性

DHAは図2に示すような化学構造を持つn-3系の炭素数22，不飽和結合6か所を有する高度不飽和脂肪酸の一種であり，EPA同様化学的な合成による量産は不可能である。DHAはEPAと同様に海産魚の魚油中に含有されていること（通常，EPA：10～16%，DHA：5～10%）が知られていた。しかし，イワシ油をはじめ，複雑な脂肪酸組成を有する一般の魚油からDHAのみを選択的に抽出することは，多段階の精製工程を経る必要があり，これまで極めて困難であった。1990年になりマグロ・カツオの眼窩脂肪にDHAが高濃度に蓄積されていることが発見され，以後，工業化の道が開けた。DHAは，ヒトにおいても脳灰白質部，網膜，神経，心臓，精子および母乳中に多く含まれ局在していることが知られており，何らかの重要な働きをしていることが予想され，以下に示すように現象面では多くの報告があり，現在までに薬理活性の作用機作（メカニズム）に関しても研究進展が著しい。

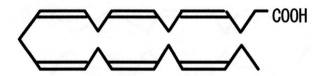

図2　DHA（Docosahexaenoic Acid）の化学構造

1.4.1　DHAの中枢神経系作用

　奥山ら[3]が行ったラットの明度弁別試験法を用いた記憶学習能力の実験では，投与した油脂はカツオ油，シソ油，サンフラワー油の順で記憶学習能力が優れている結果が得られている。また，藤本ら[4]のウィスター系ラットを用いた明暗弁別による学習能試験においても，投与した油脂でDHAはα-リノレン酸よりも優れ，サンフラワー油が最も劣る結果となった。筆者らは，マウス胎児のニューロンおよびアストログリア細胞を高度不飽和脂肪酸添加培地にて培養したところ，DHAはよく細胞膜リン脂質中に取り込まれることを見出している。

　記憶学習能に関する報告として，Soderberg[5]らはアルツハイマー病で死亡した人（平均年齢80歳）と他の疾患で死亡した人（平均年齢79歳）の脳のリン脂質中のDHAを比較した結果，脳の各部位，特に記憶に関与していると言われている海馬においては，アルツハイマー病の人ではDHAが1/2以下に減少していることを報告している。さらに，Lucas[6]らは300名の未熟児の7～8歳時の知能指数（IQ）を調べた結果，DHAを含む母乳を与えられたグループに比較して，DHAを含まぬ人工乳を与えられたグループではIQがおよそ10低い事を報告している。母乳中にはDHAが含まれており，日本人では欧米人よりもDHA含有量が2～3倍高いため，魚食習慣のある日本人の子供のIQが高いというクロフォードの推論を支持する論文と言える。福岡大学[7]においては，血管性認知症や多発梗塞性認知モデルラットを用いて，DHAの投与による一過性の脳虚血により誘発される空間認知障害の回復を明らかにした。また，海馬の低酸素による細胞障害（遅発性神経細胞壊死）や脳機能障害の予防も示唆しており，具体的な疾患に対するDHAの治療効果をある程度予測させるものと考える。また，DHA食を与えた動物では記憶・学習能力が高いという実験成績は，多くの研究機関より報告されている。

　一方，群馬大学と筆者の共同研究[8]により，老人性認知症の改善効果が得られた。カプセルタイプの健康食品レベルのものであるが，認知症患者に1日当たりDHA 700～1400 mgを6か月間投与した結果，脳血管性認知症13例中10例に，またアルツハイマー型認知症5例中全例にやや改善以上の効果が認められた。特に，意思の伝達，意欲・発動性の向上，せん妄，徘徊，うつ状態，および歩行障害の改善が顕著であった。さらに，千葉大学との共同研究では，脳血管性認知症患者へのDHAカプセル投与により，統計処理上明らかな有効性を示した（表1）。なお，

第3章　機能性食品

表1　DHA投与による認知スコアの向上

	長谷川式認知スケール		MMSE	
	投与前	投与6ヶ月後	投与前	投与6ヶ月後
DHA投与群	15.7 (7.9)	17.9* (8.3)	18.4 (6.6)	19.5 (7.2)
DHA非投与群	11.5 (8.3)	10.8 (9.1)	14.8 (8.0)	14.6 (8.2)

各群とも n = 16, mean (SD), ＊p＜0.05

DHA投与群における赤血球変形能および全血粘度において，統計的に有意な改善がみられたので，この効果は脳の微小血管における血行改善によることが示唆された[9]。

　以上のことから，ヒトもDHAを摂取して，記憶学習能力の向上が図れる可能性が高いと考えられる。n-3系脂肪酸のなかで血液脳関門を通過できるのはDHAのみであるが，その作用機作の一つとして，細胞膜リン脂質にDHAが取り込まれた細胞の膜流動性（可塑性）が高まり，そのため神経細胞の活性化や神経伝達物質の伝達性が向上すると推定されている。

　東北大学の研究グループ[10]は，ラットの大脳皮質錐体細胞を用いて神経伝達物質の一つであるグルタミン酸を受け取るレセプターのうち，記憶形成に重要とされるNMDA（N-methyl-D-asparagic acid；記憶形成に関与すると考えられている，神経伝達物資の一つ，グルタミン酸の受容体）レセプター反応がDHAの存在により上昇することを発見した。一方，大分医科大学[11]では，n-3系脂肪酸食を与えたラットの海馬の形態学的構造と脳ミクロソーム膜構造を，学習前後における違いを調べた結果，海馬領域のシナプス小胞の代謝回転が影響を受けることを認めた。そして，この現象はミクロソーム膜のPLA_2に対する感受性の違いによるもので，ラットの学習行動に差が現れる可能性が示唆された。この様に，記憶・学習能力に関する作用に関して，細胞および分子機構レベルでの解明が少しずつ進んでいる。

　網膜細胞に存在するDHAは脂肪酸中の50％以上に昇り，脳神経細胞中のそれを遙かに凌ぐことはよく知られているが，その機能と作用メカニズムには不明な点も多い。Uauyら[12]は，81名の未熟児について，ERG（electroretinogram；網膜の活動電位を描写したもの）波形のα波およびβ波から網膜機能を調べた結果，母乳あるいは魚油添加人工乳を与えた場合に比較して植物油添加人工乳を与えた場合では，網膜機能が低下していることを認めた。さらに，n-3系脂肪酸欠乏ラットでは，ERG波形のα波およびβ波に異常が見られること，また，異常が見られた赤毛猿ではn-3系脂肪酸欠乏食を解除しても元に戻らないことから，未熟児におけるn-3系脂肪酸の必要性を示唆している。

　Carlson[13,14]は，未熟児の視力発達および認識力におけるn-3系脂肪酸の重要性を検討した。すなわち，0.1％DHAと0.03％EPAを含む調整粉乳を与えた場合では，視力と認識力が向上したが，過剰のEPA（0.15％）を投与した場合では，やや生育が抑制されることを認めた。この

97

マリンバイオテクノロジーの新潮流

結果は，EPA がアラキドン酸と拮抗するためで，従って未熟児用の調整粉乳には DHA/EPA 比がなるべく大きい油脂を添加・強化する必要があることを示唆した。一方，Koletzko ら[15]は，母乳または市販粉乳で生育した未熟児の血中リン脂質中の脂肪酸を分析したところ，2 および 8 週間後の DHA とアラキドン酸含有量は母乳児で有意に高値を示すことを報告した。この事は少なくとも生後 2 ヶ月以内に DHA とアラキドン酸が必要であり，未熟児の期間だけではなく，正常な乳幼児にも両者が必要であることを示している。

これらを総合的に考えると，神経系や視力の適正な発達にとって DHA とアラキドン酸が必須であり，未熟児だけでなく正常に成長している乳幼児にも有効であることが強く示唆される。

最近，アメリカやヨーロッパにおいても，DHA への注目度が高まっている。その理由は，主に心臓血管系疾患予防改善や小学生児童における ADD あるいは ADHD 症候群において，栄養学的に DHA が欠乏しているためではないかと考えられていることによる。ADD（attension deficit disorder）とは，集中力欠損症で，一方，ADHD（attension deficit hyperactivity disorder）は，集中力が欠除して落ち着きがないという症候群（多動性児童）であり，これらの症状の子供達は学校の授業において，長時間集中できない。アメリカの児童のうち，2 割近くが ADD または ADHD と診断されており，このような児童の中には，少年〜青年期において凶悪な犯罪を起こす可能性を持つものが多いとも言われている。このため，DHA を添加した児童期スナック類が市販されているという。それに関連して，DHA カプセルを摂取した学生と，プラセボ（大豆油カプセル）を摂取した学生では，ストレス状況下において，ストレスに対する反応に違いが生じたという[16]。すなわち，プラセボを摂取した学生には非常にストレスがかかり，外部に対する攻撃性が現れたのに対し，DHA カプセルを摂取した学生はストレスに強く，攻撃性が抑えられた。「キレやすくなる」状態を抑えることができたことになる。この結果から，DHA の栄養補助食品や食品に添加した DHA 強化食品を摂取すれば，精神状態が安定する可能性が示唆される。我が国においても，多動性児童が問題になりつつあるが，精神安定作用，あるいは集中力を強化するという観点から，今後 DHA はさらなる注目を集めるものと予想される。

以上のように，DHA は脳や神経の発達する時期の栄養補給に止まらず，広く幼児期から高年齢層の脳や網膜の機能向上にも役立つと期待されている。

1.4.2　DHA の発がん予防作用

発がんは，プロスタグランジンを主体とするエイコサノイドのバランスが崩れたために生じる場合がある。このエイコサノイドバランスを正常化して，がん細胞の増殖を制御できるという考え方があるが，その場合 DHA の摂取が重要であると言われている。

国立がんセンターの生化学部グループ[17,18]は，大腸における発がんに対する DHA の抑制作用について検討した。20 mg/kg の発がん物質（ジメチルヒドラジン）を皮下投与した 6 週齢ラットに，0.7 ml（約 0.63 g）の DHA エチルエステル（純度 97%）を週 6 回胃内強制投与後，解剖して，消化管における病巣を調べた。病巣は，前がん状態である異常腺窩を示し，通常，がんは前がん状態より移行するものであり，がんに至ったものについては強い治癒効果は期待できるも

第3章　機能性食品

のではないが，前がん状態で抑制することにより，より効果的に発がんを抑制することが期待できる。以上の結果から，DHA は前がん状態である異常腺窩を抑制し，発がんを抑制することが示唆された。また，薬効試験部グループは，われわれの研究室で開発した DHA のアスコルビン酸誘導体およびコリン誘導体（いずれも親水性）を用いたところ，ヒト腸がん細胞においてレシチン特異性—ホスホリパーゼ C（PC-PLC）を活性化する一方，ホスホリパーゼ A_2 を阻害することが認められた。さらに，PC-PLC の活性化とともに，ジグリセリド生成も増加したので，これら誘導体投与により，タンパク質リン酸化酵素 C が活性化し，DNA 合成が阻害されたものと思われた[19]。成沢ら[20]が，発がん物質メチルニトロソ尿素を投与したラットを用いた実験においては，DHA エチルエステル（純度74％）の経口投与群は，リノール酸および EPA エチルエステル投与群と比べ，大腸腫瘍発生が有意に少なかった。また，胃がん，膀胱がん，前立腺がん，卵巣がんなどに有効な白金錯体のシスプラチンは，薬剤耐性発現のために使用量が制限されているが，DHA を添加することにより，この耐性発現を3分の一に低下できると言われており，将来 DHA を抗がん剤との併用による副作用軽減や相乗効果を期待できることが示唆された。

1.4.3　DHA の抗アレルギー・抗炎症作用

　筆者の研究室では，白血球系ヒト培養細胞による血小板活性化因子（PAF）産生の検討を行っているが，DHA が PAF 産生を抑制することを認めており，DHA によるアレルギー作用の抑制の作用機序の一端を証明した[21]。そのメカニズムとして，DHA は細胞膜のリン脂質のアラキドン酸を追い出し，その結果として PAF やロイコトリエン産生量が減少し，またリン脂質に結合した DHA はホスホリパーゼ A_2（PLA_2）の基質となり難いことも明らかにした。なお，本作用機作における抗炎症および抗アレルギー作用は，EPA よりも強力であるようである。特に，炎症やアレルギーに関与する細胞性 PLA_2 によりアラキドン酸や EPA とは全く異なり，DHA ホスファチジルエタノールアミンは DHA を遊離しないこと，また本化合物はより積極的に細胞性 PLA_2 を阻害することを見いだした[22]。アラキドン酸代謝産物であるロイコトリエン B_4（LTB_4）の過剰生産は，アレルギー疾患の引き金となるばかりでなく，循環器系疾患にも関与すると言われている。富山医科薬科大学の第1内科グループ[23]は，トリ DHA グリセロール乳剤のウサギへの静注により LTB_4 の過剰生産が抑制されることを認め，急激な LTB_4 の上昇によって発生する各種疾患への有効性を示唆している。

1.4.4　DHA の抗動脈硬化作用

　九州大学農学部[24,25]においては，飽和脂肪酸，単価不飽和脂肪酸，および高度不飽和脂肪酸（10％は n-3系，23.3％は n-6系）が，それぞれ1：1：1になるように食餌を調製してラットを飼育した。なお，n-3系高度不飽和脂肪酸として DHA，EPA，α-リノレン酸の3種での比較を行った。その結果，摂食量および体重増加には3群間で差はなかったが，DHA 群では，肝臓ミクロソーム中の脂質が他の2群に比較して，リン脂質当たりのコレステロール（CHOL/PL）値が低下した。一般に，CHOL/PL 値はミクロソーム膜の流動性を示す指標となり，DHA 投与により CHOL/PL 値が低下した事は，DHA が肝細胞膜の流動性を増加したことを示すものである。

マリンバイオテクノロジーの新潮流

さらに，血漿および肝臓中の脂質を分析した結果，DHA投与により，血漿コレステロールとリン脂質および肝臓コレステロール，リン脂質と中性脂肪は，EPAやアラキドン酸（ALA）と比較して低値を示した。一方，EPA投与により，血漿中性脂肪はDHAやALAと比較して低値を示した。これらのことは，n-3系脂肪酸の中でもDHAは，EPAやALAとは異なる特徴的な脂質代謝改善機能を有することを示唆する。Subbaiahら[26]はn-3系脂肪酸の抗動脈硬化作用のメカニズムの解明を目的として，ヒト皮膚細胞を用いた細胞膜流動性を検討した。その結果，細胞内に取り込まれたDHAはEPAよりも有意に細胞膜流動性を増加させ，5′-ヌクレオチダーゼやアデニル酸シクラーゼなどの酵素活性やLDLレセプター活性を上昇させることを示した。特に，LDLレセプター活性は25％も上昇したことから，DHAの抗動脈硬化作用のメカニズムをある程度推測できるかも知れない。Leaf[27]は循環器系，特にCaチャネルとの係わり合いにおいて，DHAの薬理作用はEPAよりもDHAの方がより強く影響することを示唆した。Billmanら[28]はイヌを用いた実験で，魚油投与により不整脈を完全に予防することを報告している。

多くの疫学調査の結果により魚油の抗動脈硬化作用が知られているが，そのメカニズムについては，全て解明されているわけではない。上述の九州大学農学部の研究結果や他の多くの論文から，EPAは血漿中性脂肪を，一方DHAは血漿コレステロールを低下させることが示され，これらの事実からもある程度のメカニズムが推定できる。

高純度EPA（95％）を与えたラットでは，中性脂肪低下作用を示すが，DHA（92％）投与では有意な低下が見られなかった。さらに，EPAは中性脂肪合成とVLDL生成を抑制する。このように，DHAとEPAは，同じn-3系脂肪酸であり，化学構造も極めて類似しているが，これまでにも知られていたBBB（血液脳関門）やBRB（血液網膜関門）の通過の差異のほか，両者の生理活性の明らかな相違を示す研究発表も多く，魚油あるいはn-3系脂肪酸としてDHAとEPAを一括して論ずることはできないことが強く示唆される。

1.5 アスタキサンチンの機能性

アスタキサンチンは，赤橙色を呈するカロテノイドの一種で，主に海洋動物の筋肉や体表に多く含まれている。例えば，サーモンピンクと称されるサケの魚肉部分や，イクラやスジコにもアスタキサンチンが多く含まれている。また，タイ，キンメダイ，メバル，キンキ，ニシキゴイ，金魚などの赤い魚の表皮や，エビ，カニの甲殻や身の赤色もアスタキサンチンによって生み出されている。アスタキサンチンは天然の魚介類に豊富に含まれるほか，養殖のタイやサケ，マスの「色揚げ剤」としても用いられる。アスタキサンチンは，強力な抗酸化作用を有するが，近年多岐にわたる生理活性が明らかにされ，予防医学的ヘルスフードとしても有用性が評価されてきている。

1.5.1 抗酸化作用

2価鉄によって正常ラット肝臓ミトコンドリアの脂質過酸化反応を誘起し，この系におけるアスタキサンチンのラジカル連鎖反応阻害効果を評価した。その結果，アスタキサンチンは，ビタ

第 3 章　機能性食品

ミン E の 1/100 以下の濃度で強い消去活性を示すとともに，β-カロテン，ゼアキサンチン，ツナキサンチン，ルテインなどと比較しても活性が強い[29]。ちなみに，メチレンブルーを一重項酸素発生源として，一重項酸素依存性の脂質過酸化を誘起し，これに対するアスタキサンチンの抗酸化作用を評価した結果，アスタキサンチンは β-カロテンの 40 倍の活性を示した[30]。

　アスタキサンチンの強い抗酸化作用により，LDL コレステロールの酸化を阻止でき，次のような臨床結果が得られている。20 歳代から 30 歳代の 13 名を 5 つのグループに分け，それぞれアスタキサンチンを 1 日に ① 0.6 mg，② 1.8 mg，③ 3.6 mg，④ 7.2 mg，および ⑤ 14.4 mg ずつ 2 週間摂ってもらい，試験の前後で血中の LDL コレステロールの酸化され易さを比較した。その結果，①〜⑤の全てのグループで LDL コレステロールが酸化されるまでの時間が延長した。特に，アスタキサンチンを 1 日 3.6 mg 以上摂ったグループで明らかな延長が確認できた。アスタキサンチンの抗酸化力は，活性酸素の攻撃から血管壁を保護する効果があり，日常的アスタキサンチン摂取は，多方面からの動脈硬化の進行阻止に貢献する[31]。

　高脂血症モデル（WHHL）ウサギにアスタキサンチンを含む餌（100 mg/kg）を 24 週間投与したところ，アテローム硬化性プラークでのマクロファージ浸潤を有意に抑制し，また，プラークの安定性も改善した。また，主にマクロファージでのアポトーシス，マトリックスメタロプロテアーゼ 3 の発現およびプラーク破裂を有意に減少させた[32]。

　この他，赤血球における過酸化リン脂質の蓄積抑制効果に関する報告もある。

　一方，ストレス負荷での免疫力低下の原因は，ストレスが体の中に大量の活性酸素を発生させ，免疫細胞を障害することが一因とされている。ラットを身動きできない狭いかごで 20 時間拘束すると，ラットは強烈なストレスを感じて免疫力が大幅に低下する。具体的には，① 脾臓中の T 細胞や B 細胞の減少，② 胸腺（T 細胞の養成器官）の重量低下，および ③ NK 細胞の活性低下といった現象がみられる。しかし，同じストレスを負荷してもアスタキサンチンを投与したラットでは，①〜③ の現象が抑えられ，特に胸腺の重量低下については統計的に優位に抑制された。

　活性酸素による DNA 損傷が発がんのトリガーになっていることは良く知られており，アスタキサンチンの摂取は，DNA 損傷を抑制して発がん予防にも有効であると考えられる。

　8 週齢の雌 BALB/c マウスに 0.1 および 0.4 ％のアスタキサンチンを含む餌を 3 週間摂取させた後，WAZ-2T 腫瘍細胞を移植し，45 日後の腫瘍のサイズを測定した。腫瘍の成長抑制作用は，β-カロテンやカンタキサンチンより強く，活性も用量依存的であった[33]。

1. 5. 2　糖尿病の予防

　糖尿病に基づく諸症状が起こる背景にも，活性酸素が深く関わっている。糖尿病になると，体内で活性酸素の産生が高まることがわかっていて，これが合併症を引き起こす原因になっている。体内に活性酸素が増えると，インスリンを分泌する脾臓の細胞（β 細胞）が障害され易くなるが，それを防ぐ上でアスタキサンチンの抗酸化力が役立つ。糖尿病が恐ろしいのは，様々な合併症を招く点にある。血糖値の高い状態が続くと，末梢の血管がボロボロになり白内障，網膜症，腎症，神経障害などが引き起こされるとともに，動脈硬化が急速に進んで，心筋梗塞や脳梗

マリンバイオテクノロジーの新潮流

塞につながる危険性も出てきている。

　6週齢の雌db/dbマウスにアスタキサンチンを含む餌を12週間投与（1 mg/匹/日）した。投与後12週および18週での非空腹時血糖値は，非投与群と比較して有意に抑えられた。また，糖負荷試験においても非投与群と比較して有意に血糖値が減少した[34]。

　雌db/dbマウスにアスタキサンチンを含む餌を12週間投与（1 mg/匹/日）したところ，非投与群と比較してメサンギウム領域が有意に回復した。また，尿中のアルブミンおよび8-OHdG（DNA酸化の指標）の上昇も投与12週で有意に抑えられた。そして，糸球体中の8-OHdG陽性細胞が非投与群でより多く検出されたことにより，アスタキサンチンがげっ歯類2型糖尿病モデルにおいて糖尿病性腎症の進行を抑えることが示された[35]。

　この他，インスリン抵抗性抑制効果などの報告もあり，糖尿病の食事療法や予防にアスタキサンチンを取り入れることにより，糖尿病やその合併症の発症の予防に有効であると考えられる。

1.5.3　眼疾患の予防と改善

　糖尿病合併症や加齢に伴う白内障は，加齢とともに紫外線によって発生した活性酸素が，水晶体を酸化させることが一因とされている。また，若い人でも長時間に渡って強い紫外線に曝されると，水晶体が酸化されて白内障が起こり易くなる。「雪目（雪盲）」などがその例である。また白内障に加え，加齢に伴う疾病に加齢黄斑変性症がある。黄斑（網膜の中央にある黄褐色の部分）は，ものを見るために最も大切な部位で，カロテノイド色素が集まっているところでもある。この部位は強い光（紫外線）による活性酸素が発生し易く，加齢によって血行が悪くなると，黄斑が変性して視野が狭くなり，物が見え難くなる。今のところ，加齢黄斑変性症に対する有効な治療法は殆ど無く，難病とされているが，この病気の進行を抑えるためにアスタキサンチンの有効性が研究されている。

　ヒト水晶体上皮細胞に2 μM，もしくは10 μMアスタキサンチンを添加し，UV-Bを300 J/m^{2}照射すると，非添加群と比較して明らかに脂質の過酸化を抑制できた。また，ストレスシグナルに関与するc-JUNアミノ末端キナーゼ（JNK）とUV-B照射によるMAPキナーゼp38の活性化を半分以下に抑えた。これはα-トコフェロールより強い活性である[36]。

　最近，この分野で最も話題になっているのが，アスタキサンチンの眼精疲労の改善作用である。プラセボコントロールによる二重盲検法に基づく複数の臨床試験の結果，1日6 mgの摂取によって，眼精疲労の改善に有効であったという（表2）。

1.5.4　持久力向上・抗疲労作用と抗肥満作用

　運動とは，体内の栄養源をもとにして燃焼させることにより，エネルギーを産生することである。燃焼は酸素による酸化反応であり，体内で消費される酸素の内2〜3%は活性酸素に変わると言われている。従って予防医学上必要な運動・スポーツには，活性酸素の自動的産生が避けられない。また近年，疲労物質として知られてきた乳酸は糖質代謝による運動の結果を示すもので，疲労物質ではなく，その本体は細胞障害（筋肉細胞障害）を起す活性酸素であることが知られてきた。ここでは，筋肉疲労改善をメカニズムとする持久力向上・抗疲労作用について，またアス

第3章　機能性食品

表2　アスタキサンチンの調節機能改善ヒト臨床試験

試験施設	用量（mg/日）	試験法	結　果
富山大学眼科	0，5 mg 1ヵ月	二重盲検	5 mg で調節機能改善
藤田保健衛生大学眼科	0，2，4，12 mg 1ヵ月	二重盲検	4，12 mg で調節機能改善
北海道大学眼科（1）	0，6，12 mg 1ヵ月	二重盲検	6，12 mg で調節機能改善
北海道大学眼科（2）	0，6 mg 1ヵ月	二重盲検	6 mg で調節機能改善
梶田眼科	6 mg 2週間	オープン	6 mg で調節機能回復促進
一宮西病院眼科	0，6 mg 1ヵ月	二重盲検	6 mg で調節機能改善
産業医科大学眼科	0，6 mg 2週間	二重盲検 クロスオーバー	6 mg で調節機能改善

アスタキサンチン 6 mg/日，4週間摂取で眼精疲労改善効果が期待できる。

タキサンチン摂取と運動負荷による相乗効果としての抗肥満作用について最近の話題を以下に概説する。

　マウスの遊泳実験を行なったところ，アスタキサンチンの長期投与により，マウスの遊泳時間が延長し（図3），血中乳酸値の上昇を抑制した。また，運動負荷による肝臓および筋肉のグリコーゲン量の減少が少なく，運動時の遊離脂肪酸の上昇が認められた。長期投与により，内臓脂肪の減少が認められたことから，アスタキサンチンは，運動時に糖代謝よりも脂質代謝を促進させ，それがエネルギー源となり持久力向上・抗疲労作用を示すことが示唆された[37]。次に，高脂肪食肥満モデルマウス（食餌中脂肪 40％）に対するアスタキサンチンの効果を調べたところ，高脂肪食対照群と比較し，アスタキサンチン投与群では，体重増加および脂肪組織重量の増加が抑制された。また，肝臓中のトリグリセリドの増加も抑制され，脂肪肝も改善された（図4）。さらに，トレッドミルによる運動負荷実験の結果，高脂肪食対照群と比較し，運動負荷によりアスタキサンチン投与群では，体重増加抑制作用がさらに増強され，アスタキサンチンの低用量によっても効果が見られるという相乗効果が確認できた[38]。さらに，β酸化や TCA サイクルの活性化を促して脂質代謝を活性化すると同時に，筋肉中の活性酸素を消去して抗疲労作用にも寄与することが明らかとなった。

　7週齢の雌 C57BL/6 マウスを用い，急性運動負荷により引き起こされる腓腹筋（骨格筋）と心筋の酸化的損傷におけるアスタキサンチンの効果を検討した。0.02％アスタキサンチン添加食群では，運動負荷により増加する腓腹筋と心筋 4-HNE 修飾タンパク質，8-OHdG の産生が抑制された。また，血漿クレアチンキナーゼ活性，ミエロペルオキシターゼ活性の上昇も抑制された[39]。

　男性19名の健常人に 5 mg アスタキサンチンカプセルとプラセボカプセルを，それぞれ2週

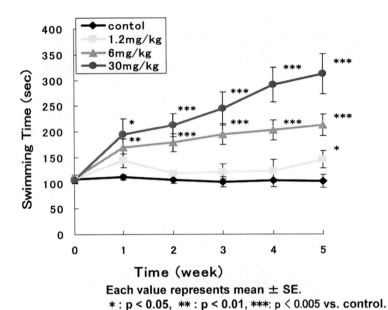

図3 アスタキサンチン投与による持久力増強・抗疲労作用

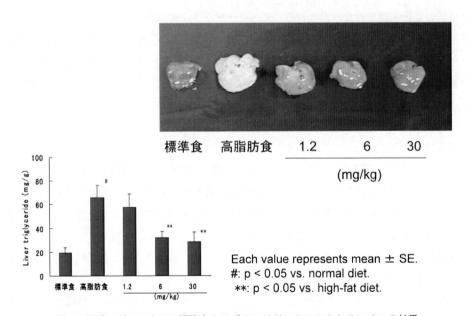

図4 肥満モデルマウスの肝臓中トリグリセリドへのアスタキサンチンの効果

間摂取させた。3段階の運動負荷を与え，全身性疲労を引き起こしたところ，アスタキサンチン摂取群では，運動負荷中の呼吸・循環系機能の増加や交感神経系活動の促進，エネルギー産生代謝機能の活性化が見られた[40]。

第3章 機能性食品

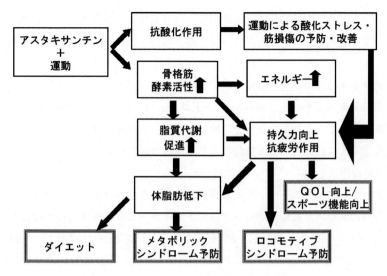

図5 アスタキサンチンの抗疲労作用と抗肥満作用

5週齢の雄C57BL/6Jマウスに普通食群，高脂肪食群，高脂肪食群＋アスタキサンチン（150 mg/kg）を16週間経口投与した。アスタキサンチン投与群は，非投与群と比較して，内臓脂肪および皮下脂肪の蓄積が抑制されるとともに，血糖値も有意に低く，インスリンについても有意に抑制されていることが確認された。

これらの結果は，内臓脂肪の増加を起点とするメタボリックシンドロームや筋疲労に基づくロコモティブシンドローム（運動器障害）の予防や改善に，ダイエット効果や持久力向上，運動能力向上にアスタキサンチンが有効であることを示唆するものである（図5）。

1.5.5 美肌・美容効果

強い太陽光線を浴びていると，シワやシミの原因となることはよく知られている。これは太陽光線に含まれる紫外線が，皮膚の中に多量の活性酸素である一重項酸素を多量に生み出して皮膚に炎症を起したり，皮膚のハリを支えるタンパク質を損傷したり，シミの原因となるメラニン色素の産生を促すためである。

6週齢の雌Hos/HR-1ヘアレスマウスにUVBを照射し，アスタキサンチンによる光老化抑制効果を検討した。アスタキサンチン塗布群では対照群（溶媒塗布群）と比較して，シワの形成が有意に抑制され，また，皮膚の弾力性低下，コラーゲンやエラスチンの変性，マトリックスメタロプロテアーゼ-1（MMP-1）の活性に対しても抑制的な効果を示すことが確認された[41]。

アスタキサンチンはヒト皮膚線維芽細胞（1BR-3），ヒトメラノサイト（HUMAc），およびヒト腸管Caco-2細胞において，UVAによるDNA損傷を抑制した[42]。

ヒトを対象とした試験では，アスタキサンチンを肌に塗布してから紫外線を照射したところ，シミの原因となる色素の沈着が抑えられた。また，試験管内実験でも，アスタキサンチンが皮膚細胞（メラノーマ細胞）で作られるメラニン色素の産生量を抑制すると言われる。最近では，ア

スタキサンチンを配合した基礎化粧品や洗顔料，美容液などが市場に出回っており，紫外線対策の新戦力としても話題となっている。危険な太陽光線から肌を守るには，アスタキサンチンの摂取と同時に，そうした外用剤（基礎化粧品）などを上手に使用するとより有効である。

　ヒト皮膚線維芽細胞を用いた一重項酸素障害実験においても，アスタキサンチンは生理的濃度で強力な障害防御効果を示した。さらに，α-トコフェロール，α-リポ酸，ルテイン，コエンザイム Q10，ビタミン C，カテキンなどと比較しても明らかな有意性を示すので，アスタキサンチンは外用に止まらず，経口摂取でも有効なことが示唆されている[43]。

1.5.6　その他の作用

　アスタキサンチンには，アトピー性皮膚炎抑制効果，細胞外マトリクス（コラーゲン，エラスチンなど）分解抑制作用，炎症関連のシクロオキシキナーゼ 2 抑制作用などの報告がある。

　8 週齢の雄 Lewis ラットの足踵に LPS を投与し，0 および 30 分前後に 1，10，および 100 mg/kg のアスタキサンチンを静脈内投与した。血漿への浸潤細胞の数およびタンパク濃度は濃度依存的に減少し，100 mg/kg での作用はプレドニゾロン 10 mg/kg と同等であった。同様に，血漿中の一酸化窒素，TNF-α，および PGE2 濃度も濃度依存的に減少させた。また，RAW264.7細胞を 2.5，5，12.5，および 25 μM のアスタキサンチンで 24 時間培養し，LPS で刺激すると，濃度依存的に一酸化窒素の濃度，iNOS の活性，TNF-α，および PGE2 の濃度を減少させた[44]。

　7 週齢の NC/Nga マウスの耳介にダニ抗原を皮内投与し，アトピー性皮膚炎を引き起こした。披検物質投与群にはアスタキサンチンを 28 日間経口投与し，耳浮腫の測定およびスコア評価を行った。その結果，投与 1 週間でスコア値に抑制傾向が，耳浮腫率に有意な改善が認められた。

　最近では，アスタキサンチンの神経系作用に関する報告も見られて来ている。アスタキサンチンは血液脳関門を通過する希な成分であり，脳機能や神経系機能への生理活性が研究され，中高年から老年のヒト試験により，認知行動能力向上作用が示唆され，またパーキンソン病様症状を示すマウスの延命・症状改善効果が最近報告された。

1.6　おわりに

　世界四大文明の発展においては，海洋や大河とそれを利用する市場が非常に発達していたと同時に，彼らの食生活の共通点は海産物質の多量の摂取が特徴であるといわれている。一方，わが国は四方を海に囲まれ魚介類の摂取量が非常に多いことが，平均寿命や健康寿命が世界一の健康国であり，さらに四大文明に匹敵するほどの文明を発展させた知能国であることと無縁ではない。少子高齢社会，ストレス社会，あるいは食の欧米化社会となった現代のわが国においては，栄養学的・食品学的視点から，疾病の発症時期を大幅に遅らせようとする予防医学が重要と考えられてきている[45]。予防医学的な物質や栄養素が海洋には多く存在すると考えており，これらをマリンビタミンと呼び，その特徴は，安全性・科学的根拠・作用機作の「ヘルスフードの 3 要件」をほぼ満たしているものである。

第 3 章　機能性食品

文　　献

1) J. Dyerberg and H. O. Bang, *Lancet*, **314**, 433 (1979)
2) 平山雄，中外医薬，**45**，157 (1992)
3) 奥山治美，現代医療，**26**（増 I），789 (1994)
4) 藤本健四郎編，水産油脂—その特性と生理活性，恒星社厚生閣，p111 (1993)
5) M. Soderberg *et al.*, *Lipids*, **26**, 421 (1991)
6) A. Lucas *et al.*, *Lancet*, **339**, 261 (1992)
7) M. Okada *et al.*, *Neuroscience*, **71**, 17 (1996)
8) 宮永和夫ほか，臨床医薬，**11**，881 (1995)
9) T. Terano *et al.*, *Lipids*, **34**, 345 (1999)
10) M. Nishikawa *et al.*, "Advances in Polyunsaturated Fatty Acid Research", (T. Yasugi *et al.*, eds.), p. 265, Elsevier Science Publ., Amsterdam (1993)
12) R. Uauy *et al.*, *J. Pediatr.*, **120**, s168 (1992)
13) S. E. Carlson *et al.*, "Essential Fatty Acids and Eicosanoids", p192, American Oil Chemists Press, Champaign (1992)
14) S. E. Carlson *et al.*, *Proc. Natl. Acad. Sci. USA*, **90**, 1072 (1993)
15) B. Koletzko, "Essential Fatty Acids and Eicosanoids", p203, Amererican Oil Chemists Press, Champaign (1992)
16) T. Hamazaki *et al.*, *J. Clin. Invest.*, **97**, 1129 (1996)
17) M. Takahashi *et al.*, *Cancer Res.*, **53**, 2786 (1993)
18) 高橋真美ほか，消化器癌の発生と進展，**4**，73 (1992)
19) K. Nishio *et al.*, *Proc. Soc. Exp. Biol. Med.*, **203**, 200 (1993)
20) 成沢富雄，医学のあゆみ，**145**，911 (1988)
21) M. Shikano *et al.*, *J. Immunol.*, **150**, 3525 (1993)
22) M. Shikano *et al.*, *Biochim. Biophys. Acta*, **1212**, 211 (1994)
23) N. Nakamura *et al.*, *J. Clin. Invest.*, **92**, 1253 (1993)
24) I. Ikeda *et al.*, *Nutrition*, **124**, 1898 (1994)
25) I. Ikeda *et al.*, "Advances in Polyunsaturated Fatty Acid Research", (T. Yasugi, *et al.*, eds.), p223, Elsevier Science Publ., Amsterdam, (1993)
26) E. R. Brown and P. V. Subbaiah, "Abstract Book of 1st Congress of the International Society for the Study of Fatty Acids and Lipids", p78 (1993)
27) A. Leaf, "Abstract Book of 1st Congress of the International Society for the Study of Fatty Acids and Lipids", p75 (1993)
28) G. E. Billman *et al.*, *Proc. Natl. Acad. Sci. USA*, **91**, 4427 (1994)
29) W. Miki, *Pure Appl. Chem.*, **63**, 141 (1991)
30) N. Shimidzu *et al.*, *Fish. Sci.*, **62**, 134 (1996)
31) T. Iwamoto *et al.*, *J. Atheroscler. Thromb.*, **7**, 216 (2000)
32) L. Wei *et al.*, *J. Mol. Cell. Cardiol.*, **37**, 969 (2004)
33) B. P. Chew *et al.*, *Anticancer Res.*, **19**, 1849 (1999)

34) K. Uchiyama *et al., Redox Rep.,* **7**, 290 (2002)

35) Y. Naito *et al., Biofactors,* **20**, 49 (2004)

36) C. Chitchumroonchokchai *et al., J. Nutr.,* **134**, 3225 (2004)

37) M. Ikeuchi *et al., Biol. Pharm. Bull.,* **29**, 2106 (2006)

38) M. Ikeuchi *et al., Biosci. Biotechnol. Biochem.,* **71**, 893 (2007)

39) W. Aoi *et al., Antioxid. Redox Signal,* **5**, 139 (2003)

40) 石倉ほか，第61回日本栄養・食糧学会講演要旨集，17 (2007)

41) Y. Mizutani *et al., J. Jpn. Cosmet. Sci. Soc.,* **29**, 9 (2005)

42) N. M. Lyons *et al., J. Dermatol. Sci.,* **30**, 73 (2002)

43) H. Tominaga *et al., FOOD Style 21,* **3**, 84 (2009)

44) K. Ohgami *et al., Invest. Ophthalmol. Vis. Sci.,* **44**, 2694 (2003)

45) 矢澤一良編著，ヘルスフード科学概論，成山堂書店 (2003)

2 脂肪酸およびカロテノイド

宮下和夫*

2.1 はじめに

　食品の基本的な役割は，ヒトが生きていく上で最低限必要な栄養素やエネルギーを補給する機能（1次機能）に加え，味や香りなどの感覚機能を満足させる効果（2次機能）および生体防御・疾病予防などの生体調節作用（3次機能）がある。これらの機能のうち，3次機能の重要性については，1984年に始まった文部省特定研究の成果によるところが大きい。ここで，得られた情報は世界に発信され，機能性食品（functional foods）の概念が確立された。これに対応して，行政サイドでも機能性食品の表示制度に関する検討会が1988年に発足し（機能性食品懇談会），「身体の機能又は構造に影響を及ぼす」製品は薬事法に触れるとの考えから，従来用いられていた「機能性食品」にかわる用語が必要とされた。そこで，健康に寄与する成分を含む食品について，厚生労働省が評価し，健康表示を認めたものとして「特定保健用食品」が1991年に規定された。特定保健用食品は，個別の食品を別々に評価し，食品に健康表示を許可する世界最初の制度として，その英訳（foods for specified health uses）の頭文字をとり，FOSHUとして海外でも広く知られるようになった。

　海洋生物由来の特定保健用食品としては，海藻由来の食物繊維（アルギン酸）やエビ・カニ由来の食物繊維（キチン・キトサン）を含むもの，イワシペプチドやワカメペプチドを含むもの，魚油を含むものなどが知られている。特に，魚油中に含まれるオメガ3（ω-3）脂肪酸［ドコサヘキサエン酸（DHA）とエイコサペンタエン酸（EPA）］については，様々な機能が明らかになり，その有効活用が期待されている。また，海洋生物には陸上の動植物には生産できない活性成分が複数含まれていることから，こうした成分に対する関心も高い。

　ところで，機能性食品あるいは特定保健用食品の特徴は，これらの食品に独特の生理作用を有する活性成分の含まれている点にある。こうした活性成分を英語でnutraceuticalと呼ぶ。この単語はnutritionとpharmaceuticalを起源とする造語である。Nutraceuticalは，functional foods（機能性食品）とは異なり，特定の化学成分を指す。これまでに，様々なnutraceuticalが食品の機能性の本体として報告されてきたが，科学的基盤に基づいてその作用機序について完全に説明できたものはそう多くはない。Nutraceuticalとしては，食物繊維のように分解・吸収され難いために，消化管に長く滞留し，保水性，ゲル形成能，吸着能力，イオン交換能などの物理化学的性質により，機能性（腸内環境改善，整腸作用，グルコース・コレステロール吸収阻害）を示すものもあるが，多くは体内に吸収された後，特定の組織などで活性を示すとされている。しかし，化学構造的に吸収され難い，あるいは吸収されてもすぐ排出されてしまうもの（ポリフェノールなど），分解されて吸収されるにもかかわらず，その活性が高分子状態でないと発現できないもの（コラーゲンなどのタンパク質やフコイダンなどの多糖類）など，活性発現のメカ

＊　Kazuo Miyashita　北海道大学　大学院水産科学研究院　海洋応用生命科学部門　教授

マリンバイオテクノロジーの新潮流

ニズムが不明なものも多い。また，微量でも強い生理活性を示すと言われるものもあるが，この場合には対象成分の消化吸収，代謝，体内動態などのほか，細胞レベルや遺伝子レベルでの分子機構の解明も必要となる。本稿では，海洋生物の中でも褐藻に注目し，褐藻脂質中の特徴的な生理活性脂肪酸として EPA やステアリドン酸などのオメガ 3 脂肪酸とアラキドン酸を，また褐藻由来カロテノイドとしてフコキサンチンを取り上げるが，いずれも，他の nutraceutical と比較して吸収代謝や生理作用の解明が比較的進んでいる成分といえる。

2.2 脂肪酸の生理作用

脂肪酸は脂質の主要構成成分であり，多くはグリセロールなどとのエステル体として生物中に存在する。脂肪酸はアルキル鎖とカルボキシル基からなる構造を有し，アルキル鎖の構造の違いにより多種多様な脂肪酸が天然物中から報告されている（表1）。脂肪酸は動物にとって最も効率的なエネルギー源（カロリー価は糖質の約 2 倍）であり，生体の恒常性を維持する上で重要な役割を果たしている。リノール酸（18：2n-6）と α-リノレン酸（18：3n-3）はビタミン用の作用を示し，ヒトも含めた動物にとって必須な栄養成分であるが，動物体内では合成できないため食物から摂取する必要がある。また，アラキドン酸（20：4n-6），エイコサペンタエン酸（20：5n-3，EPA），およびドコサヘキサエン酸（22：6n-3，DHA）もヒトにとって重要な生理作用を示す[1]。

上記の 18：2n-6，18：3n-3，20：4n-6，20：5n-3，および 22：6n-3 はアルキル鎖の構造の違いを表した略号であり，冒頭の 18，20，および 22 は炭素数を，次の 2，3，4，5，および 6 は二重結合数を示す。n-6 と n-3 は，メチル末端の炭素を 1 として順にカルボキシル基末端側に数えていった場合，それぞれ 6 番目と 3 番目に最初の二重結合が存在することを示している。通常，複数の二重結合は 1 個のメチル基を挟んで連続している。また，植物では，18：2n-6 に新たな二重

表1　主な脂肪酸の構造

略号	構造	系統名	一般名
16：0	$CH_3(CH_2)_{14}COOH$	n-Hexadecanoic acid	Palmitic acid（パルミチン酸）
18：0	$CH_3(CH_2)_{16}COOH$	n-Octadecanoic acid	Stearic acid（ステアリン酸）
18：1n-9	$CH_3(CH_2)_7CH=CH(CH_2)_7COOH$	*cis(c)*9-Octadecenoic acid	Oleic acid（オレイン酸）
18：2n-6	$CH_3(CH_2)_4(CH=CHCH_2)_2(CH_2)_6COOH$	*c*9,*c*12-Octadecadienoic acid	Linoleic acid（リノール酸）
18：3n-3	$CH_3CH_2(CH=CHCH_2)_3(CH_2)_6COOH$	*c*9,*c*12,*c*15-Octadecatrienoic acid	α-Linolenic acid（α-リノレン酸）
20：4n-6	$CH_3(CH_2)_4(CH=CHCH_2)_4(CH_2)_2COOH$	*c*5,*c*8,*c*11,*c*14-Icosatetraenoic acid	Arachidonic acid（アラキドン酸）
20：5n-3	$CH_3CH_2(CH=CHCH_2)_5CH_2CH_2COOH$	*c*5,*c*8,*c*11,*c*14,*c*17-Icosatepentaenoic acid	EPA（EPA）
22：6n-3	$CH_3CH_2(CH=CHCH_2)_6CH_2COOH$	*c*4,*c*7,*c*10,*c*13,*c*16,*c*19-Docosathexaenoic acid	DHA（DHA）

第3章　機能性食品

結合をメチル基側に導入することにより 18：3n-3 を合成できるが、動物にはこの導入酵素がなく、18：2n-6（リノール酸）からの 18：3n-3（α-リノレン酸）への変換はできない。ただ動物では、リノール酸あるいは α-リノレン酸があれば、二重結合と 2 個の炭素鎖を次々とカルボキシル基側に導入して、18：2n-6（リノール酸）からは、18：3n-6（γ-リノレン酸）、20：3n-6、20：4n-6（アラキドン酸）、22：4n-6、および 22：5n-6 を（これらの不飽和脂肪酸はオメガ 6 脂肪酸と総称される）、一方、18：3n-3（α-リノレン酸）からは、18：4n-3、20：4n-3、20：5n-3（EPA）、22：5n-3、および 22：6n-3（DHA）（これらをオメガ 3 脂肪酸という）を合成できる。ただし、ヒトの場合、食事内容によっては、アラキドン酸と DHA は体内合成だけでは相対的に足りないことも多い。さらに魚類では、生体維持のために EPA が多量に必要であり、リノール酸や α-リノレン酸のほか、アラキドン酸、EPA、および DHA を必須脂肪酸（準必須脂肪酸）とすることもある。

　先進国だけでなく多くの発展途上国でも、エネルギー源としての脂質については、過剰摂取の場合が多い。ただし、オメガ 6 脂肪酸（リノール酸、アラキドン酸）とオメガ 3 脂肪酸（α-リノレン酸、EPA、DHA）の摂取量は必ずしも足りているとはいえない。オメガ 6 脂肪酸とオメガ 3 脂肪酸はそれぞれ異なる生理作用を示すことが多く、どちらか一方の割合が高いと他方の脂肪酸の要求量が高まる。また、DHA やアラキドン酸は乳幼児の脳や網膜の発達に必須であるほか、高齢者の脳機能維持にも重要な役割を果たすと考えられており、脂質の総摂取量が過剰でも、オメガ 6 及びオメガ 3 脂肪酸の摂取量は不足していることがある。主要なオメガ 6 及びオメガ 3 脂肪酸のうち、リノール酸と α-リノレン酸は食用油から、アラキドン酸は畜肉などから、また、EPA と DHA は水産物から得ることができる。

　ところで、野菜や水産物を主な食材とする伝統的な日本食では、オメガ 3 脂肪酸の含有量が多い。しかし、食のグローバル化は、わが国においても特に若年層を中心に、水産物を摂取する機会を減少させている。また、グローバル化はエネルギーの過剰摂取とオメガ 6 とオメガ 3 脂肪酸のアンバランスを引き起こすことも多い。一般的に、畜肉由来の飽和脂肪酸やオメガ 6 脂肪酸の摂取過多は、脂質を始めとした体内の栄養成分の代謝異常、さらには、肥満、糖尿病、炎症などの病態を誘発する。また、こうした病態により心臓病のリスクは格段に増大する。これに対して、オメガ 3 脂肪酸、特に EPA や DHA の摂取により心臓病を予防できることが明らかになっている。オメガ 3 脂肪酸の生理作用としては、ある種のがん（大腸がん、肺がん、前立腺がん、子宮がん、乳がん）の予防効果、脳や網膜の機能維持、抗炎症作用なども知られているが、その作用機序についてはすべて明確にされているわけではない。現状で科学的基盤に基づいて機能性が最も明確にされているオメガ 3 脂肪酸の作用は心臓病予防効果である。

　実際、多くの疫学調査によれば EPA や DHA などのオメガ 3 脂肪酸摂取により心臓病のリスクは減少する[2]。また、このことは医学的な観点からと栄養遺伝学的な観点から確認されている[3]。一方、先進諸国、特に欧米においては、オメガ 3 脂肪酸の摂取比率が極めて低く、オメガ 3：オメガ 6 比が 1：16 などと報告されている[4]。これは FAO や WHO の推奨値（1：4）とかけ

111

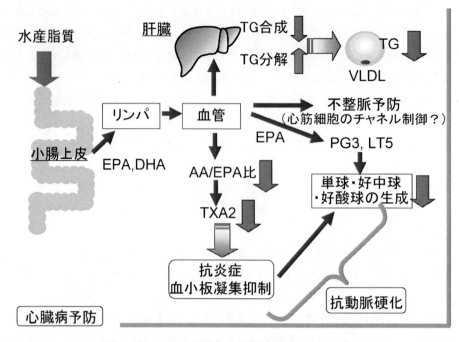

図1　EPA・DHA摂取による心臓病予防のメカニズム

離れており，理想的なオメガ3/オメガ6比率の断定はナンセンスであるとはいえ，少なくとも欧米ではオメガ3比は低すぎると考えられている[2]。このため，米国とヨーロッパでは1日あたり1gのEPA・DHA摂取が政府関係機関により勧められている[5,6]。

図1にオメガ3脂肪酸摂取による心臓病予防作用機構について概略を示す。心臓病の要因は複数あり，高血圧や血中脂質の増大，これに伴うアテローム性動脈硬化の進行，炎症の誘発と血栓の生成，不整脈などが心臓病の引き金となる。EPAやDHAなどのオメガ3脂肪酸摂取は，これらの病態を改善することにより，総合的に心臓病のリスクを下げる[2,3]。例えば，血中のトリアシルグリセロール（TG）含量が正常値よりも高い場合に，EPAやDHAを摂取するとこの値が低下する。この作用の詳細は不明なところも多いが，肝臓中でのVLDL-TGの合成と分泌の抑制や，カイロミクロンやVLDLからのTGの排出促進が主たる分子機構と考えられている[7,8]。EPAからはシクロオキシゲナーゼやリポキシゲナーゼの働きにより，各種エイコサノイドが合成されるが，これらの生理活性物質は，アラキドン酸から誘導されるプロスタグランジンなどとは異なる作用を示すことが多い。例えば，アラキドン酸からのエイコサノイドが血小板凝集と血管収縮を促進するのに対し，EPAからのエイコサノイドは血小板の凝集を抑制し，血管を拡張する。また，EPAから生成するPG3とLT5は，血管壁への単球や好中球などの生成を抑制する。その結果，動脈硬化を誘発する免疫細胞の血管壁内への浸潤や，血栓の生成を抑制する。さらに，EPAやDHAの摂取により不整脈が予防できることも報告されている[9]。

第3章　機能性食品

2.3　褐藻脂質

　藻類は，酸素発生型光合成を行う生物のうち，コケ植物，シダ植物，種子植物以外のものをいい，水中に生息するものが多い。真正細菌（シアノバクテリア）から真核生物の単細胞生物（珪藻，渦鞭毛藻など），さらに多細胞生物といった，進化的に全く異なるグループを含む。一般に，大型藻類を海藻といい，緑藻，紅藻，および褐藻に大別されるが，分類学的にはそれぞれ異なる"界"に属している。これらの海藻類に含まれる機能性物質では，褐藻脂質が最も注目すべき成分といえる。褐藻脂質には，緑藻や紅藻にはほとんど見られないカロテノイド（フコキサンチン）が含まれている。フコキサンチンは他のカロテノイドにはない，特異な生理作用を示すため，その機能の利用が期待されている。フコキサンチンについては，吸収機構，代謝物，体内動態，活性の分子機構，活性部位の特定などについても解明が進んでいる。また，褐藻中のカロテノイドのほとんどは，フコキサンチンであることも知られており，その含量は他の生物中の総カロテノイド含量よりも高い。

　褐藻中の脂質含量は種，季節，生育場所などによって異なる。多くの場合，乾重量で2%以上，多いもので5%以上，場合によっては10%に達することもある（表2）。褐藻脂質は主としてグリセロ糖脂質からなるが，その他に，リン脂質，フコステロール，フコキサンチンなどを含む。フコキサンチン含量は多いもので全脂質量の5％を越える。褐藻脂質に含まれる脂肪酸は主としてグリセロ糖脂質あるいはリン脂質の構成成分として存在し，その組成は表3に示したように，オメガ3脂肪酸として18:3n-3（α-リノレン酸），18:4n-3（ステアリドン酸），および20:5n-3（EPA）を，オメガ6脂肪酸として20:4n-6（アラキドン酸）など多様な機能性脂肪酸を多く含んでいる。

表2　函館沿岸で採取した褐藻の脂質含量とフコキサンチン含量[10]

学名	和名	総脂質 （mg/g 乾燥重量）	フコキサンチン （mg/g 乾燥重量）	フコキサンチン （%総脂質中）
Sargassum horneri	アカモク	62.6±18.7	3.7±1.6	5.9
Sargassum thunbergii	ウミトラノオ	31.8±13.1	1.8±1.0	5.7
Sargassum fusiforme	ヒジキ	27.5±11.9	1.1±0.6	4.0
Cystoseira hakodatensis	ウガノモク	42.9±6.2	2.4±0.9	5.6
Sargassum confusum	フジスジモク	47.4±12.8	1.6±0.8	3.4
Silvetia babingtonii	エゾイシゲ	39.1±11.8	0.7±0.2	1.8
Fucus distichus	ヒバマタ	31.1±12.1	0.9±0.3	2.9
Saccharina sculpera	ガゴメ	15.7±6.4	0.7±0.4	4.5
Alaria crassifolia	チガイソ	27.1±1.1	1.1±0.4	4.1
Melanosiphon intestinalis	キタイワヒゲ	34.9±17.1	1.9±0.9	5.4
Analipus japonicus	マツモ	42.6±16.0	1.4±1.0	3.3
Leathesia difformis	ネバリモ	10.2±0.7	0.3±0.1	2.9
Sphaerotrichia divaricata	イシモズク	12.8±0.1	0.2±0.1	1.6
Scytosiphon lomentaria	カヤノモリ	16.5±2.2	0.5±0.1	3.0
Desmarestia viridis	ケウルシグサ	31.3±6.2	0.1±0.1	0.3

マリンバイオテクノロジーの新潮流

表3　函館沿岸で採取した褐藻脂質の主な脂肪酸組成[10]

脂肪酸 （wt%）	アカモク （n＝25）	ウミトラノオ （n＝17）	ヒジキ （n＝17）	ウガノモク （n＝5）	キタイワヒゲ （n＝8）	マツモ （n＝10）
14：0	3.8±0.6	3.8±0.6	3.3±0.6	3.4±0.7	6.1±0.4	5.7±1.3
16：0	26.2±5.2	21.5±6.3	21.5±5.5	20.3±4.3	19.6±2.2	18.4±5.6
16：1n-7	4.1±1.0	3.9±1.4	6.4±2.5	2.8±2.1	6.6±2.3	2.0±2.1
18：1n-9	8.2±1.5	5.6±1.6	5.6±2.0	11.1±3.0	14.8±5.8	14.4±4.7
18：2n-6	5.9±1.1	3.8±0.4	4.3±0.6	7.9±1.1	4.6±0.9	11.2±1.9
18：3n-3	5.3±0.8	8.6±1.7	10.1±2.5	7.0±1.5	4.3±1.0	5.3±1.1
18：4n-3	5.6±3.4	7.9±3.9	6.5±4.1	11.8±6.4	5.8±2.2	8.9±5.1
20：4n-6	14.6±1.6	14.8±1.7	11.6±1.6	15.2±1.7	6.1±0.7	8.5±1.6
20：5n-3	9.7±3.0	12.0±3.9	11.5±3.9	11.2±1.5	13.2±2.4	12.2±3.5

　上述したように，EPA や DHA の生理作用の重要性と，これらのオメガ3脂肪酸のオメガ6脂肪酸に対する相対的欠乏状態が多くの現代人に観察されるとの調査結果に基づき，欧米の政府機関などがオメガ3脂肪酸の積極的な摂取を推奨している。オメガ3脂肪酸の主な供給源は，海洋脂質，特に魚油が最も一般的であるが，表3に示すように，褐藻脂質にも，魚油に匹敵する，ないしは，より高い含量のオメガ3脂肪酸が含まれている[10]。また，表3にはないが，日本人の食卓にはなくてはならないワカメの場合，脂質中のオメガ3脂肪酸含量は67％（18：3n-3：7.7％，18：4n-3：42.0％，20：5n-3：17.3％）を越えることが報告されている[11]。

　オメガ3脂肪酸の高含量以外の海藻脂質中の脂肪酸組成の特徴としては，アラキドン酸の存在が挙げられる。アラキドン酸はオメガ6系列の機能性脂肪酸として様々な機能を示すが，特に脳機能維持に重要な役割を果たすことが知られている[12]。アラキドン酸は畜産物や魚介類などの脂質に含まれているが，その含量は多くても10％を越えることはない。これに対して，表3に示したように褐藻脂質中にはしばしば10％以上のアラキドン酸が含まれている。褐藻脂質は機能性のオメガ3脂肪酸とオメガ6脂肪酸の両方を多量に含む脂質として，今後その活用が期待される。

2.4　カロテノイド

　生物の主要色素成分として知られるカロテノイドは，8個のイソプレノイド（C_5H_8）からなる基本骨格を有するが，この骨格は光合成を行う植物，藻類，および微生物のみが生合成できる。こうした生物中でのカロテノイドの役割としては，光合成色素としての働きが最も重要といえる。光合成は，地球上すべての生命を支えている生物反応で，その主役はクロロフィルである。しかし，クロロフィルのみでは，光エネルギーを安定的に利用することはできない。カロテノイドやフィコビリンといった，いわゆる光合成色素が必要である。光合成色素は光の吸収効率が高い反面，励起寿命も短い。そこで，短い励起寿命の間に，獲得した光エネルギーを効率的に反応中心に伝えるために，複数の光合成色素が連携しながらエネルギーを保持するメカニズムが備わっている。イソプレノイドが連続したカロテノイドの基本骨格中には多くの場合，11個以上

第3章　機能性食品

の共役二重結合が存在する。この構造により，カロテノイドの多くは光エネルギーを効率的に分子内に蓄えることができ，光合成色素としてのカロテノイドの働きを支えている。

　一方，動物はカロテノイドの生合成能力を持たないが，食事として摂取したカロテノドを体内で代謝変換するため，多様なカロテノイドが天然界に存在することになる。その結果，750種以上のカロテノイドが生物界から報告されている。体内に取り込まれたカロテノイドやその代謝物は，様々な機能を示すことが知られている。カロテノイドの各種生物中での分布，構造，化学的・物理的特性などを知ることは，こうしたカロテノイドと生物との関わりを解明する上で必須である。特に，β-カロテン，α-カロテン，β-クリプトキサンチン（図2）などは，吸収されるとビタミンAとなるため，生理活性について多くの研究が行われている。一方，こうしたビタミンA前駆体としての役割（プロビタミンA活性）以外の生理作用（ノンプロビタミンA活性）もカロテノイドは示す。ノンプロビタミンA活性についても，活発な研究が行われており，新たな知見が次々と得られている[13]。

　特に，分子中に酸素含有置換基を有するカロテノイド（キサントフィル）のほとんどはノンプロビタミンAに分類されるが，最近こうしたキサントフィルの機能性についての関心が高まっている。例えば，ヒトの網膜中のカロテノイドはルテインとゼアキサンチン（図2）のみであり，両キサントフィルは網膜の保護と機能維持に必須と考えられている。ルテインとゼアキサンチン

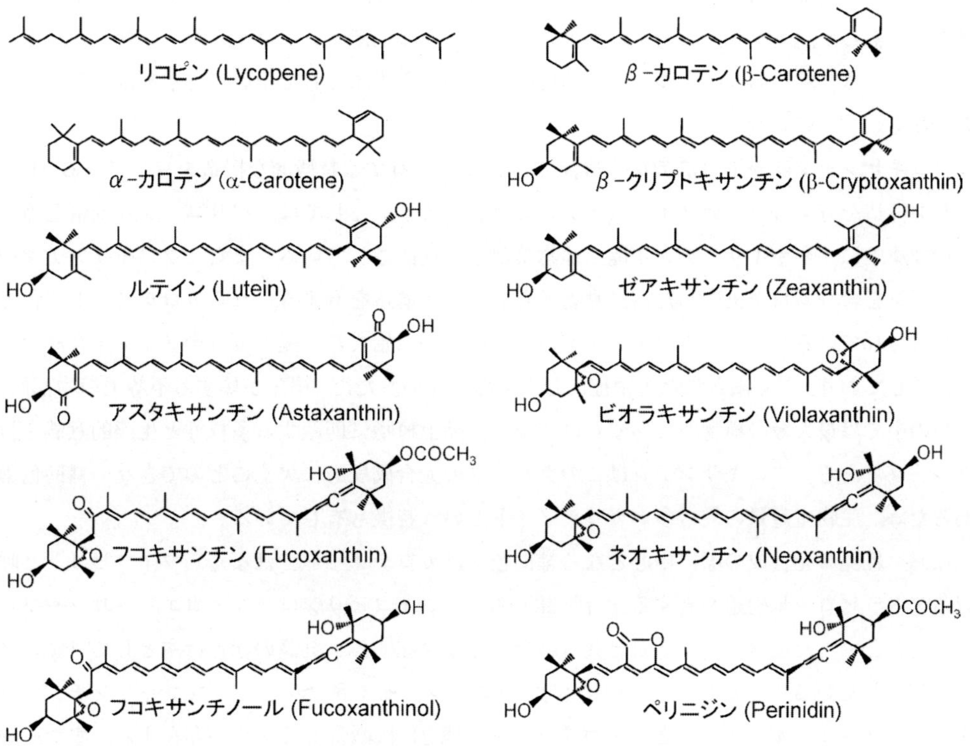

図2　カロテノイドの構造

は共に野菜に多いキサントフィルであり，欧米諸国の高齢者でその増加が問題となっている眼病（黄斑病）の改善と予防に効果的と考えられている。また，海洋性藻類が生産するキサントフィルとしてアスタキサンチン（図2）が知られている。アスタキサンチンは食物連鎖により，海洋動物（サケ，エビ，カニなど）に蓄積して，赤色を呈するが，強い抗酸化性も有し，抗炎症作用や皮膚の炎症改善作用を示すことがわかっている。

　海洋生物由来のカロテノイド（マリンカロテノイド）としては，アスタキサンチンが著名であり，食品，化粧品のほか，魚飼料などに活用されている。ただ，その給源は海洋動物ではなく，主として微細藻類である。もともと微細藻類による特定のカロテノイド生産については，これまでも検討が行われており，*Dunaliella salina* による β-カロテンや *Muriellopsis sp.* によるルテインの生成などが報告されている[14]。アスタキサンチンについては，*Hematococcus pluvialis* による工業生産が行われている[14]。アスタキサンチンは酵母（*Phaffia rhodozyma*）を利用することでも生産できる。また，β-カロテン，ルテイン，アスタキサンチンいずれも化学的合成が可能であり，使用上の制約がない限り，一般的には化学合成品の方が安価である。一方，褐藻や珪藻に特異的に存在するカロテノイド，フコキサンチンについては，化学合成は可能であるが，合成収率が極めて低い。遺伝子組換えや微生物を用いた生産もコスト的に現在の技術では見合わないとされている。従って，フコキサンチンの給源は褐藻と珪藻類に頼らざるを得ない。アスタキサンチンでは，微細藻類による生産の方が，海洋動物（エビ，カニなど）より濃縮するより格段に効率的であるが，フコキサンチンの場合，褐藻と珪藻の生産するフコキサンチン含量に極端な違いはなく，食経験があり，かつ，成長速度の早い褐藻を資源として用いた方が利用し易いとも考えられる。

　フコキサンチンは分子内にアレン結合（C=C=C）を有する特徴的な構造を有している（図2）。アレン構造を有するカロテノイド（アレンカロテノイド）としては，ペリジニンが渦鞭毛藻などの微細藻中に，ネオキサンチンが陸上植物葉部中に見出されている。また，フコキサンチンやペリジニンを含む藻類を摂取した海洋動物からもアレン構造を有するこれらカロテノイドの代謝物が報告されている。アレンカロテノイドはリコペンから始まる一連のカロテノイド生合成の末端に位置しており，ごく限られた生物種にしか見られない。ただ，褐藻が属する不等毛植物部門は，藻類の中では最大級の植物門であるだけでなく，陸上植物に匹敵する多様性と生態的意義を持つグループである。フコキサンチンはこのグループの光合成反応に欠くことのできない補助色素であるため，生物生産量の最も多いカロテノイドという特徴も有している。

　なお，紅藻の光合成の際に中心となる補助色素はカロテノイドではなく，フィコビリンと呼ばれるテトラピロール構造を有する化合物群である。フィコビリンは，フィコエリトリンやフィコシアニンといった色素タンパク質と共有結合をして存在する。紅藻の赤色は主としてフィコビリンに起因している。ただし，紅藻中にも β-カロテン，ゼアキサンチン，フコキサンチン，フコキサンチノール，ルテインなどのカロテノイド（図2）は微量ではあるが存在する。また，緑藻の主なカロテノイドは，β-カロテン，α-カロテン，ルテイン，ネオキサンチン，ビオラキサン

第3章　機能性食品

チンなどで（図2），この組成は陸上植物の葉部中のそれと類似している。緑藻は陸上植物と同様にクロロフィル a と b を有し，光合成の補助色素として上記のカロテノイドを利用する。

2.5　カロテノイドの生理作用

　多くのカロテノイドは，抗がん作用や抗動脈硬化作用といった様々な生物活性を示す。野菜や果物を多く摂取するほど生活習慣病にかかり難いことが一般的に知られているが，この理由を説明する上で，野菜や果物に多く含まれるカロテノイドの生物活性が重要とされている。実際，カロテノイドの摂取量とがんの罹患リスク軽減との間に見出された相関関係は，様々な疫学調査により立証されている[15]。こうしたカロテノイドの機能性は，しばしば，カロテノイドが有する抗酸化活性によって説明される。

　カロテノイドは活性酸素の一種である一重項酸素に対して強力な消去作用を示すことが古くから知られている。一重項酸素は基底状態の酸素（三重項酸素）よりも高いエネルギー準位にあり，不飽和脂肪酸などの生体成分と容易に反応する。生じた過酸化物は不安定で分解し易く，様々なフリーラジカルが産生する。フリーラジカルは反応性が高く，タンパク質や核酸などの生体成分の酸化変性を引き起こし，生体にダメージを与える。これに対し，カロテノイドは，分子内に共役二重結合や共役ケトカルボニル基を有し（図2），一重項酸素が三重項酸素に戻る時に放出されるエネルギーを受け取ることができるため，一重項酸素を三重項酸素へ変換することができる。この際，受け取ったエネルギーは，カロテノイド中の共役二重結合同士間の振動により，熱として放出され，結果的に一重項酸素の高い反応性は消去される。

　カロテノイドは分子内に多数の共役二重結合を有するが，カロテノイドが一重項酸素の消去作用を示すには，共役化した9個以上の二重結合を有する必要がある。ほとんどのカロテノイドは，こうした構造を有するため一重項酸素を消去でき，また共役二重結合数が多いものほど一重項酸素の消去能力は高い。例えば，β-カロテンでは中央のイソプレノイドからなる鎖状部分に9個，両末端の環状部分（エンドグループ）に2個，計11個の共役二重結合を有するが，ルテインには共役二重結合が10個しかないため，その消去能力は β-カロテンよりも劣る（図2）。一方，海洋動物の赤色色素として良く知られるアスタキサンチンには，共役化したカルボニルの二重結合も存在するため，共役二重結合の総数が13個となり（図2），強い一重項酸素消去能を示す。

　ただ，生体膜のモデル系でその抗酸化活性を比較した場合，分子内に水酸基などの極性基を有するカロテノイド（キサントフィル）では，その抗酸化効力が大きく低下する。カロテノイドの両末端の環状部分（エンドグループ）に水酸基が結合していると，両環状部分の水との親和性が高くなり，両末端部分が水中に突出するため，リポソーム膜を貫通する。このため細胞膜内での運動性が制約を受け，一重項酸素の消去能力が低下するためである。これに対して，β-カロテンやリコペンなどの極性基を持たないカロテノイド（カロテン）は，リポソーム膜内の疎水性領域のみに存在するため，極性カロテノイドのような動きの制限はなく，一重項酸素の消去能力の低下もない。

117

マリンバイオテクノロジーの新潮流

カロテノイドは一重項酸素に対する消去活性のほかに，各種のフリーラジカルに対する捕捉作用も示す。こうしたカロテノイドの抗酸化活性は，その生理作用を説明する上で重要な特性である。食品由来の抗酸化成分としてのカロテノイドの重要性と生体内での酸化ストレス軽減作用については疑う余地はなく，酸化還元反応に敏感なシグナル伝達系などでも，カロテノイドは重要な調節作用を示していると考えられる。特に，一重項酸素による酸化障害を受け易い組織，例えば，網膜や皮膚に対するカロテノイドの防御作用は，カロテノイドの抗酸化作用により理解し易い。しかし，カロテノイドが示す疾病予防と抗酸化活性の関係についてはいまだ不明な点も多く，今後のさらなる研究が望まれている。また，癌細胞の分化や増殖に関わる遺伝子発現に対するカロテノイドの制御機構については多数の報告があるが，その多くはカロテノイドの抗酸化活性とは無関係な場合が多い。さらに，カロテノイドの抗酸化活性が生体内で発揮されるためには，カロテノイドまたはその代謝物が，ターゲットとなる生体組織中に多量に存在する必要がある。

カロテノイドは比較的吸収されやすい成分であり，様々な細胞で遺伝子発現に対する特異的な制御作用を行う可能性がある。カロテノイドの生体機能性を説明するためには，その抗酸化活性に基づいて論ずることは必須であるが，遺伝子レベルでの制御についてより詳細に調べていくことも重要である。遺伝子の発現制御の観点からカロテノイドの機能性を検討する場合には，その活性は各カロテノイドの構造によって大きく左右される。換言すれば，それぞれのカロテノイドによって異なった生体機能性が期待できる。

カロテノイドによる生体内での遺伝子の制御と疾病予防との関連で，特に，良く研究されてきたのが，カロテノイド摂取による発がんリスクの低減である。がんに罹患するリスクとカロテノイドの摂取比率の間には逆相関関係があり，その理由については分子レベルでの解析が進みつつある。例えば，正常細胞間にはギャップ結合と呼ばれる接着部位があり，この結合を通じた細胞間の相互作用により組織の恒常性が維持されている。がん細胞ではこの結合が低下しているが，カロテノイド摂取により，ギャップ結合のタンパク質をコードする遺伝子の発現が増大する。がん細胞の発現と増殖には多くの生体分子が関わっているが，カロテノイドによるこうした分子の発現制御について，遺伝子レベルでのさらなる研究が求められている。

カロテノイドの吸収と蓄積及び代謝は，カロテノイドの機能性を予測する上で非常に重要である。抗酸化活性が非常に強くても，吸収性が低い場合や，必要とされる組織に移行できなければその作用を期待できない。カロテノイドの種類によって生体内での分布が異なることも知られており，例えば，リコペンはβ-カロテンと並んで血中に多いカロテノイドであり，他の組織中にも蓄積するが，特に精巣に多い。また前記の通り，網膜にはルテインとゼアキサンチンが特異的に多く存在する。こうしたカロテノイドの生体内分布はその生理活性を知る上で重要である。カロテノイド代謝物の構造やその生理作用についても注目が集まっており，レチナール以外のカロテノイドの分解物や一部のカロテノイドの酸化物に，強い生理活性のあることが報告されているが[16]，その詳細は不明である。

第3章　機能性食品

2.6　褐藻カロテノイド，フコキサンチンの抗酸化・抗がん・抗炎症作用

　フコキサンチン分子中の共役ジエン数はβ-カロテンやリコペンなどよりも少なく，一重項酸素の消去能はそれほど高くない。実際にフコキサンチンの一重項酸素に対する消去活性は $1.19×10^{10}$ モル$^{-1}$秒$^{-1}$で，$12.78×10^{10}$ モル$^{-1}$秒$^{-1}$の β-カロテンより低いことが報告されている[17]。しかし，一重項酸素などの活性酸素が主たる原因と考えられている障害について，動物あるいは細胞のモデル系を用いた実験系では，フコキサンチンにより障害が効果的に抑制されており，その原因として抗酸化作用以外の生理効果の関与が指摘されている[18]。また，フコキサンチンは一重項酸素消去作用だけでなく，様々なフリーラジカルに対する不活性化作用を示す。例えば，フリーラジカルの中でも最も活性が高いとされるヒドロキシラジカル（HO·）に対するフコキサンチンの消去活性は，α-トコフェロールの13.5倍高いことが報告されている[17]。

　カロテノイドの作用として，がん細胞に対する増殖抑制効果と抗炎症作用が良く知られている。フコキサンチンについても，細胞や動物を用いた結果に基づき同様の生理作用が報告されている[19]。ヒト前立腺がん細胞に対する増殖抑制作用について他のカロテノイドと比較したところ，フコキサンチンとネオキサンチンのアレンカロテノイドは，他の非アレンカロテノイドよりも優れたがん細胞増殖抑制作用を示した[20]。その他の培養がん細胞を用いた研究でもフコキサンチンの強い増殖抑制作用が報告されており，G0/G1 期での細胞周期の停止やアポトーシス誘導など，幾つかの作用機序が提示されている。この場合，ターゲットとなる遺伝子としては，Bcl（ヒト大腸がん細胞），p21$^{WAF1/Cip1}$（ヒト大腸がん細胞），gadd45a（ヒト肝臓がんおよび前立腺がん細胞），Cx43 と Cx32（ヒト肝臓がん細胞）などが報告されている[21]。

　また，フコキサンチンの血管新生阻害作用もその抗がん作用と深く関わっている。血管新生は生体維持にとって重要な機能であるが，がん，動脈硬化，糖尿病による網膜障害などでは，血管新生阻害がしばしば有効な治療法となることがある。一方，ヒト血管内皮細胞（HUVEC）を用いた実験系により，フコキサンチンあるいはフコキサンチノールが血管新生を阻害することが報告されている[22]。フコキサンチンの抗がん活性に関連する知見として，成人 T 細胞白血病（ATL）に感染した細胞の増殖抑制効果も注目される[23]。ATL とは腫瘍ウイルスの一種である HTLV-1（ヒト T 細胞好性ウイルス I 型）の感染により発症し，日本では，西日本，特に九州と沖縄で多く見られる。HTLV-1 キャリアは日本全国で 100 万-200 万人いると言われている。毎年 600-700 人程のキャリアが ATL を発症している。ATL をいったん発症すると回復し難く，死亡率も高いが，有効な治療法は見付かっていない。フコキサンチンの ATL に対する強い増殖抑制効果については，動物を用いた実験や臨床試験などによるさらなる検証が期待されている。

　フコキサンチンの炎症細胞に対する制御効果は，主として RAW264.7 細胞などのマクロファージ様細胞を用いた実験によって明らかにされている[19]。マクロファージに，遊離脂肪酸やリポポリサッカライドを添加すると，炎症を惹起するサイトカインの分泌が亢進するが，フコキサンチンはこれを抑制する。その抑制機構として，フコキサンチンによる TNF-α，iNOS，COX-2 などの遺伝子発現制御が示されている。また，フコキサンチンにより，iNOS が生産するフリーラ

119

ジカルの一種NOや，COX-2が生産するプロスタグランジン（PGE2）など炎症誘発に深く関わる生体成分の分泌も抑制される。

2.7 フコキサンチンの抗肥満作用

フコキサンチンは，褐藻などに特異的に含まれること，その含有量が他の生物中のカロテノイド含量よりも高いこと，カロテノイドの中でも特に強い抗がん活性を示すこと，特異な分子機構に基づく抗肥満作用を有することなどから多くの研究者が注目しているカロテノイドである。こうしたフコキサンチンの生理作用を研究するために，またその作用機序を解明する上で，フコキサンチンの吸収と代謝を知ることは非常に重要である。フコキサンチンは小腸からの吸収の際，リパーゼやコレステロールエステラーゼの作用で脱アセチル化され，フコキサンチノールへと代謝される[24,25]（図3）。フコキサンチノールの一部はさらに還元されてアマロウシアキサンチンAとなる[26]。

各組織中のフコキサンチン代謝物の蓄積量について図4に示したが，フコキサンチン代謝物は体内に局在し，ほとんどはアマロウシアキサンチンAとして内臓白色脂肪組織（WAT）に蓄積していることがわかる。一方，内臓WAT以外の組織や血中では，主にフコキサンチノールとして存在する。ラットにフコキサンチンを経口投与し，リンパカニュレーション法により分析すると[25]，フコキサンチンはリンパ中にも門脈中にも検出されず，フコキサンチノールのみがリンパ中に検出される。このように，摂取されたフコキサンチンは小腸から吸収される際にフコキサンチノールへと代謝され，リンパへと移行し体内に輸送される。

内臓WATに特にフコキサンチン代謝物（主としてアマロウシアキサンチンA）が多く蓄積する事実から，フコキサンチンの主な生理活性が内臓WATへの作用に基づいていることが推

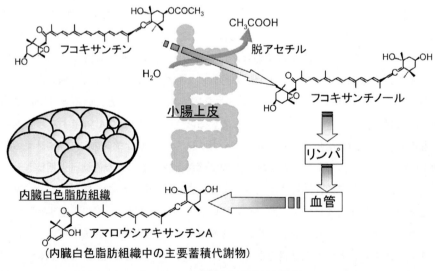

図3　フコキサンチンの吸収と代謝

第 3 章　機能性食品

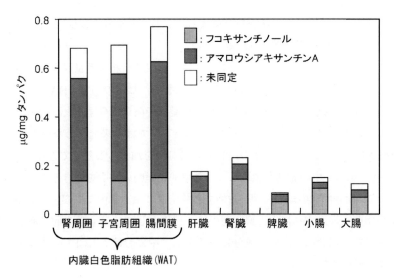

図 4　フコキサンチン（0.1%）を投与したマウス中のフコキサンチン代謝物含量[11]

測できた。こうした観点からフコキサンチンを用いた動物実験を行い，フコキサンチン投与により，内臓脂肪の過度の蓄積が効果的に抑制できることを明らかにした[27]。例えば，ワカメからエタノールにより脂質を抽出すると，暗褐色の油状成分が得られる。これは，糖脂質を主体とする脂質であるが，このワカメ脂質にはフコキサンチンが5–10%程度含まれている。こうして得られたワカメ脂質あるいはそこから精製したフコキサンチンを，ラットやマウスに投与すると内臓脂肪重量の有意な減少が起こる[21]。特に肥満病態動物や高脂肪食投与などでは，内臓脂肪重量低下に伴い体重も有意に減少する。また，フコキサンチンのみあるいはその代謝物であるフコキサンチノール（図3）をマウスに投与した場合でも有意な内臓脂肪重量の低下が見られる。

　フコキサンチンによる内臓WAT重量の低下作用には幾つかの理由が挙げられる。先ず指摘されているのが，動物中での褐色脂肪組織（BAT）重量の増大である[27]。脂肪組織にはWATとBATが存在し，それぞれ異なる機能を有する。WATは過剰に摂取したカロリーを脂質として溜め込む役割を持つ。一方，BATは脂肪を分解し熱を産出することで体温を保持するとともに，余分なカロリーを消費する組織である。この作用はBATミトコンドリア内膜での脱共役タンパク質1（UCP1）の特異的な発現に起因している。UCPにはUCP1のほかに，UCP2，UCP3などのサブタイプが存在する。UCP2はWATや骨格筋，脾臓，小腸などの全組織に，一方UCP3は骨格筋中での発現が知られている。しかし，これらのUCPファミリーには，脂肪分解による熱産生作用はほとんどない。一方，UCP1の発現亢進は，脂肪分解によるエネルギー産生を促進し，これにより脂肪の過度の蓄積を抑制する。例えば，肥満動物ではUCP1の機能が低下していることや，多食しても肥満とならない動物はBAT中のUCP1が増加することが知られている。また，人為的にUCP1の発現を低下させたマウスは肥満になるのに対し，高発現マウスは痩せるといった報告もある[28]。したがって，BAT中のUCP1の高発現は肥満の治療に効果

的であると考えられ，フコキサンチン投与による内蔵 WAT 重量の減少は，BAT の増大による
エネルギー代謝の亢進が一因と考えられる。

　しかし，BAT の増大のみではフコキサンチンによる内臓脂肪の重量減少を説明することは困
難であり，その他の作用機序を考える必要がある。また，ヒトの場合，BAT の存在量は年齢と
ともに少なくなり，BAT の増大が必ずしもヒトの肥満予防に寄与するとは限らない。これに対
して，遺伝子を人為的に操作したマウスでは，WAT 中では本来発現しないと考えられていた
UCP1 が検出された[28]。この研究により，何らかの刺激を加えることができれば，WAT 中でも
UCP1 が発現し，WAT 中の脂肪が燃焼して，効率的な脂肪の減少を引き起こす可能性が示され
た。WAT は内臓脂肪組織のほとんどを占めており，仮に WAT 中で UCP1 が発現し，これによ
り WAT 中の脂肪が燃焼すれば，内臓脂肪の減少機構としては最も効果的である。特に，ヒト
での抗肥満を目指す場合には，食品成分による WAT 中における UCP1 の発現誘導とこれによ
る脂肪燃焼は，理想的な食事療法といえる。

　こうした中，フコキサンチンを投与したマウスの WAT 中に，本来発現しない UCP1 タンパ
ク質が誘導され，その発現量がフコキサンチンの投与量に従って増大することが発見された[27]。
また，フコキサンチン投与により，UCP1 遺伝子や UCP1 発現に関わる $\beta 3$-アドレナリンレセ
プター遺伝子の発現増大も見出された[29]。フコキサンチンによる UCP1 の発現誘導の分子機構に
ついては未だ不明な点も多いが，この特異的な作用が，フコキサンチンの内臓脂肪重量低下作用
の原因のひとつと考えられている。

　動物実験で示されたフコキサンチンの抗肥満作用は，脂肪細胞を用いたフコキサンチン代謝物
の脂肪蓄積防止作用によっても確かめられている。一般に脂肪細胞は，分化の進行に伴い細胞内
に脂質を蓄積するが，フコキサンチン摂取により，この脂肪蓄積量や細胞分化の指標であるグリ
セロ-3-リン酸デヒドロゲナーゼ活性は有意に減少する[30,31]。同様の効果はネオキサンチンでも
見られる[31]。これに対し，β-カロテン，リコペンなどのカロテン類やアレン構造を持たないキ
サントフィル類（図 2）では脂肪細胞での脂肪蓄積抑制作用は見られない。各種カロテノイドの
構造と活性との比較により，脂肪蓄積抑制作用を示すカロテノイドは，分子内にアレン構造と水
酸基 2 個を結合した末端グループをもつことが分かった。

　フコキサンチンの内臓脂肪重量に対する減少効果は，ヒト臨床試験によっても確認されてい
る[32]。この試験では，肥満白人女性に 1 日 1 回 2.4 mg のフコキサンチンを 16 週間投与して，無
投与群と比較したところ，体重，体脂肪量，肝臓脂肪重量，血清トリアシルグリセロール含量い
ずれも有意に減少した。さらに，フコキサンチン摂取により，1 日あたりのエネルギー消費量も
有意に増大した。エネルギー消費の増加と，フコキサンチンによる脂肪利用効率増大との関係，
あるいは，そうした脂肪利用効率の増大と，内臓 WAT 中の UCP1 の発現誘導や BAT 重量の増
大との関係については今後の検討課題である。

第3章　機能性食品

2.8　フコキサンチンによる内臓 WAT からのサイトカイン分泌抑制作用

内臓 WAT に蓄積したフコキサンチン代謝物（図4）により，内臓 WAT 中の様々な遺伝子・タンパク質発現も大きな影響を受ける。特に，内臓 WAT から分泌されるサイトカイン（アディポサイトカイン）のうち，様々な病態を引き起こす TNF-α，MCP-1，IL-6，PAI-1 などの遺伝子の過剰発現が，フコキサンチン摂取により著しく抑制される。こうしたフコキサンチンの作用は，これらのサイトカインが過剰分泌されている状態にのみに見られ，正常な状態ではアディポサイトカインレベルにまったく影響を及ぼさない[33]。例えば，糖尿病病態マウス（KK-Ay）では，内臓 WAT での上記アディポサイトカインの遺伝子発現が正常マウスと比較して高値となるが，フコキサンチン投与により，これらの値はほぼ正常値まで回復する[29, 33]。しかし，正常マウス（C57BL/6J）を普通食で飼育した場合には，内臓 WAT 中のアディポサイトカインの発現レベルは，フコキサンチンの投与の有無にかかわらず変化はない。

内臓脂肪からの MCP-1 や TNF-α の過剰分泌により，インスリンに対する細胞の感受性の低下（インスリン抵抗性）が引き起こされるため，血糖値が上昇することが知られている。したがって，フコキサンチンによる MCP-1 や TNF-α の発現制御は，フコキサンチンによる糖尿病状態の改善作用を示唆している。実際，フコキサンチンの投与により，糖尿病病態マウスや食餌により糖尿病を誘発させたマウス（ob/ob）において，インスリン抵抗性が改善され，その結果，血糖値もほぼ正常値となる。また，MCP-1 はインスリン抵抗性を引き起こすだけでなく，マクロファージなどの炎症細胞の内臓 WAT への浸潤を誘発する。これにより，浸潤した炎症細胞からの炎症性サイトカインの分泌が促進され，炎症が惹起されやすくなるが，フコキサンチン投与により，こうした病態も改善できる。その他，PAI-1 発現遺伝子は，肥満状態の脂肪組織で過剰発現しており，血栓症や嚢胞性繊維症の発症と関係しているほか，肥満や糖尿病の発症にも関わっている。フコキサンチンによる PAI-1 の過剰発現の抑制は，これらの病態改善にも有効と考えられる。このように，内臓 WAT に蓄積したフコキサンチン代謝物は，内臓 WAT からの様々なサイトカイン分泌の制御により，メタボリックシンドロームの発症を抑制する。

フコキサンチン投与による，動物モデルでの各種アディポサイトカインに対する調節作用は，培養細胞モデル系でも確認されている。例えば，3T3-F442A 細胞に TNF-α 刺激を与え，この脂肪細胞に MCP-1 と IL-6 発現を増大させた場合，フコキサンチン代謝物であるフコキサンチノール投与によりこれらの発現が抑制される[33]。このように，動物実験だけでなく培養細胞実験でも，炎症やインスリン抵抗性を惹起させる MCP-1 と IL-6 の遺伝子発現と分泌が，フコキサンチンにより有意に抑制されることが示されている。

内臓 WAT の周囲にはマクロファージなどの炎症細胞が存在している。これらの炎症細胞は，脂肪細胞から過剰分泌される MCP-1 の刺激により内臓 WAT へ浸潤する（図5）。その結果，内臓脂肪細胞との相互作用により炎症細胞と内臓脂肪細胞の両方から，炎症性サイトカインやアディポサイトカインの過剰分泌が促進される。この場合，炎症細胞からの各種サイトカインの産生は，脂肪細胞から分泌される遊離脂肪酸の作用などで亢進し，炎症細胞から分泌される TNF-

123

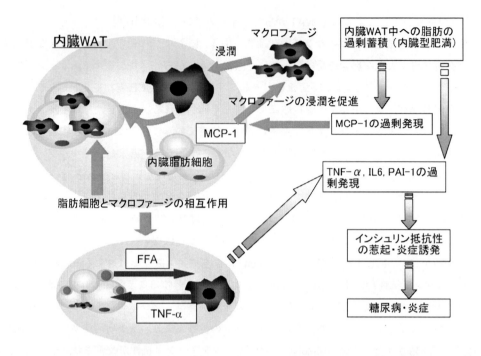

図5 内臓脂肪細胞と炎症細胞の相互作用による糖尿病と炎症リスクの増大

αは，脂肪細胞からのアディポサイトカインの分泌を促す。このように，内臓WAT内で，脂肪細胞と炎症細胞が互いに影響を及ぼしあうことにより，両細胞からの過剰なサイトカイン分泌が亢進し，糖尿病や炎症などの病態リスクが増大する（図5）。これに対してフコキサンチンは，内臓脂肪組織への炎症細胞の浸潤を促すMCP-1の発現を阻害して炎症細胞の浸潤を防止する。また，フコキサンチン代謝物は内臓WATからの各種アディポサイトカインの分泌調節能も有しているため，フコキサンチン摂取により内臓脂肪細胞の機能は正常に保たれ，疾病のリスクは軽減する。

2.9 フコキサンチンの抗糖尿病作用

糖尿病病態マウスや高脂肪食を摂取させた正常マウスでは，インスリン抵抗性が惹起されており，高レプチン血漿や高インスリン血漿となるが，フコキサンチン摂取により，これらの病態は改善され，血糖値の上昇は抑制される[34]。これは，内臓WATからのMCP-1やTNF-αの過剰分泌が，内臓WATに蓄積したフコキサンチン代謝物により抑制されることが主な原因と考えられる。また，フコキサンチンを投与した動物や，筋肉細胞を用いて調べた結果，血液中に移行したフコキサンチン代謝物（主としてフコキサンチノール）による筋肉細胞中でのグルコーストランスポーター4（GLUT4）に対する作用も，フコキサンチンの血糖値低下効果に関係していると推定されている。

筋肉などの組織は，グルコースをエネルギー源として利用することにより，その機能を維持す

第3章　機能性食品

る。グルコースは血中から各細胞へ供給されるが，グルコースが細胞内に取り込まれるためには，細胞内にグルコースの担体がなければならない。この担体がグルコーストランスポーターと呼ばれるタンパク質であり，GLUT4 が良く知られている。GLUT4 遺伝子は，インスリンが細胞膜上の受容体への結合により誘導されるシグナル伝達系を介して発現する。この遺伝子発現に基づき細胞内で生成した GLUT4 タンパク質は，細胞膜上に移動し，グルコースを細胞内に取り込む。2 型糖尿病による血中グルコース濃度の上昇は，こうした一連の代謝系の不具合により起こる。例えば，2 型糖尿病では GLUT4 の発現が低下していることが多いが，このような状態のマウスに対し，フコキサンチンを投与すると，筋肉中の GLUT4 の遺伝子とタンパク質の発現が増大し，血糖値やインスリンレベルが正常値まで低下する[29]。こうしたフコキサンチンの作用は，培養筋肉細胞を用いた実験によっても確かめられている。

2.10　フコキサンチンの肝臓中 DHA 増大作用

　2.2 で述べたように，EPA や DHA などのオメガ 3 脂肪酸と，アラキドン酸などのオメガ 6 脂肪酸はヒトにとって重要な生体成分である。特に，最近の食生活の変化（グローバル化）により，わが国においては，オメガ 3 脂肪酸の相対的な摂取比率が下がってきているとの指摘もある。その結果，食品素材あるいはサプリメントとしての魚油の積極的な摂取が推奨されている。しかし，魚油の食品への利用を図る上で大きな問題がある。それは，EPA や DHA の酸化安定性の低さである。EPA や DHA は，分子内に二重結合を多数有するため，化学構造的に極めて酸化されやすい。EPA や DHA などの酸化で生じた過酸化物は食品の風味劣化の主因となるとともに，体内に吸収されると毒性を示す。また，過剰な EPA や DHA の摂取は生体内脂質過酸化を引き起こす可能性がある。一方，成人は，植物油由来の α-リノレン酸から体内で EPA や DHA を合成できる。したがって，EPA や DHA に比べて酸化安定性の高い α-リノレン酸の摂取により，EPA や DHA を体内で合成し，これら脂肪酸の相対的不足を補うことも考えられる。しかし，α-リノレン酸からの DHA の合成率はそれほど高くなく，1-3% とされている。変換率が低くても，オメガ 6 脂肪酸とのバランスや総脂質摂取量が適正であれば問題ないが，多くの場合，オメガ 3 脂肪酸，特に DHA の欠乏が指摘されている。

　これに対して，フコキサンチン投与により，ラットやマウスの肝臓中の DHA 絶対量が増加することが報告されている[11, 35]（図 6）。その作用機構の解明にはさらなる検討が必要であるが，α-リノレン酸から DHA への合成酵素系がフコキサンチン投与により活性化された可能性が指摘されている。α-リノレン酸から DHA が合成される最初のステップは，$\varDelta$6-不飽和化酵素によるステアリドン酸（18:4n-3）の生成である。$\varDelta$6-不飽和化酵素は，リノール酸（18:2n-6）にも作用し，アラキドン酸合成の前駆体となる 18:3n-6 を生成させる。フコキサンチン投与により，DHA だけでなくアラキドン酸含量も増大することが知られており，この酵素がフコキサンチン投与による肝臓内 DHA 含量の増大に関わっている可能性もある。

　フコキサンチンによる DHA の合成促進作用は，体内の DHA 濃度を維持する観点から興味深

125

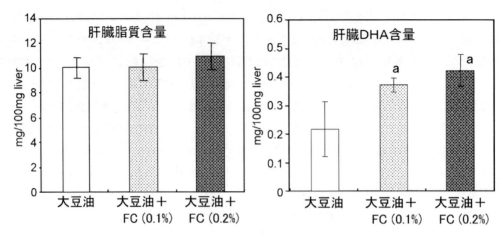

図6　肝臓脂質に及ぼすフコキサンチンの影響[36)]
[a]コントロールに対して有意差あり。($P<0.01$)

い機能といえる。最も一般的な食用植物油である大豆油とキャノーラ油は，いずれも相当量のα-リノレン酸を含んでいる。少量のフコキサンチンあるいはフコキサンチン含有油（褐藻脂質）とこれらの植物油を動物に同時に投与すると，肝臓中のDHA含量は有意に増大する。したがって，酸化されやすく風味も比較的劣る魚油を摂取しなくても，フコキサンチンと植物油の組み合わせで，体内のDHA含量を適正に維持できる可能性がある。

2.11　おわりに

　炭酸ガスと水から有機化合物を創り出す光合成は，生物の営みを支える重要な反応であるばかりでなく，深刻な問題となりつつある地球温暖化を防止する最も有効な手段としても注目されている。特に，森林などの陸上植物の炭酸ガス吸収能力については高い関心が持たれている。しかし，海洋性の藻類も光合成を行い，その効率が陸上植物よりはるかに高いことはあまり知られていない。藻類の器官分化は陸上植物と比較して明瞭ではなく，藻体全表面で光合成ができる。また，陸上植物では3％を超える炭酸ガスは吸収できないが，藻類では20-40％まで炭酸ガスを吸収できる。藻類は微細藻類と大型藻類（海藻）に大別できるが，いずれも光合成により有機化合物を生産し，一部はエネルギー源として，あるいは体成分や生体機能調節成分として，海洋動物にとってなくてはならない栄養素となる。

　藻類は海洋動物だけでなく人間にも多くの恩恵をもたらしている。高い光合成能力と効率的な炭酸ガス吸収能力により，新たなバイオエネルギー資源として注目されていることもその一例であるが，エネルギー以外の資源としても様々な用途への利活用が積極的に行われている。また，そもそも大型藻類（海藻）は，日本民族の歴史とも深く関わっている。大宝元年に制定された養老令によれば，大和朝廷の税（租，庸，調）の調（みつぎ）は正調と調の雑物に分けられ，正調には絹，糸，綿などが，調の雑物としては，鉄十斤，鍬三口，海産物のどれかが選ばれたが，海

第 3 章　機能性食品

産物には海藻も指定されたと記載されている。また，延喜式によれば，地域によりその種類は異なるが，16 種の海藻が租税として指定されたとの記載がある。

　食材としての海藻の栄養的価値については，歴史的な経緯もあり，日本人研究者により行われたものが多い。海藻はミネラルや食物繊維が豊富である他，タンパク質のアミノ酸スコアも植物としては優れている。また，本稿で概説したように，褐藻脂質中にはたいへん興味深くかつ高い機能性を示す成分が多量に含まれている。今後，海藻，特に，褐藻の有効活用により，新たなバイオインダストリーの創出が期待される。

文　　献

1)　日本油化学会，油脂・脂質の基礎と応用，日本油化学会　99 (2009)

2)　G. L. Russo, *Biochem. Pharmacol.*, **235**, 785 (2010)

3)　H. Allayee *et al.*, *J. Nutrigenet. Nutrigenomics*, **2**, 140 (2009)

4)　A. P. Simopoulos, *Exp. Biol. Med.*, **233**, 674 (2008)

5)　G. De Backer *et al.*, *Eur. Heart J.*, **24**, 1601 (2003)

6)　S. C. Smith Jr *et al.*, *Circulation*, **113**, 2363 (2006)

7)　M. Davidson, *Am. J. Cardiol.*, **98**, 27i (2006)

8)　W. Harris and D. Bulchandani, *Curr. Opin. Lipidol.*, **17**, 387 (2006)

9)　W. S. Harris *et al.*, *Atherosclerosis*, **197**, 12 (2008)

10)　M. Terasaki *et al.*, *J. Phycol.*, **45**, 974 (2009)

11)　M. K. W. A. Airanthi *et al.*, *J. Agric. Food Chem.*, **59**, 4156 (2011)

12)　古賀良彦，高田明和，脳と栄養ハンドブック，サイエンスフォーラム，146 (2008)

13)　宮下和夫，カロテノイドの科学と最新応用技術，シーエムシー出版，107 (2009)

14)　J. A. Del Campo *et al.*, *Appl. Microbiol. Biotechnol.*, **74**, 1163 (2007)

15)　E. Riboli and T. Norat, *Am. J. Clin. Nutr.*, **78**, 559S (2003)

16)　E. Nara *et al.*, *Nutr. Cancer*, **39**, 273 (2001)

17)　N. M. Sachindra *et al.*, *J. Agric. Food Chem.*, **55**, 8516 (2007)

18)　I. Urikura *et al.*, *Biosci. Biotechnol. Biochem.*, **75**, 757 (2011)

19)　M. Hosokawa *et al.*, *Food Sci. Biotechnol.*, **18**, 1 (2009)

20)　E. Kotake-Nara *et al.*, *J. Nutr.*, **131**, 3303 (2001)

21)　K. Miyashita *et al.*, *J. Sci. Food Agric.*, **91**, 1166 (2011)

22)　T. Sugawara *et al.*, *J. Agric. Food Chem.*, **54**, 9805 (2006)

23)　K. Yamamoto *et al.*, *Cancer Lett.*, **300**, 225 (2011)

24)　T. Sugawara *et al.*, *J. Nutr.*, **132**, 946 (2002)

25)　M. Matsumoto *et al.*, *Eur. J. Nutr.*, **49**, 243 (2010)

26)　A. Asai *et al.*, *Drug Metab. Disposition*, **32**, 205 (2004)

マリンバイオテクノロジーの新潮流

27) H. Maeda *et al.*, *Biochem. Biophys. Res. Comm.*, **332**, 392 (2005)
28) A. Cederberg *et al.*, *Cell*, **106**, 563 (2001)
29) H. Maeda *et al.*, *Mol. Med. Rep.*, **2**, 897 (2009)
30) H. Maeda *et al.*, *Int. J. Mol. Med.*, **18**, 147 (2006)
31) T. Okada *et al.*, *J. Oleo Sci.*, **57**, 345 (2008)
32) M. Abidov *et al.*, *Diabetes Obes. Metab.*, **12**, 72 (2010)
33) M. Hosokawa *et al.*, *Arch. Biochem. Biophys.*, **504**, 17 (2010)
34) H. Maeda *et al.*, *J. Agric. Biol. Chem.*, **55**, 7701 (2007)
35) T. Tsukui *et al.*, *J. Agric. Biol. Chem.*, **55**, 5025 (2007)

3　サケ鼻軟骨由来のプロテオグリカン

加藤陽治[*1]，柿崎育子[*2]

3.1　はじめに

タンパク質と糖鎖（グリコサミノグリカン）が共有結合した複合糖質の一種で，コラーゲンやヒアルロン酸とともに動物軟骨構成主成分の一つであるプロテオグリカンは，医薬，再生医療素材，化粧品原料として，さらには機能性食品素材として大きな期待が寄せられていた。しかし，ウシの気管軟骨から得られたものは1グラムあたり3千万円と，非常に高額なために，応用研究や実用化研究を進めるための障壁となっていた。平成12年に弘前大学医学部の故高垣啓一教授と株式会社角弘が共同で，世界で初めてサケの鼻軟骨から高純度のプロテオグリカンを，低コストかつ大量に精製する技術を確立[1]したのを契機に，応用研究が可能となった。その抽出技術のヒントは，青森県の郷土料理の一つである，「ひずなます（氷頭なます）」を作るときにサケの頭部を薄切りにして酢に漬けておく調理工程であった。応用研究は，文部科学省の「都市エリア産学官連携促進事業」において「プロテオグリカン応用研究プロジェクト（連携基盤整備型）」（平成16～18年度）および「QOLの向上に貢献するプロテオグリカンの応用研究と製品開発（一般型）」（平成19～21年度）のテーマとして，さらには，地域イノベーションクラスタープログラムにおける「プロテオグリカンをコアとした津軽ヘルス＆ビューティー産業クラスターの創生」（平成22～24年度）のテーマとして，弘前大学研究者からなるプロテオグリカンネットワークスを中心に進められてきた。

本節では，サケ鼻軟骨由来プロテオグリカンの機能性研究を中心に概説する。

3.2　軟骨成分としてのプロテオグリカン

軟骨は結合組織に分類され，細胞と細胞外マトリックス（細胞間の微小環境）から成る。軟骨の主要な細胞外マトリックス成分は，プロテオグリカンと呼ばれる複合糖質であり，ヒアルロン酸やコラーゲンと相互作用している。特にアグリカンと呼ばれる軟骨型プロテオグリカンは，モノマーとしてではなく，ヒアルロン酸を中心にモノマーが多数非共有結合したプロテオグリカン凝集体（アグリゲート）として存在している（図1A）[2]。この非共有結合を安定化している分子はリンクプロテインといわれるタンパク質である[2]。プロテオグリカンやヒアルロン酸の糖鎖構造の特性から，軟骨の水分含量は約70%である。このような高い水分保持能力と安定な凝集体の形成により，軟骨に柔軟性が与えられている。

軟骨中の主要なプロテオグリカンは，アグリカンと呼ばれる巨大分子である[3,4]。哺乳動物のアグリカンの構造や機能については古くから多数の研究がなされている。図1Bに，哺乳動物の

---

*1　Yoji Kato　弘前大学　教育学部　食物学研究室　教授

*2　Ikuko Kakizaki　弘前大学　大学院医学研究科　附属高度先進医学研究センター　糖鎖工学講座　准教授

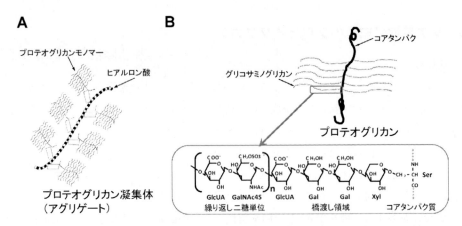

図1 プロテオグリカン凝集体（A）とプロテオグリカンモノマー（B）の模式図
GlcUA，グルクロン酸；GalNAc4S，N-アセチルガラクトサミン-4硫酸；Gal，ガラクトース；Xyl，キシロース；Ser，セリン

アグリカンの模式図を示す。1本のコアタンパク（芯となるタンパク質）のセリンにコンドロイチン硫酸が複数本共有結合している。哺乳動物のアグリカンは，分子量約20万のコアタンパクに，1本の分子量が数万のコンドロイチン硫酸が数十本から百本結合していることから，プロテオグリカン全体としての分子量は100万以上といわれている。結合する糖鎖の数や長さは発生の過程や性差（ホルモンの状態），部位など様々な状況により異なる。コンドロイチン硫酸の他に，O-グリコシド型オリゴ糖またはケラタン硫酸（1本の分子量が数百から数千）もコアタンパクのセリンまたはスレオニンに結合している[5〜7]。

図2にアグリカンのコアタンパクの機能ドメイン構造を模式的に示す。哺乳動物では，N-末端側の球状ドメインであるG1およびG2ドメイン，グリコサミノグリカン（GAG）結合ドメイン，C-末端側の球状ドメインのG3ドメインなどから成ることが知られていた[3,8]。G1ドメインにはヒアルロン酸結合ドメインとイムノグロブリン様ドメインがある。GAG結合ドメインはさらに，コンドロイチン硫酸が主として結合するドメインと，ケラタン硫酸が多く結合するドメインに分けられる[9〜11]。哺乳動物のコンドロイチン硫酸結合ドメインには，セリン−グリシンの繰り返し構造が見られ[9]，その中のセリン残基にコンドロイチン硫酸が結合するが，全てのセリン残基に結合するわけではない。G3ドメインには上皮増殖因子（epidermal growth factor, EGF）様モジュール，C型レクチン様モジュール，補体制御タンパク様モジュールといった機能ドメインがあり，各ドメインの一次構造は動物種を超えて相同性がある。

アグリカンに結合するコンドロイチン硫酸は，図1のように，キシロース−ガラクトース−ガラクトース−グルクロン酸（GlcAβ1-3Galβ1-3Galβ1-4Xylβ1-）の橋渡し構造を介してコアタンパクのセリン残基に共有結合している[12,13]。その糖鎖は同一糖鎖上でも異なる構造のウロン酸とヘキソサミンの組み合わせから成るコンドロイチン，コンドロイチン4-硫酸，コンドロイチン6-硫酸の二糖単位（図3）が不均一に並んでいる。この二糖単位の組成は，動物種や組織によっ

第3章　機能性食品

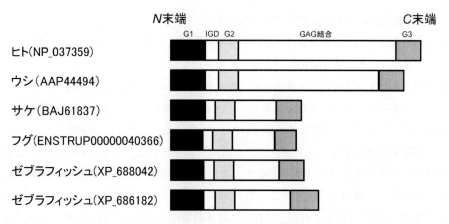

図2　アグリカンのコアタンパクの機能ドメイン構造
ヒト（NP_037359），ウシ（AAP44494），サケ（BAJ61837），トラフグ（ENSTRUP00000040366），ゼブラフィッシュ（XP_688042），ゼブラフィッシュ（XP_686182）のコアタンパクのドメイン構造を示した。G1, globular domain 1；IGD, interglobular domain；G2, globular domain 2；GAG, glycosaminoglycan；G3, globular domain 3；GAG 結合，GAG 結合ドメイン

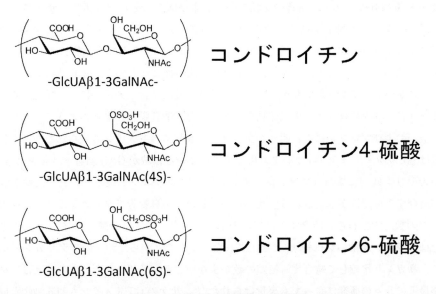

図3　コンドロイチン硫酸の二糖単位
GlcUA，グルクロン酸；GalNAc，N-アセチルグルコサミン；GalNAc4S，N-アセチルガラクトサミン-4 硫酸；GalNAc6S，N-アセチルガラクトサミン-6 硫酸

ても異なる。また，組成は加齢に伴って変化することも報告されている[14]。プロテオグリカンの機能の多くは，このGAG鎖が担っており，特に十糖前後の特定のオリゴ糖構造がその機能に重要であると考えられている。しかし，GAGの構造と機能との相関は，その構造の複雑さゆえに，明らかにされた例は未だごく少数である[12,15〜18]。

131

3.3　サケ鼻軟骨由来のプロテオグリカンの構造

　哺乳動物の軟骨中のプロテオグリカンは多数クローニングされ，構造の詳細や機能について報告されているが，魚類の軟骨中のプロテオグリカンに関する研究は十分にはなされていない。ゼブラフィッシュやトラフグのアグリカンがクローニングされているのみであった。我々の研究対象であるサケ鼻軟骨のプロテオグリカンについては，この10年間，機能に関する情報は蓄積されてきたが[19~25]，構造についてはアグリカンタイプであるかどうかさえも証明されていなかった。

　我々の最近の研究により，コアタンパクとcDNAの解析により，サケ鼻軟骨の主要なプロテオグリカンはアグリカンファミリーに属することが分かった[26]。cDNA配列（4207塩基対）から推定されるアミノ酸配列（1324アミノ酸残基）より，サケ鼻軟骨のアグリカンのコアタンパクの分子量は143,276と計算された。これは，哺乳動物のアグリカンのコアタンパクの分子量約200,000よりも小さい。魚類のGAG結合ドメインのサイズが哺乳動物の場合よりも小さいことによる（図2）。また，トラフグ（ENSTRUP00000040366[注1]），ゼブラフィッシュ（XP_688042[注2]），ゼブラフィッシュ（XP_686182），ウシ（AAP44494），およびヒト（NP_037359）のアグリカンのアミノ酸配列とそれぞれ56％，55％，49％，31％，および30％の相同性を有していた。N末端側及びC末端側のドメイン構造の比較を図4および図5にそれぞれ示す。サケ鼻軟骨アグリカンのコアタンパクも哺乳動物のアグリカンと同様，3つの球状ドメイン（G1~G3），GAG結合ドメイン等機能的なドメインを全て有していた（図2）。サケと哺乳動物におけるコアタンパクの大きな違いは，サケのGAG結合ドメインが哺乳動物よりも短く，哺乳動物で特徴的な配列が観察されないことであった。サケのコンドロイチン硫酸結合ドメインには，哺乳動物に特徴的なセリン−グリシンの繰り返し構造は見られなかった。哺乳動物の場合のように，セリン，グルタミン酸，およびプロリンに富む明らかなケラタン硫酸結合ドメインも見られなかった。サケにおいては，セリン−グリシンがランダムに配置されている領域がGAG結合ドメインと考えられ，この中のセリン残基に糖鎖（コンドロイチン硫酸，O−グリコシド型オリゴ糖またはケラタン硫酸）が結合する可能性が示唆される。我々が分析したサケ鼻軟骨アグリカンでは，このセリン−グリシンの数，すなわち，結合する可能性のあるコンドロイチン硫酸，O−グリコシド型オリゴ糖またはケラタン硫酸の数は約45と推定された。このことから，サケのアグリカンでは哺乳動物のアグリカンと比較して結合する糖鎖の数が少ないことが予想された。このことは，糖鎖に着目した最近の我々の研究によっても裏付けられた[注3]。サケのG3ドメインも哺乳動物と同様，上皮増殖因子（epidermal growth factor，EGF）様モジュール，C型レクチン様モジュール，および補体制御タンパク様モジュールから構成されていた（図5）。従って，分子サイズや構造の違いはあるが，サケ鼻軟骨のアグリカンは，哺乳動物のアグリカンが示す生理活性を発揮するに十

注1）　ENSTRUP00000040366 は IMCB Peptide の ID
注2）　XP_688042，XP_686182，AAP44494，NP_037359，BAJ61837 は NCBI database の ID
注3）　投稿準備中

Immunoglobulin-like domain
‹- -

```
Salmon                 1:MISLLLLCVSLPPVTSTISFEDPSDLNSTLSVSIPMDVPLRPLMGTKVVVPCYFHDNPINHPA--T-PTVDPLSHRIKWTYITKGKATLI 87
Zebrafish similar to   1:-----------------MADQDSTLS-VSIPVEQPLRPLLGGSMVIPCYFQDITLQDPGTLTSPTNAPLSQRIKNSHIHKGKISLI 68
Zebrafish              1:---MYVPH-GLVPSIAV--FVITEPESPLR-VSIPNELPLRPLMGDTLVLPCYFQDNTVNDPGA--PTIAPLSHRIKNSLVTKEKTTNI 80
Pufferfish             1:----------STDLDGRLRVSIPLERPVHPVLGSKVLVPCYFQDNIVNNPR--T-PTVTPLLHRIKWTYITKEKIHTI 65
Bovine                 1:MTTLLLVFVTLRVITAAISVEVSEPDNSLSV-SIPEPSPLRVLLGSSLTIPCYFIDPMH--PVTTAPSTA-PLAPRIKWSPRISKEKEVVL 86
Human (isoform 2)      1:MTTLLWVFVTLRVITAAVTVETSDHDNSLSV-SIPQPSPLRVLLGTSLTIPCYFIDPMH--PVTTAPSTA-PLAPRIKWSRVSKEKEVVL 86
                                          ***  ***..  * *****.*.*  ..   * ** ** ***** *..*.
```

- -✗

```
Salmon                88:LVASEGKVHVETEYLDRVTMANYPLVPTDITMEITELRSKDSGTYRCEVMHGIEENRDSVDIQVQGVVFHYRAISTRYTLNFERAKAACI 177
Zebrafish similar to  69:LVATEGQVQVETEYLDRVHLVNYPMVPSDATIEISRLRSHDSGTYRCEVMQGIDDNYDSVEMQIQGIVFHYRAISTRYTLTFEMAKAACI 158
Zebrafish             81:LVASEGIVSIEKRYMDRITLVGYPMTPTDASIKITELHSNDSGVYRCEVMQGIRDSHDIVDVQVQGIVFHYRAITRYTLNFBEAKAACI 170
Pufferfish            66:LVASEGKVHVETEYLDRVTMINYPLVSTDASIEITELRSKDSGTYRCEVIHGIEDNYDSVNIQVQGIVPHYRAISTRYTLTFEKAKAACI 155
Bovine                87:LVATEGRVRVNSAYQDKVTLPNYPAIPSDATLEIQNMRSNDSGILRCEVMHGIEKDSQATLEVVVKGIVFHYRAISTRYTLDFDRAQRACL 176
Human (isoform 2)     87:LVATEGRVRVNSAYQDKVSLPNYPAIPSDATLEVQSLRSNDSGVYRCEVMHGIEDSEATLEVVVKGIVFHYRAISTRYTLDFDRAQRACL 176
                                ***  ** .*  .*  .*   *..******..** .*.****..*****.*   .*.*******  **** .* **
```

Link domain CSPGs modules
——→ ←————————

```
Salmon               178:QNSATIATPAQLQAAPDDGFHQCDAGWLSDQTVRYPIHEPREGCPGDKDEFFGVRTTGVREVNTYDVVCFAQKMSGRVFYSMSVEKFAP 267
Zebrafish similar to 159:QNSAVIATPAQLQAAYDDGFHQCDAGWLSDQTVRYPIHEPREPCYGGDKDNFPGVRTYGVRDVNETYDVYCFARKMSGRVFYSMSVEKFTF 158
Zebrafish            171:QNSAVIATPEQLQAAYDEGFHQCDAGWLADQTVRYPIHDPREACYGDKYRFPGVRTYGVRDVNETYDVYCFARRMTGKVFHTTSPNKFTF 260
Pufferfish           156:QNSATIATPAQLQAAYDDGYHQCDAGWLSDETVRYPIQEPRENPCYGDKDNFPGVRTYGVRDVNETYDVYCFAZKMSGRVFYSMSVEKFSP 245
Bovine               177:QNSAIIATPELQAAYRDGFHQCDAGWLADQTVRYPIHTPREGCYGDKDEFFGVRTYGIRDTNETYDVYCFABEMEGEVFYATSPEKFTF 266
Human (isoform 2)    177:QNSAIIATPEQLQAAYEDGFHQCDAGWLADQTVRYPIHTPREGCYGDKDEFPGVRTYGIRDTNETYDVYCFABEMEGEVFYATSPEKFTF 266
                               ****   ****  ****   .*.********.***..***..   **.***  ***.*  .*.*.******* .  *****.* ***
```

Link domain CSPGs modules
——→

```
Salmon               268:YQAMDQCAKLGAKLATTGQLHLAWKAGMDVCNAGWLADRVVRYPINIARPQCGGGLLGVRTVYLFNQGYPYPDSRYDAICY------Q 351
Zebrafish similar to 249:ADARDQCAKLGAQLATTGQLYLAWKTGMDVCNAGWLADRSVRYPINIARPQCGGGLLGVRTVYLFPNQTGYPYPDSBYDAICY------R 332
Zebrafish            261:EEAEAQCSKLGAKLATTGQLYLAWKGGMLVCNAGWLADRSVRYPINIARPQCGGGLLGVRTVYLFPNQTGYPHPDSRYDAPFCY------S 344
Pufferfish           346:YEAKDQCAKLGARLATTGELYLAWGAGMDVCNAGWLEDRSVRYPINIARPQCGGGLLGVRTVYLFHNQTGYPYPDSRYDAICF------Q 329
Bovine               267:QEAANECRRLGAKLATTGQLYLAWQAGMDMCSAGWLADRSVRYPISKARPNCGGNLLGVRTVYLFANQTGYPDFSSRYDAICYTGEDFVD 356
Human (isoform 2)    267:QEAANECRRLGARLATTGQLYLAWQAGMDMCSAGWLADRSVRYPISKARPNCGGNLLGVRTVYVLHANQTGYPDFSSRYDAICYTGEDFVD 356
                              .*    .*** ****. *** . *  .*  ** ***  ****.   *** * **.***********  .*****  .*****.*
```

```
Salmon               352:ED---D------GAVETT------P-FPEVATITAGPMVYLGRTTAFEAEAR-GE-VLTQ-G------PLDTITMALFVPPSV-TDTVTKV 416
Zebrafish similar to 333:DK---ED---K-VLIKTT------P-FPEIYTT-T--RSV-LTVATVSSSSDYTEQVTT-R------GEVRGQILTDEPFNTTSTESPLS 398
Zebrafish            345:ET---GD---E-G--S------GFFFPLDLELTTDGDNGVLTVDTITESHTVISKPAST-E------SEVQGEVVTVKPSVTTSVENPYT 411
Pufferfish           330:DL---GD---E-GVVSMTTT----P-FPDIVHETLAPGVVPGLTPSPEEESSLGGDIVTL-S-----PDSKETHVVHEPGFDLTDAIM-- 395
Bovine               357:IPESFFGVGGEEDITIQTVTWPDVE-LPLPRNITEGEARGSVILTAKPDFEV-SPTAPEPEEPFTFVPEVRATAPFEVENRTEEATRPWA 444
Human (isoform 2)    357:IPENFFGVGGEEDITVQTVTWPDME-LPLPRNITEGEARGSVILTVKPIFEV-SPSPLEPEEPFTFAPEIGATAFAEVENETGEATRPWG 444
                              .       .       .     *   .  .  ..   .   .      .
```

Link domain CSPGs modules
←————————————————————————————————

```
Salmon               417:TPV----VGBEIISRVTAE-PNVASEPPRDNDTAMSPTGVV---FHYRAGSS-RYALSFVEAQLACQSVGAVIASSQQLQAAYEAGLHHC 497
Zebrafish similar to 399:PPLNITDVEEDIIN--VATAPP---SLEHAIPSINVTAKIGVVFHYRAESG-RYAYTYEEAQDACQKLGAVIATFELLQAAYEAGLHQC 482
Zebrafish            412:A-LDISHVLPSPFTSSVEKDFDPGSSLSQSNKTEDTMSAT--FHYRGGNCSRYFPGFVEAQLACKSIGAVIASAHCQGGNASLATAHLYAA 499
Pufferfish           400:APM-----VQK-LN-RYFYQ-PTLLS-LP----S-LTSGV-L---FHYRPITG-RYTLSFVRAQQACRDIGAVIASPPQLQAAFEKGFHQC 471
Bovine               445:FPRESTPGL/HAPTAFTSEDLVVQVTLAPGAAEVPGQPRLPGGVVPHYRPGSSR-YSLTFEEAKQACLRTGAIIASPEQLQAAYEAGYEQC 533
Human (isoform 2)    445:FPT---PGLGPATAFTSEDLVVQVTAVP------GQPHLPGGVVFHYRPGPTR-YSLTFEEAQQACLRTGAVIASPEQLQAAYEAGYEQC 524
                                              .****      *.  *  .  .*.**  ** .*.*.**** ****.* .**
```

```
Salmon               498:DAGWLRDQSVRYPILSPRDKCSGNLEHLPGVPSYGLRPATERYDVYCYVDRLKGELPYTSDYDSFSYEEAVAHCQKLNTTLATTGQLYAA 587
Zebrafish similar to 483:SAGWLQDQTVRYPIVHPRKKCSGDSEDVPGVRSYNVRPAHEQYDVYCYMDQIKGEIFHVSSLAGFTYEAVAHCRKLSSTLASTGELYAA 572
Zebrafish            500:DAGWLSDQTVRYPIVSPEHQCSGDMEQVGVRSYGLRPADERYDVYCTVDRLRGQVFHASSFEGFTYGEAVAHCQGGNASLATAHLYAA 589
Pufferfish           472:DAGWLSDQTVRYPIVSPRENCAGNLSQLPGVRSYGLRPPNEQYLVPCYVRRLQGKVFPTSDYDSFSYDEAVQHCLNLNTTLATTAQIYAA 561
Bovine               534:DAGWLQDQTVRYPIVSPRTPCVGDKDSSPGVRTYGVRPPSETYDVYCYVDRLEGEVPFATRLEQFTFWEAQEFCESQNATLATTGQLYAA 623
Human (isoform 2)    525:DAGWLRDQTVRYPIVSPPTPCVGDKDSSPGVRTYGVRPSTETYDVYCYVDRLEGEVFFATRLEQFTFQEALEFCESHNATLATTGQLYAA 614
                              **** **.****  ****   ** .  * .  .* .**      *.* .*.*.* ..     *.*       .**  .* *
```

Link domain CSPGs modules
————————————————————————————————————

```
Salmon               588:WRQGFDKCRPGWLQDRSIRYPIHNPRPHCGOOKAGVHTIYAPHNQEGHPDQHSRYDAYCFR 648
Zebrafish similar to 573:WNQGFHKCSPGWLADRSVRYPVSPDFDCSGNKTGVQTIYAQPHNQEYHPYSSRYDAYCFK 633
Zebrafish            590:WKQGFDKCRPAGWLLLDRSVRYSINIPROQCGGGETGVHTVYLFPNQTGSPDLHSKPDAYCFK 650
Pufferfish           562:WSQGLDKCRPGWLMDRSVRYPITTPRPNCGGQAGVHTIYAFSNQTGFPPDEHSRYDAYCFK 622
Bovine               624:WSRGLDKCYAGWLADGSLRYPIVTPFRPFACSGDKPGVRTVYLYPNQTGLLDPLSRHHAFCFR 684
Human (isoform 2)    615:WSRGLDKCYAGWLADGSLRYPIVTPPRPACSGDKPGVRTVYLYPNQTGLPDPLSRHHAFCFR 675
                              *.*.**** .* **** *.***  .  .* .***  *   .*  *.*.   *. .* ***
```

図4 アグリカンの G1, IGD, G2 ドメインの比較

Salmon, サケ（BAJ61837）；zebrafish similar to, ゼブラフィッシュ（XP_688042）；zebrafish, ゼブラフィッシュ（XP_686182）；pufferfish, フグ（ENSTRUP00000040366）；bovine, ウシ（AAP44494）；human（isoform 2), ヒト（NP_037359）。黒塗りのアミノ酸配列は推定される *N*-グリコシド型糖鎖結合部位。GENETYX-WIN Ver. 5.0.3. を用いた解析による（*Arch Biochem Biophys*, **506**, 58-65（2011）より転載）。

マリンバイオテクノロジーの新潮流

A

```
                    ←——————— EGF1 module ———————→    ←————— EGF2 module —————→
Salmon              1068:TRDLCEPNQCGTGTCSVQDGIALCQCPHGFTGEDCST------------------------------------
Zebrafish similar   1096:PSDPCDPNPCGQGLCSLQDGVALCQCHSGFSGENCSV-----------------------------------
Zebrafish           1217:YLNPCEPNPCGAGVCSVKDGVGLCHCPPGLHGEECQFEVDVCHSNPCANGATCVEVEDTFKCLCLPSYEGDRCET
Pufferfish               :-----------------------------------------------------------------------
Bovine              2113:-----------------------------------DIDECLSSPCLNGATCVDAIDSFTCLCLPSYQGDVCEI
Human (isoform 2)   2278:APRSCAEEPCGAGTCKETEGHVICLCPPGYTGEHCNI----------------------------------
                         :    .    *                    .

                                        ←——————————————— CRD module ———————————————
Salmon              1105:SL-QGCAEGWVEFMGSCYMHFLERDTWPDAEQRCQELNSHLVSITSQQEQEFVNSNAQDYQWIGLNDKDVQNKFRWTDGSPLGFENWRPN
Zebrafish similar   1133:-LVQGCAEGWMEFMGSCYIHFDERETWTSAEQHCQELNSHLVSISSQQEQEFVKTQAQDYQWIGLNDKDVQNEFRWTDGSPLEYENWRPN
Zebrafish           1292:GMRL-CEKGWTKFQGNCYLHFSKRETWLDAEQRCRDLNAHLVSINTPEEQAFVNSNAQDYQWIGLNDKTVENDFRWSDGTQLQFENWRPN
Pufferfish          1055:GVQ-GCPEGWLEFKGSCYLHFVEKDTWSEAEQRCQELNAHLVSITSPEEQQFVSNGQDYQWIGLNDKDVQNVFRWTDGSPLNFENWRVN
Bovine              2151:-DQKLCEEGWTKFQGHCYRHFPDRATWVDAESQCRKQQSHLSSIVTPEEQEFVNNNAQDYQWIGLNDKTIEGDFRWSDGHSLQFENWRPN
Human (isoform 2)   2316:-DQEVCEEGWNKYQGHCYRHFPDRETWVDAERRCREQQSHLSSIVTPEEQEFVNNNAQDYQWIGLNDRTIEGDFRWSDGHPMQFENWRPN
                         *.**  .**  * **..*.   ** .**..*   .*...*.*   ...**.**   .***.** .   .    .***.*

                                                                           ←——————— CBP module ———————→
Salmon              1194:QPDNYFNSGEDCVVMIWHENGQWNDVPCNYHLPFTCKSEPVVCHSPPEVDNARPMGNRDRYPVNSIVLYQCDAGFTQRHPPVARCLPDG
Zebrafish similar   1222:QPDNYFSTGEDCVVMIWHENGQWNDVPCNYHLPFTCKSEPVTCSTPPEVQNARMLGNSKDRYPVNSFIRYQCNSGFTQRHLSVVRCLPDG
Zebrafish           1381:QPDNYFNSEEDCVVMIWHENGQWNDVPCNYHLPFTCKSGPVTCDKPPKVENAKMFGNKKERYQVNSIIRYQCSENFTQRHPPVIRCMADG
Pufferfish          1144:QPDNYLNSREDCVVMIWHEGGQWNDVPCDYYLPFTCKTGPVMCGPPPEVKHGQPMGSSQQRYPVNTIIRYQCEEGYIQRHQPVIHCLSEG
Bovine              2240:QPDNFFATGEDCVVMIWHEKGEWNDVPCNYQLPFTCKKGTVACGEPPVVEHARIFGQKKDRYEINALVRYQCTEGFIQGHVPTIRCQPSG
Human (isoform 2)   2405:QPDNFFAAGEDCVVMIWHEKGEWNDVPCNYHLPFTCKKGTVACGEPPVVEHARTFGQKKDRYEINSLVRYQCTEGFVQRHMPTIRCQPSG
                         ****.  .********** *.****** .*****  .*.* **  **  .   *. *      *.*   .  .*.* ....* .*

                         ←— — — — — →
Salmon              1284:RWEEPQVECIGPGATPSNRLHKRSIRRRSKATN------SRSWRELL
Zebrafish similar   1312:QWEKPRVECIR-GIENN-RLRKRSLYIRPKAVN------SRTWRKVL
Zebrafish           1471:QWEKPKVQCIPKVKFG---LHDKSVHHSHKART--ALEKQL------
Pufferfish          1234:QWEEPQVECTEAGANSNR-LQKRSLRRS-KGGR--RQETRKHL
Bovine              2330:HWEEPRITCTDPATYKR-RLQKRSSRPLRRSHPSTAH----------
Human (isoform 2)   2495:HWEEPQITCTDPTTYKR-RLQKRSSRHPRRSRPSTAH----------
                         **.*. *       *   ..*. .  *
```

B

```
                                    ↓↓  ↓      ⌒⌒⌒⌒⌒       ⌒⌒⌒⌒⌒
                                    ↓↓  ↓     |     |  ↓↓  |     |  |   |
Bovine factor X EGF                 DGDQCEGHPCLNQGHCKDGIGDYTCTCAEGFEGKNCEF

Human aggrecan EGF2                  DIDECLSSPCLNGATCVDAIDSFTCLCLPSYEGDLCEI
Zebrafish aggrecan EGF2              EVDVCHSNPCANGATCVEVEDTFKCLCLPSYEGDRCET

Human aggrecan EGF1                  PARSCAEEPCGAGT-CKETEGHVICLCPPGYTGEHCNI
Zebrafish aggrecan EGF1              YLNPCEPNPCGAGV-CSVKDGVGLCHCPPGLHGEECQF
Zebrafish similar to aggrecan EGF1   PSDPCDPNPCGQGL-CSLQDGVALCQCHSGFSGENCSV

Salmon aggrecan EGF                  TRDLCEPNQCGTGT-CSVQDGIALCQCPHGFTGEDCST
                                     .  *  ..*..  *     *   * **..*.* *
```

図5 アグリカンのG3ドメインの比較（A）とEGF様モジュールの比較（B）
Salmon，サケ（BAJ61837）；zebrafish similar to，ゼブラフィッシュ（XP_688042）；zebrafish，ゼブラフィッシュ（XP_686182）；pufferfish，フグ（ENSTRUP00000040366）；bovine，ウシ（AAP44494）；human（isoform 2），ヒト（NP_037359）。CRD module，C型レクチン様モジュール；CBP module，補体制御タンパク様モジュール。GENETYX-WIN Ver. 5.0.3.を用いた解析による（*Arch Biochem Biophys*, **506**, 58-65（2011）より転載）。

分な構造を有していることが示唆された。

3.4 サケ鼻軟骨由来のプロテオグリカンの機能

　これまでに，サケ鼻軟骨由来プロテオグリカンの応用開発を目指し，機能に関する研究が行われてきた。表1に，目指す応用例を示す。これらの目的のために行われた研究を紹介する。

第3章　機能性食品

表1　サケ鼻軟骨由来プロテオグリカンの可能性

目指す応用例
1）機能性食品への応用開発
炎症性腸疾患の改善
皮膚のアンチエイジング
2）化粧品への応用開発
皮膚のアンチエイジング
介護用化粧品
3）試薬分野への応用開発
分析キット
標準品
糖鎖組み換えプロテオグリカン
4）医療用途・医用素材への応用開発
炎症性疾患の予防，改善
骨代謝異常の診断，改善
造血機能の診断，調節
免疫機能の診断，調節
軟骨の修復

3.4.1　プロテオグリカンの抗炎症作用および免疫系における調節作用の可能性

コンドロイチン硫酸やヒアルロン酸が炎症反応を調節することが報告されている[27]。2006年には，サケ鼻軟骨プロテオグリカンの炎症性サイトカイン産生に及ぼす影響が初めて報告された[21]。培養マウスマクロファージ細胞株 RAW264.7 において，加熱死菌処理した大腸菌によって誘導される TNF-α の産生に対し，サケ鼻軟骨プロテオグリカンは，強い抑制効果を示し，IL-10 の産生に対しては促進効果を示した。また，炎症時の免疫反応に関連するシグナル伝達系の応答に対しても濃度依存的に調節効果を示した。これらの効果は，糖鎖のみのコンドロイチン硫酸と比較して高いものであった。このことから，プロテオグリカンの糖鎖部分とコアタンパク部分の両方の構造が，抗炎症作用に必要であることが示唆された。

また，ヒト末梢血由来の樹状細胞を用いた研究により，サケ鼻軟骨プロテオグリカンがサイトカインの作用を調節することにより，免疫機能に影響を与える可能性も示唆された[25]。

3.4.2　炎症性腸疾患モデル動物におけるプロテオグリカンの影響

炎症性腸疾患は，大腸および小腸の粘膜に慢性の炎症または潰瘍を引き起こす原因不明の慢性疾患である。潰瘍性大腸炎とクローン病に大別され，若年者に多く発症し，根治が困難であることが深刻な問題である。治療の基本は，消化管の炎症を制御することにあるが，病態が複雑であるために一元的な治療法はとり難い。より有効な治療薬，内科的な治療法，あるいは機能的な食品による症状改善法が切望されている。

2008年に，実験腸炎モデルラットにおいて，サケ鼻軟骨プロテオグリカンが症状改善効果を示すことが報告された[20]。デキストラン硫酸ナトリウム（dextran sulfate sodium，DDS）の自由飲水で誘発した腸炎モデルラット（Wister 系）に対し，プロテオグリカンの経口投与群と非

投与群について，腸管の肉眼所見，下痢や血便の諸症状，飲水量，体重変化，および血液学的分析が行われた。さらに，腸管中の内容物の生化学的な分析や，炎症の度合いを評価するための腸管壁の病理学的分析なども行われた。その結果，DDS 投与群における炎症性の諸症状および血液学的分析（赤血球数，白血球数）の結果は，プロテオグリカンの投与により有意に改善された。また，病理所見からもプロテオグリカンの投与による炎症の改善が示唆された。プロテオグリカン投与により，腸管の内容物中の総短鎖脂肪酸量，特に n-酪酸の量が有意に増加した。n-酪酸が治療にも使用されていることから，このことは，プロテオグリカンによる腸内環境の改善を示す結果と考えられる。一方，投与されたプロテオグリカンは，消化管内では分解され難いことが示唆された。プロテオグリカンの作用機序の詳細は未だ明らかでないが，プロテオグリカン投与による腸内細菌バランスの変化，消化され難いプロテオグリカンの全体構造が抗炎症効果および腸内環境改善に重要であることが示唆されている。プロテオグリカンの糖鎖成分であるコンドロイチン硫酸自体が，炎症性腸疾患の改善に作用すると報告されており[28]，この研究においても対照実験にコンドロイチン硫酸が用いられている。炎症性腸疾患に対する軟骨プロテオグリカンの有効性が初めて示唆され，各試験項目において，コンドロイチン硫酸よりも優位な結果が得られている（図6）。

　2009年には，上述とは別のマウス腸炎モデルにおけるサケ鼻軟骨プロテオグリカンの治療的効果が報告された[22]。IL-10ノックアウトマウスの脾臓および腸間膜リンパ節から調製した細胞浮遊液を SCID マウスに移入して惹起させた腸炎に対し，サケ鼻軟骨プロテオグリカンは，体重減少や腸管重量の減少等の症状に対する抑制効果，脾臓および腸間膜リンパ節における TNF-α，IL-17 などの炎症性メディエーターの産生に対する抑制効果を示した。TNF-α，IL-17 などの炎

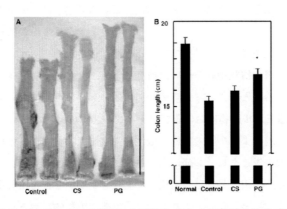

図6　ラットにおける腸管の肉眼所見（A）と腸管長の比較（B）
Normal，正常ラット（非腸炎モデル）；Control，実験腸炎モデルラット（対照群）；CS，実験腸炎モデル（コンドロイチン硫酸投与群）；PG，実験腸炎モデル（サケ鼻軟骨プロテオグリカン投与群）。腸管長は対照群に対し，プロテオグリカン投与群で有意な腸管短縮の改善が認められた。バーは5 cm の長さを示す。*$P < 0.05$ vs. control（S. Ota et al., Digest. Dis. Sci., 53, 3176 (2008) より転載）。

症性メディエーターは，炎症性腸疾患の進行を促進する作用をもつ。従って，プロテオグリカンの抗炎症作用による炎症性腸疾患の改善効果が期待される。

この他，生活習慣病を含む様々な病態が慢性的炎症状態の結果併発されることが近年明らかになってきた。それらの病態におけるプロテオグリカンの効果が，モデル動物の実験により調べられている。今後の研究の進展が期待される。

3.4.3 皮膚の光老化に及ぼすプロテオグリカンの影響

皮膚はプロテオグリカンやヒアルロン酸の含量が高い臓器である。ヒアルロン酸含量が最も多く，次いで，コンドロイチン硫酸やデルマタン硫酸などのGAGが結合したプロテオグリカン（デコリン，バイグリカンなど）が特徴的である。最近の研究により，これらは皮膚の細胞の移動・接着，増殖，分化のほか，創傷治癒，炎症，皺などの皮膚の老化や癌など様々な疾患及び病態形成に影響を及ぼすことが明らかとなってきている。従って，ヒアルロン酸と同様，プロテオグリカンを塗布あるいは経口摂取した場合の皮膚における効果について興味が持たれている。

最近，プロテオグリカンを含むサケ鼻軟骨抽出物を経口投与したマウス実験により，プロテオグリカン含有軟骨抽出物の皮膚アンチエイジング効果を示唆するデータが得られている[29]。ヘアレスマウスに紫外線（UV-B）を照射する光老化の実験で，照射前後を通してプロテオグリカン含有軟骨抽出物を経口投与した群では皮膚の光老化の諸症状が緩和された。これらのうち，皮膚のバリア機能の指標である経皮水分蒸散量（TEWL, transepidermal water loss）に及ぼすプロテオグリカン含有軟骨抽出物の効果を図7に示す[29]。プロテオグリカン含有軟骨抽出物の効果は

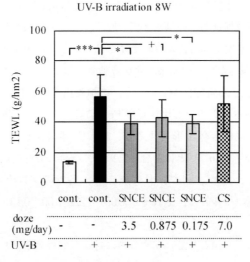

図7　UV-B照射マウスの経皮水分蒸散量（TEWL, transepidermal water loss）に及ぼすプロテオグリカン含有軟骨抽出物の効果
UV-B非照射群；SNCE, プロテオグリカン含有軟骨抽出物経口投与群；CS, コンドロイチン硫酸経口投与群。***$p < 0.01$ vs. UV-B非照射群；*$p < 0.05$ vs. UV-B照射対照群（経口投与無し）（M. Goto et al., *Mol. Med. Rep.*, **4**, 779 (2011) より転載）。

マリンバイオテクノロジーの新潮流

糖鎖のみのコンドロイチン硫酸と比べて有意に高かったことから，光老化に及ぼすプロテオグリカンの抑制効果にも，プロテオグリカンの糖鎖部分とコアタンパク部分の両方の構造が重要であることが示唆されている。

3.4.4 造血系に及ぼすプロテオグリカンの影響

プロテオグリカンは，造血幹細胞を取り巻く細胞外マトリックスの成分として体内での恒常的造血に深く関与している[30]。これまで，ある構造のGAGが，ヒト造血幹細胞に作用し，血小板産生細胞である巨核球前駆細胞の分化，増殖などに促進的に作用する可能性があることが明らかにされてきた[31,32]。その後，サケ鼻軟骨由来プロテオグリカンのヒト造血幹細胞増殖促進作用を期待した研究が行われた[23,24]。プロテオグリカンは，サイトカイン依存的に造血幹細胞の増殖に影響を及ぼす可能性が示されている。しかし，酢酸抽出によるサケ鼻軟骨プロテオグリカンの効果は，グアニジン塩酸抽出によるクジラ軟骨プロテオグリカンの効果よりも劣っていた。クジラ軟骨プロテオグリカンはコンドロイチン4-硫酸の割合が高く，サケではコンドロイチン6-硫酸の割合が高い。一方で，GAGを試験物質とした実験で，コンドロイチン4-硫酸にも造血系に及ぼす効果があるという報告もある[32]。従って，プロテオグリカンの効果は，種による糖鎖組成（硫酸基の位置や数）の違いにもよるが，抽出法の違いにも大きく依存することが考えられる。このことより，応用開発を目指した際に有効な効果を再現性よく得るためには，プロテオグリカンの抽出法や精製法が極めて重要であることが示唆される。

3.4.5 金属結合能

これまでサケ鼻軟骨から調製したコンドロイチン硫酸はアルカリ金属（Na，Kなど）と親和性を有しないが，アルカリ土類金属（Ca，Baなど）とは親和性を有することが知られていた[33]。われわれは，ミネラル吸収促進あるいは重金属吸収阻害などを目的とした機能性食品成分としての可能性を探るために，サケ鼻軟骨由来プロテオグリカンと各種陽イオン（Fe，Ca，Mg，Zn，Pb，Cd）との結合能を調べた。その結果，サケ鼻軟骨プロテオグリカンは，①不溶性の$FePO_4$のFe^{3+}と結合し，可溶化する可能性があること，②植物由来の粘性中性多糖であるキシログルカンや粘性酸性多糖であるペクチンと比較してFe^{3+}に対して，より強い親和性を有すること，③Fe^{3+}と結合して不溶性複合体を形成するが，Fe^{2+}とは結合しないこと，④二価陽イオン（Mg^{2+}，Cd^{2+}，Pb^{2+}，Ca^{2+}，Zn^{2+}）とは結合しないか，結合しても弱い結合であることがわかった[34]。Ca^{2+}，Fe^{3+}，Zn^{2+}，Mg^{2+}，Pb^{2+}，およびCd^{2+}，各々のプロテオグリカンのグルクロン酸1モルあたりの結合量（モル）は，それぞれ0.08，1.22，0.00，0.13，0.00，および0.00であった。

コンドロイチン硫酸は一本鎖として存在するのに対し，プロテオグリカンはコアタンパクに多数のコンドロイチン硫酸鎖が結合した構造をしており，コンドロイチン硫酸鎖どうしが近い位置に存在する。このような構造上の違いが，両者の金属結合能の違いになっていると考えられる。

第 3 章　機能性食品

3.5　サケ鼻軟骨由来のプロテオグリカンの安全性

　サケ鼻軟骨から，脂質含有量が極めて少なく，天然型プロテオグリカンの分子量を保持し，食品用途に応じた純度を有する製品作製が可能なプロテオグリカン含有微粉末（プロテオグリカン40％含有品）を作製した[35]。その粉末の安全性を確認するために，細菌を用いた復帰突然変異試験，ほ乳類培養細胞を用いた染色体異常試験，ラットにおける単回経口投与毒性試験，ラットにおける90日間反復経口投与毒性試験を実施した。その結果，動物実験による安全性が示された[36]。

3.6　おわりに

　サケ加工残滓としてミール原料などとしての利用が主だった頭部，内臓，精巣，骨，皮も現在では有効活用が積極的に進められている。鼻軟骨からはコンドロイチン硫酸，Ⅱ型コラーゲンの開発も行われている。郷土料理「氷頭なます」として食経験上安全性については何ら問題なく，動物実験によっても安全性が立証されているプロテオグリカンにさまざまな機能性が見出され始めた。プロテオグリカンそのものが難消化性であること，強力な保水性や粘性をもつことは，「可溶性食物繊維」の機能性のほとんどを持ち合わせているといっても過言ではない。食品素材としてのみならず，サプリメント，化粧品，さらには医薬品の原料として，サケ鼻軟骨由来プロテオグリカンは魅力的な素材といえる。

文　　献

1)　株式会社角弘，高垣啓一，軟骨型プロテオグリカンの精製方法，特許第373115号（2005）

2)　D. Heinegård *et al.*, "Structural and Contractile Protein", Vol. 144 (L. W. Cunningham, ed.), p. 305, Academic Press, New York (1987)

3)　T. N. Wight, *et al.*, "Cell Biology of Extracellular Matrix" (E. D. Hay, ed.), p. 45, Plenum Press, New York (1991)

4)　D. Heinegård, *Int. J. Exp. Pathol.*, **90**, 575 (2009)

5)　V. P. Bhavanandan *et al.*, *J. Biol. Chem.*, **243**, 1052 (1968)

6)　H. W. Stuhlsatz *et al.*, "Keratan Sulphate : Chemistry, Biology, Chemical Pathology : A Meeting Held at Vaalsbroek, August 1988" (H. Greiling, ed.), Research Books, London (1989)

7)　J. L. Funderburgh, *Glycobiology*, **10**, 951 (2000)

8)　C. Kiani *et al.*, *Cell. Res.*, **12**, 19 (2002)

9)　K. J. Doege *et al.*, *J. Biol. Chem.*, **266**, 894 (1991)

10)　T. M. Hering *et al.*, *Arch. Biochem. Biophys.*, **345**, 259 (1997)

11)　F. P. Barry *et al.*, *Matrix Biol.*, **14**, 323 (1994)

12) L. Kjellen *et al.*, *Annu. Rev. Biochem.*, **60**, 443 (1991)

13) L. Rodén, "The Biochemistry of Glycoproteins and Proteoglycans" (W. J. Lannarz, ed.), P. 267, Plenum Press, New York (1980)

14) M. I. Ragab *et al.*, *Int. J. Gynecol. Obstet.*, **14**, 337 (1976)

15) C. Malavaki *et al.*, *Connect. Tissue Res.*, **49**, 133 (2008)

16) U. Lindahl *et al.*, *Proc. Natl. Acad. Sci. USA*, **77**, 6551 (1980)

17) R. N. Achur *et al.*, *Biochemistry*, **47**, 12635 (2008)

18) H. Habuchi *et al.*, *Biochem. J.*, **285**, 805 (1992)

19) M. Majima *et al.*, "New Developments in Glycomedicine", Vol. 1223 (M. Endo, ed.) p. 221, Elsevier Science, Amsterdam (2001)

20) S. Ota *et al.*, *Digest. Dis. Sci.*, **53**, 3176 (2008)

21) H. Sashinami *et al.*, *Biochem. Biophys. Res. Commun.*, **351**, 1005 (2006)

22) T. Mitsui *et al.*, *Biochem. Biophys. Res. Commun.*, **402**, 209 (2010)

23) I. Kashiwakura *et al.*, *Life Sci.*, **82**, 1023 (2008)

24) I. Kashiwakura *et al.*, *Glycoconjugate J.*, **24**, 251 (2007)

25) H. Yoshino *et al.*, *Biol. Pharm. Bull.*, **33**, 311 (2010)

26) I. Kakizaki *et al.*, *Arch. Biochem. Biophys.*, **506**, 58 (2011)

27) K. R. Taylor *et al.*, *FASEB J.*, **20**, 9 (2006)

28) Y. Hori *et al.*, *Jpn. J. Pharmacol.*, **85**, 155 (2001)

29) M. Goto *et al.*, *Mol. Med. Rep.*, **4**, 779 (2011)

30) J. J. Nietfeld *et al.*, *Experientia*, **49**, 456 (1993)

31) T. Teramachi *et al.*, *YAKUGAKU ZASSHI*, **121**, 691 (2001)

32) I. Kashiwakura *et al.*, *Haematologica* **91**, 445-451 (2006)

33) 内沢秀光ほか, 青森県産業技術開発センター　キープロジェクト研究報告書, **3**, 43 (1996)

34) 工藤重光ほか, 日食科工誌, **54**, 237 (2007)

35) 国立大学法人弘前大学, プロテオグリカンの抽出法, 特開 2009-173702 (2009)

36) 工藤重光ほか, 日食科工誌, **58**, 542 (2011)

第4章　バイオマテリアル

1　バイオエネルギー

岡田　茂[*]

1.1　はじめに

　石油資源を巡る国際的競争，また地球温暖化の懸念に伴う温室効果ガスの排出規制により，近年バイオ燃料に対する注目が高まってきている。バイオ燃料，特に植物由来の燃料は，光合成により無尽蔵とも言える太陽エネルギーと環境中の二酸化炭素から作られる。そのため，化石燃料と異なり燃焼により新たな二酸化炭素を放出しない（カーボンニュートラルな）点で好ましいと考えられている。陸上植物による石油代替燃料生産法としては以下の2通りが主流である；①セルロースやデンプンなどの糖質をエタノールに変換する方法，②パームヤシやジャトロファの様に大量に油脂を蓄積する植物にトリグリセリドなどとして含まれる脂肪酸を，主としてメチルエステルに変換してディーゼルオイルを生産する方法。しかしながら，耕地での作付けを燃料生産用の植物に置き換えることによる食料生産との競合が懸念されている。その様な状況の中で，藻類，特に微細藻類による代替燃料生産が脚光を浴びている。実は，藻類バイオマスからの燃料生産に関する研究の歴史は意外と古く，すでに50年以上も前から行われている[1]。特に1970年代の石油ショック時には，世界各国で活発に研究が行われた[2]。米国では，1977年にエネルギー省（DOE：Department of Energy）の傘下，Solar Energy Research Institute（現 National Renewable Energy Laboratory）が設立され，微細藻類による脂質生産を目指した，Aquatic Species Program が 1978〜1996 年の間に行われ，その報告書が作成されている[3]。またわが国でも，旧通商産業省工業技術院を中心として，微細藻類をエネルギー源とするための調査研究が行われたし，1990〜2000 年にかけては，「細菌・藻類等利用二酸化炭素固定化・有効利用技術研究開発」により，火力発電所などから排出される二酸化炭素を固定し，かつ有効利用するための研究が大規模に行われた。残念ながら過去の研究プロジェクトにおいては，経済性の観点から藻類由来の燃料生産が実用化に至った例は無い。それにも関わらず最近，第3の藻類バイオ燃料ブームが到来している。その理由としては，①体の構造が単純で小さく，再生産に要する時間が短い，②高等植物と異なり，葉，茎，根などの組織に分化していないため，光を細胞全体で効率良く受けて光合成を行う事が出来る，③海産や耐塩性のある種であれば，培養の場所として砂漠の塩水湖や海面を用いることで，食料生産用の農地を使わずに大量生産が可能である，④水素や大量の脂質を生産するなど，燃料生産に適した生理・生化学的性質を持つ種が知られている，⑤一次共生による生物だけでなく，二次共生[4]の結果生じた多様な生物群が含まれる上，目で見えない，ある

---

[*]　Shigeru Okada　東京大学　大学院農学生命科学研究科　准教授

マリンバイオテクノロジーの新潮流

いは今までの研究者人口の少なさから，未だ発見されていないユニークな種が存在する可能性がある，などが挙げられる。

　本節では主として藻類由来のバイオ燃料として，脂質，水素，エタノール，およびメタンについて概説する。

1.2　バイオ燃料としての藻類由来の脂質

　大型藻類は，一般的に脂質含量が低いため，バイオ燃料としての魅力に欠ける一方，微細藻類の中には非常に大量かつユニークな脂質生産をするものが知られている。ここでは微細藻類由来の脂質について述べる。

1.2.1　脂質生産に適した藻株のスクリーニング

　微細藻類による脂質系バイオ燃料の生産を行う際に重要なのは，先ず，脂質生産効率の良い藻株の選択である。脂質生産効率の良さと脂質含量の高さが同義では無いことについては後で述べるが，まずは脂質含量の高い藻株の選択は重要である。微細藻類の中には，乾燥重量の数十パーセントにも及ぶ大量の脂質を蓄積する物が数多く報告されている。しかしながら，微細藻類の脂質含量は同じ種であっても，株により異なり，また同じ株であっても，生理状況によっても大きく異なることが多いので注意を要する。次に重要なのは，用いる藻株の増殖が速いことである。燃料生産を行うためには，高価なファインケミカルの生産とは異なり，一般に，広大な土地を用いた粗放的な培養が，有効であると考えられている。その際，如何に脂質含量が高くても，増殖速度が遅い藻株では，他生物の夾雑により，全体としての脂質生産量が下がってしまう恐れがある。これに関連して，他生物による夾雑を防ぐためには，増殖速度が速いことに加えて，高塩分濃度，高 pH などの極端な環境でも増殖可能であることも望ましい特性である。上記の様な特性を持つ新たな藻株を野外から分離する際には，効率の良いスクリーニング法が必要である。

　まず，第一条件である脂質含量の高い藻株のスクリーニングであるが，藻類は水生の生物であるため，脂質含量を分析する際，試料に含まれる水分が邪魔になる。通常はろ過や遠心分離で試料中の水分を十分に除去した後乾燥し，有機溶媒で抽出される脂質の含量を求めるのが一般的な方法である。しかしながら，この方法では分析可能な一定量の藻体を確保するために，ある程度の培養期間が必要となる。また，分析に供する藻体は殺してしまうので，そのまま継続して培養に用いることが出来ず，効率の良いスクリーニングには適していない。そこで，最近はナイルレッド（7-diethylamino-3,4-benzophenoxazine-2-one）という，親油性の蛍光色素を利用したスクリーニングが行われることが多い。藻体の懸濁液に，エタノールなどの有機溶媒に溶かしたナイルレッドを加え，488 nm の励起光を用いて 550〜650 nm における蛍光を検出する。結合したナイルレッド由来の蛍光強度から，藻体内に存在する脂溶性化合物の量を推定することが出来る。ナイルレッドによる検出の利点は，蛍光検出なので重量法などに比べ，感度が非常に高く，藻体量が少なくても（極端な例では蛍光顕微鏡下で観察すれば 1 細胞でも），脂溶性物質を多く含む細胞を認識できることである。さらにセルソーターと組み合わせることにより，蛍光強度の

第4章　バイオマテリアル

強い特定の細胞を，効率よく単離することも可能である。また，色素自体，細胞に対する毒性が低いことから，染色した細胞そのものを殺さずに培養することも可能である。欠点としては，藻種によっては細胞壁の成分と構造の違いから，細胞内への色素の浸透が悪く十分に染色できない場合があることである。その場合には，細胞内への浸透性がより高いDMSOなどに溶解することにより改善できるが，細胞を活かしたまま検出するというメリットが犠牲になる。さらにナイルレッドによる検出では，クロロフィルの自家蛍光と波長が重なって，バックグラウンドが高くなり，識別が難しくなる可能性も指摘されている。これについては，蛍光波長の異なるBODIPY505/515（4,4-difluoro-1,3,5,7-tetramethyl-4-bora-3a,4a-diaza-s-indacene）という別の親油性色素を用いる方法も報告されている[5]。BODIPY 505/515は，ナイルレッドに比べ低濃度のDMSO溶液でも使用可能なため，生細胞に対するダメージが低いというメリットも挙げられている。しかしながら，これら親油性色素によるスクリーニングも万能では無い。上で敢えて「脂質」と書かず，「脂溶性物質」と書いたが，ナイルレッドなどは，脂溶性物質一般を染色する。そのため，染色された細胞内の物質がトリグリセリドであるのか，遊離脂肪酸であるのか，あるいは炭化水素であるのかといった区別は出来ない。一例を挙げると，非常に大量の液状炭化水素を蓄積することで知られる *Botryococcus braunii* は，炭化水素と共通した化学構造を持つ親油性のバイオポリマーにより，個々の細胞を結合させて群体を形成する。このため，群体全体が非常に良くナイルレッドで染色されるが[6]，果たして燃料として利用できる遊離の炭化水素が，大量に群体内に蓄積されているのか，あるいは実際には炭化水素含量はさほどではなく，代わりにバイオポリマーが多いのかは区別が付かない。そのため，*B. braunii* の高炭化水素含有品種の選別には，さらなるスクリーニングが必要となってくる。

　上記の蛍光色素を用いる他にも，ショ糖密度勾配遠心により細胞を比重により分画することにより，非破壊的に脂質含量の高い藻株を単離する方法も提案されている[7]。この方法も選別した藻体を，そのまま培養に用いることができる。また，新しいところでは，藻体の燃焼特性を示差熱・熱重量同時測定装置により解析することにより，脂質蓄積の有無を判定する方法が提唱されている[8]。本法は，280から360℃の領域における藻体の発熱量と，有機溶媒により抽出される脂質含量との間に，$R^2 = 0.93$ 程度の比較的高い相関が見られることを利用している。特別な装置が必要であるものの，必要とする乾燥藻体試料が10数mgで済むことから，従来の重量法よりも少ない試料でのスクリーニングが可能になる。いずれの方法を選ぶにせよ，脂質含量の高い藻株の中から，更に増殖速度が速い，特殊な環境に対しても適応するなど，「飼いやすい」藻株を選択することが実用化には必要である。

1.2.2　トリグリセリド

　微細藻類による脂質生産の研究において，主流を占めているのはトリグリセリドに関するものである。微細藻類に限らず多くの生物において貯蔵物質であるため，細胞の生理的条件によっては，大量に蓄積される点が魅力的である。トリグリセリドそのものは沸点が高く，直接燃料として用いるのには適していない。しかし，グリセリンと結合した脂肪酸をエステル交換反応により，

143

沸点の低いメチルエステルなどに変換すると，ディーゼルオイルとして利用できる。従って，パームヤシやジャトロファなどの陸上の油脂植物の代替，あるいはより生産性が高いものとして，微細藻類に対し期待が寄せられ，トリグリセリド含量の高い様々な株が分離されている。微細藻における脂質含量の一例を表1に示す[9]。

　表中，B. braunii が例外的に炭化水素を蓄積するのに対し，他の藻類はトリグリセリドなど，分子内に脂肪酸を含む脂質を蓄積するため，バイオディーゼル生産に適していると考えられる。トリグリセリドを蓄積する種は，ラン藻類から緑色植物門まで幅広い分類群に亘っている。また，同じ分類群あるいは同属の藻類であっても，株や生理条件によりトリグリセリド含量が大きく異なる[10]。一般に活発に増殖している時期よりも，窒素欠乏条件などのストレスにより増殖が抑制された状態になると，トリグリセリド含量が増加する藻株が多い。すなわち，「トリグリセリド（脂質）含量の高い状態の藻体は増殖が遅い」というジレンマが存在することになる。これに関連し，微細藻類がバイオディーゼル生産において優れていることを示すシミュレーションには，時として注意が必要である。「ある藻株の脂質生産性」を示す際に，「その藻株の脂質含量の最大値」および「その藻株の正常時の増殖速度，あるいは最高増殖速度」を用いて計算している場合もあるからである。多くの藻株の場合，「脂質含量」が高い状態では増殖が抑えられており，「増殖速度」については，かなり控えめな値を用いて計算しないと，「全体の脂質生産量」は過大評価になってしまう。従って，トリグリセリド含量と増殖速度のバランスを考慮し，結果として全体のトリグリセリド生産量が最大になるように，藻株および培養方法を選択する必要がある。場合によっては，ある程度のバイオマスが得られるまでは，脂質含量を犠牲にしてでも増殖速度が速くなる条件で培養し，その後，脂質の蓄積が起こる条件に移行させる二段階の培養が必要になる。

　微細藻類によるトリグリセリドの蓄積が，窒素欠乏などのストレス環境下で起こるということは，燃料生産を考える上で別の問題も抱えている。それは，ストレス環境下に置かれた微細藻類，特に緑藻類は，劣悪な環境に耐えるために，細胞壁を非常に厚く固くしている場合が多いということである。このことは，脂質を抽出・回収する際に大きな問題となる。細胞壁が強固であれば，細胞を破壊し，脂質などの細胞内成分を回収するために必要な投入エネルギーが増加し，正味のエネルギー生産量が低下するからである。これはトリグリセリド生産藻に限ったことではない。後述するように，使用する藻株および培養法の検討とともに，脂質の抽出・回収技術の開発が重要になってくる。

　もう一点，微細藻類由来トリグリセリドから燃料生産を行う上で注意を要する点がある。それは，トリグリセリドを構成する脂肪酸の質である。藻類の脂肪酸の不飽和度は，変温動物同様，生育環境の温度に大きく影響を受ける。すなわち，低水温では膜の流動性を保つために，リン脂質を構成している脂肪酸の不飽和度が高くなる。燃料生産の対象となるのは，リン脂質ではなくトリグリセリドであるが，それでも低温下では，不飽和度の高い脂肪酸の割合が全体的に高くなってしまう。また，今までに大量培養法が確立されている脂質含量が高い藻株の中には，燃料

第4章 バイオマテリアル

表1 様々な微細藻類の脂質含量[*]

種名	脂質含量 (%乾燥藻体重量)	脂質の生産性 (mg/培地 1L/1 日)	分類上の位置
Spirulina platensis	4.0-16.6	−	藍色植物門
Spirulina maxima	4.0-9.0	−	藍色植物門
Crypthecodinium cohnii	20.0-51.1	−	渦鞭毛植物門
Porphyridium cruentum	9.0-18.8/60.7	34.8	紅色植物門
Isochrysis galbana	7.0-40.0	−	ハプト植物門
Isochrysis sp.	7.1-33	37.8	ハプト植物門
Pavlova salina	30.9	49.4	ハプト植物門
Pavlova lutheri	35.5	40.2	ハプト植物門
Chaetoceros muelleri	33.6	21.8	不等毛植物門(珪藻綱)
Chaetoceros calcitrans	14.6-16.4	17.6	不等毛植物門(珪藻綱)
Nitzschia sp.	16.0-47.0	−	不等毛植物門(珪藻綱)
Phaeodactylum tricornutum	18.0-57.0	44.8	不等毛植物門(珪藻綱)
Skeletonema sp.	13.3-31.8	27.3	不等毛植物門(珪藻綱)
Skeletonema costatum	13.5-51.3	17.4	不等毛植物門(珪藻綱)
Thalassiosira pseudonana	20.6	17.4	不等毛植物門(珪藻綱)
Ellipsoidion sp.	27.4	47.3	不等毛植物門(真正眼点藻綱)
Monodus subterraneus	16	30.4	不等毛植物門(真正眼点藻綱)
Monallanthus salina	20.0-22.0	−	不等毛植物門(真正眼点藻綱)
Nannochloropsis oculata.	22.7-29.7	84.0-142.0	不等毛植物門(真正眼点藻綱)
Nannochloropsis sp.	12.0-53.0	37.6-90.0	不等毛植物門(真正眼点藻綱)
Euglena gracilis	14.0-20.0	−	ユーグレナ植物門
Botryococcus braunii	25.0-75.0	−	緑色植物門(トレボウクシア藻綱)
Chlorella emersonii	25.0-63.0	10.3-50.0	緑色植物門(トレボウクシア藻綱)
Chlorella protothecoides	14.6-57.8	1214	緑色植物門(トレボウクシア藻綱)
Chlorella sorokiniana	19.0-22.0	44.7	緑色植物門(トレボウクシア藻綱)
Chlorella vulgaris	5.0-58.0	11.2-40.0	緑色植物門(トレボウクシア藻綱)
Chlorella sp.	10.0-48.0	42.1	緑色植物門(トレボウクシア藻綱)
Chlorella pyrenoidosa	2	−	緑色植物門(トレボウクシア藻綱)
Chlorella	18.0-57.0	18.7	緑色植物門(トレボウクシア藻綱)
Oocystis pusilla	10.5	−	緑色植物門(トレボウクシア藻綱)
Tetraselmis suecica	8.5-23.0	27.0-36.4	緑色植物門(プラシノ藻綱)
Tetraselmis sp.	12.6-14.7	43.4	緑色植物門(プラシノ藻綱)
Ankistrodesmus sp.	24.0-31.0	−	緑色植物門(緑藻綱)
Chlorococcum sp.	19.3	53.7	緑色植物門(緑藻綱)
Dunaliella salina	6.0-25.0	116	緑色植物門(緑藻綱)
Dunaliella primolecta	23.1	−	緑色植物門(緑藻綱)
Dunaliella tertiolecta	16.7-71.0	−	緑色植物門(緑藻綱)
Dunaliella sp.	17.5-67.0	33.5	緑色植物門(緑藻綱)
Haematococcus pluvialis	25	−	緑色植物門(緑藻綱)
Nannochloris sp.	20.0-56.0	60.9-76.5	緑色植物門(緑藻綱)
Neochloris oleoabundans	29.0-65.0	90.0-134.0	緑色植物門(緑藻綱)
Scenedesmus obliquus	11.0-55.0	−	緑色植物門(緑藻綱)
Scenedesmus quadricauda	1.9-18.4	35.1	緑色植物門(緑藻綱)
Scenedesmus sp.	19.6-21.1	40.8-53.9	緑色植物門(緑藻綱)

[*]文献9)より改変

145

マリンバイオテクノロジーの新潮流

源としてではなく，養殖魚介類の餌料という観点から探索が行われたものも多い。その様な藻株では，魚介類の必須脂肪酸であるイコサペンタエン酸（icosapentaenoic acid, C20:5n-3）やドコサヘキサエン酸（docosahexaenoic acid, C22:6n-3）などの高度不飽和脂肪酸含量の高いことが求められてきた。これらの脂肪酸は炭素鎖が長過ぎることや，酸化に対する安定性の面から，燃料油としては好ましくない。これに関連し，ラウリン酸（C12:0）およびミリスチン酸（C14:0）の生成に特化した，高等植物由来の2種のAcyl-ACPチオエステラーゼ遺伝子を，海産ケイ藻 *Phaeodactylum tricornutum* で異種発現させることにより，ラウリン酸，ミリスチン酸の収量を上げた例がある[11]。

　これまで微細藻類によるトリグリセリド生産について問題点を3つ挙げたが，それらを克服するような研究も行われている。電源開発株式会社の海洋微生物コレクション（http://www.oceanquest.jp/(S(hbsag4btznop3r55lzi52vzc))/index.aspx）から，スクリーニングにより得られたケイ藻 *Navicula* sp. JPCC DA0580 は[12]，1週間で定常期に達するなど，増殖速度も速い上，乾燥藻体当たり40〜60%もの脂質を生産する。さらに特筆すべき点は，脂質の蓄積が他のケイ藻のように定常期や窒素欠乏条件下など，細胞の増殖が止まった時に起こるのではなく，増殖期の中期から後期に見られることである。従って，活発にバイオマスを増やしながら，脂質も生産させることが可能であるという。また，脂肪酸の主成分も，海産ケイ藻であるにも関わらず，パルミチン酸（C16:0）やパルミトレイン酸（C16:1）のように，比較的鎖長も短く，不飽和度も低いものであり，培養条件を変化させてもそれら炭素数16の脂肪酸が9割以上を占めていたと言う点も好都合である。

1.2.3　ワックスエステル

　ワックスエステル（一価の脂肪アルコールと脂肪酸がエステル結合した脂質）は，高等植物の葉の表面や昆虫の表皮，あるいはある種の深海魚の筋肉中に多量に存在する。微細藻類としては，*Euglena gracilis* が多量のワックスエステルを蓄積することが知られている。*Euglena* は和名の「ミドリムシ」の名の通り，植物と動物の中間的な性質をもつ生物で，従属栄養的にも光独立栄養的にも培養できる。*E. gracilis* は，パラミロンと呼ばれる，特異な *β*-1,3 グルカンを蓄積し，これをグルコース源として利用する。他の生物と同様に，*Euglena* も，解糖系により生存に必要なエネルギー通貨であるATPを獲得し，最終産物としてピルビン酸を生成する。ピルビン酸は，好気条件下では更にATPを獲得するために，クエン酸回路および電子伝達系を介して二酸化炭素と水に代謝される。しかし，嫌気条件下でのピルビン酸の代謝は，生物種により大きく異なる。乳酸発酵およびエタノール発酵はその代表例である。*Euglena* は，嫌気状態ではピルビン酸からのATP獲得の際に，大量のワックスエステルを生産する。これをワックスエステル発酵という[13]。*E. gracilis* のワックスエステルを構成する脂肪酸および脂肪アルコールは，ミリスチン酸（14:0）とミリスチルアルコール（C14:0）が主成分である。しかし，株や培養条件によってもその組成は異なる[14]。トリグリセリド同様，エステル交換反応等の処理によりバイオディーゼルとしての利用が可能であると考えられている。

146

第4章 バイオマテリアル

1.2.4 炭化水素

先に述べたトリグリセリドやワックスエステルから得られる脂肪酸系バイオディーゼルは，分子内に酸素原子を含んでいる。燃料として「燃える」ということは，言い方を変えれば「酸素と結合する」ということである。従って，分子内に酸素原子を含んでいるということは，「利用する前から，すでに一部燃えてエネルギーを放出してしまっている」ということであり，単位重量当たりの熱量は若干低くなる。それに対し炭化水素は，文字通り炭素と水素のみを構成元素とする化合物群であり，単位重量当たりの発熱量が高いため，特に，重い燃料を運ぶのには適していない航空機の燃料に適していると考えられている。ラン藻（*Anacystis*, *Nostoc* など），渦鞭毛藻（*Peridinium* など），ケイ藻（*Skeletonema*, *Chaetoceros* など），緑藻（*Scenedesumus*, *Chlorella* など）と，多彩な分類群に属する微細藻類が，炭化水素を生産する。しかし，それらが生産する炭化水素は，直鎖状のアルカンかアルケンである。また，含量も乾燥藻体重量の1%以下の微量成分であるため，燃料源としての利用は難しい。その中で，例外的に多量の炭化水素を生産する微細藻として *Botryococcus braunii* がある。

B. braunii は世界各地の主として淡水域に生息する微細藻類である[15]。単細胞性であるが個々の細胞が細胞間物質（以下，マトリクスと略記）と呼ばれる，酸やアルカリ処理に対して非常に安定なバイオポリマーで繋ぎ止められ，時として数 $100\,\mu m$ にも達する群体を形成している（図1）。

この群体の微細構造の痕跡が，世界各地に産出するオイルシェール（含油堆積物）中に認められるため，本藻種とオイルシェール形成の関連性について，古くから地質学者が注目してきた。本藻種が他の藻類と比べて際立って異なっている点は，乾燥藻体重量の数十パーセントにも及ぶ大量の液状炭化水素を生産するだけでなく，それらを細胞内に蓄積するのでは無く，細胞外に分泌してマトリクス部分に蓄積する点である。そのため顕微鏡で観察時にカバーグラスで圧迫すると，液状炭化水素が群体から染み出してくるのが観察される（図1）。この炭化水素は細胞外に分泌された後，再び細胞内に取り込まれて藻体自身に栄養源などとして利用されることは観察さ

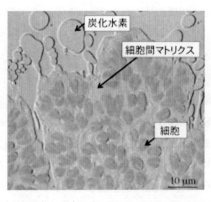

図1 *Botryococcus braunii* の群体と染み出す炭化水素

れていない。従って，何故，この微細藻類が大量の炭化水素を生産，分泌するのか，その生理的意義は現時点では不明である。

　実は，本藻種が大量の炭化水素を生産していることが知られるようになったのは，それほど古いことではない。1960年代後半に，イングランドのOakmare湖に発生したブルーミング由来のオレンジ色を呈する藻体から，$C_{34}H_{58}$の分子式を持つトリテルペン系の炭化水素（図2の1）が単離，構造決定され，botryococceneと命名された[16]。その後，ケンブリッジ大学の保存株で緑色を呈する藻体から，直鎖状の不飽和炭化水素（図2の2）が単離され，構造が決定された[17]。その後しばらくの間，研究者が入手可能なカルチャーコレクションの保存株の種類が限られていたこともあり，本藻種には緑色を呈して比較的増殖速度の速い「active state」と，オレンジ色を呈して増殖の停滞した「resting state」という異なる生理状態があると考えられている時期があった。そして前者は，23～33の奇数個の炭素鎖からなる直鎖状の不飽和炭化水素であるalkadiene類（2），および27～31の奇数個の炭素鎖からなるalkatriene類（図2の3）を，後者は，一般式C_nH_{2n-10}（n＝30～37）で示されるトリテルペンであるbotryococcene類を生産すると考えられていた[18]。しかしながら，緑色の「active state」の藻体を培養し続けても，botryococcene類を生産する「resting state」への変換が観察されないことに加え，緑色を呈し，一定の増殖をするにも関わらず，botryococcene類を生産する新規株が新たに分離されたことから，現在では本藻種は生産する炭化水素のタイプにより異なる品種に大別できると考えられている[19～21]。すなわち，alkadiene類およびalkatriene類を生産するものをA品種，botryococcene類およびmethylsqualene（図2の4）類というトリテルペンを生産するものをB品種，lycopadiene（図2の5）というテトラテルペンを生産するものをL品種と呼んでいる。なお，L品種の炭化水素含量は他の品種と比べると明らかに低く，乾燥藻体重量の数パーセントであり，燃料源としての魅力は今ひとつなので，これ以降本稿では詳しくは述べない。

　本藻種は同一の株であっても，生育条件の違いにより，群体や細胞の形状が変化するため，形態で品種の判断をするのは難しい。A，BおよびL品種に属する株について，限られた数ではあるが，18S rRNA塩基配列による分子系統解析を行ったところ，生産する炭化水素のタイプと株間の系統関係には，ある一定の相関が見られた[22,23]。しかしながら，より多くの藻株を用いて同様に18S rRNA塩基配列による分子系統解析を行うと，炭化水素のタイプと18S rRNAの系統関係は必ずしも一致しないという（国立環境研究所　河地正伸博士　私信）。前述した様に，本藻種の生産する炭化水素は，品種によらず大部分が細胞内ではなく，マトリクス部分に蓄積されている。そのため藻体を乾燥させた後，ヘキサンなどの低極性有機溶媒に浸漬するだけで，細胞を破壊することなく炭化水素の大部分を抽出することができる。この様にして得られる炭化水素を「細胞外炭化水素」と定義する。細胞外炭化水素を十分に抽出し終えた残渣を，クロロホルム／メタノールなどの細胞内への浸透能の高い有機溶媒に浸漬するか，物理的に細胞壁を破砕すると，クロロフィルなどとともに，細胞内に存在している少量の炭化水素を抽出することができる。これを「細胞内炭化水素」と定義する。

図2　*Botryococcus braunii* が生産する様々な炭化水素関連化合物（1）

　A 品種が生産する alkadiene および alkatriene は脂肪酸由来である。主として，炭素数 18 の不飽和脂肪酸であるオレイン酸が前駆体となり[24,25]，炭素 2 個ずつの鎖長の伸長が起こり，超長鎖脂肪酸が生成した後，最終的にカルボキシル末端の炭素が脱離することで奇数個の炭素鎖をも

つ不飽和炭化水素が生成すると考えられている。A品種の細胞内外の炭化水素組成は，非常に似ているが，細胞内炭化水素において若干炭素鎖が短い傾向が見られた[26]。そのため細胞内から細胞外へと分泌される過程で炭素鎖が伸長するのではないかと考えられた。しかしながら，放射性同位体で標識した前駆体を与えても，「細胞内炭化水素」画分から「細胞外炭化水素」画分への放射能の移行が見られないことから，それぞれ別の場所において炭化水素生産が行われていることが示唆された[27, 28]。A品種の炭化水素の生合成に関連して，脂肪酸炭素鎖伸長酵素の遺伝子がいくつか単離されている[29]。また，A品種のミクロソームから，脂肪鎖アルデヒドを基質とし，一酸化炭素を脱離することでアルカンを生成するコバルト−ポルフィリン酵素が単離されている[30]。この酵素そのものが，超長鎖脂肪酸由来のアルデヒドを基質にして，alkadiene および alkatriene の生成に関与しているかは明らかではない。A品種の生産する炭化水素含量は，株により大きく変動する。高い株では乾燥藻体重量の61％以上にも達するのに対し，低い株では0.1％しかないものも見受けられる[19, 31]。後者の様に炭化水素含量の低いA品種の株では，炭化水素と共通の化学構造を有する様々な長鎖のエポキシド類（図2の6，7），エーテル類（図2の8，9），あるいは botryal（図2の10）と呼ばれるアルデヒド類が多く存在している場合がある。これらの化合物は炭化水素同様，脂肪酸を前駆体として生成され，大部分が細胞内ではなくマトリクス部分に蓄積される。このマトリクスを形成しているバイオポリマーは，セルロースなどの多糖類ではなく，これらの長鎖エポキシドやアルデヒド類が酸素原子を介してネットワークを形成することにより，重合化したものである。従って，A品種においては，脂肪酸を前駆体とする生合成系が，炭化水素，炭化水素関連脂質，およびバイオポリマーの生成に共通して関与していると言える。

　B品種が生産する炭化水素は，一般式 C_nH_{2n-10}（n は通常30〜34）の一般式で表されるトリテルペン系の炭化水素であり，2つのファルネシル基の結合様式が異なる，botryococcene 類と methylsqualene 類の2つのタイプが存在する。株により炭化水素含量に差はあるものの，平均的な株では，両タイプのトリテルペン類を合わせて，乾燥藻体重量の30〜40％に達する。このうち主成分は botryococcene 類であり，炭化水素画分の90％以上を占める。Botryococcene は，前述の1960年代に初めて構造が明らかになった炭素数34の化合物（図2の1）に付けられた名前である。実際には，炭素数30の前駆体（図2の11）が生合成された後，順次 S-アデノシルメチオニン由来のメチル基が導入され，それと同時に二重結合の異性化や転位，側鎖の環化などが起こった非常に多様な同族体が存在することが知られている[32]。これらのうち，"meijicoccene"（図2の12）[33]などの様に個別の名前を付けられた化合物以外は，"C_{32}botryococcene" の様に炭素数を付けて区別している。一方 methylsqualene 類にも，trimethylsqualene や tetramethylsqualene といったメチル基の数の異なる同族体が存在する[34, 35]。B品種の炭化水素もA品種と同様，大部分は「細胞外炭化水素」として蓄積する。しかし，A品種とは異なり，細胞外と細胞内で炭化水素組成が大きく異なる[36]。すなわち，細胞内炭化水素は C_{30} や C_{31} などのメチル化の度合いが少ないトリテルペン類の割合が高いのに対し，細胞外炭化水素では，C_{34} などのメチル化の進

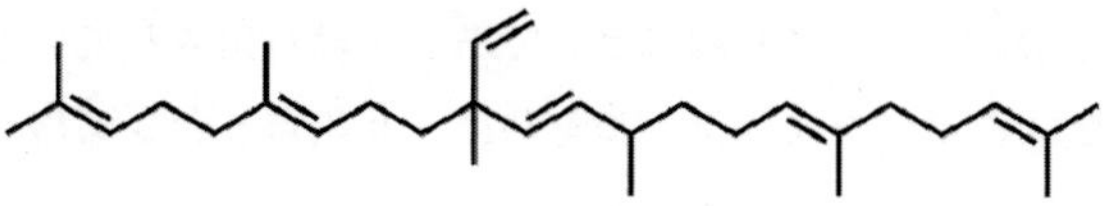

第4章 バイオマテリアル

11

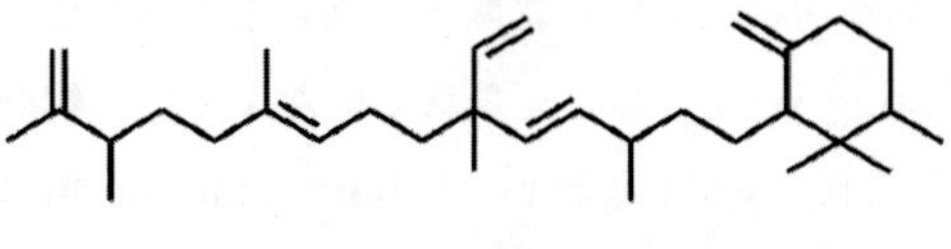

12

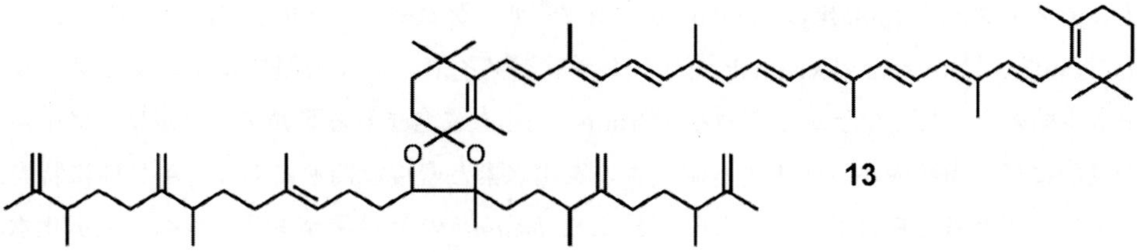

13

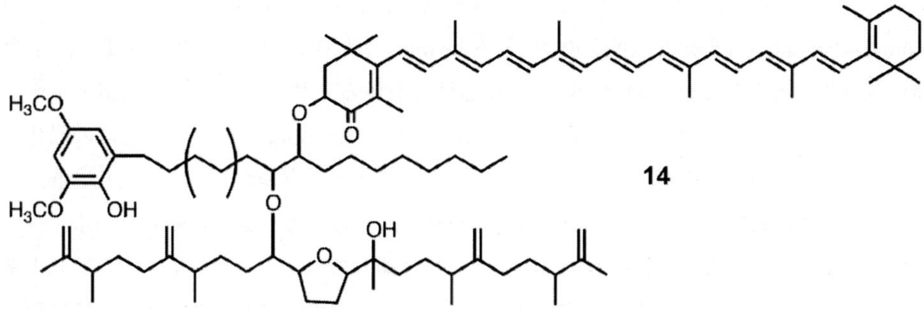

14

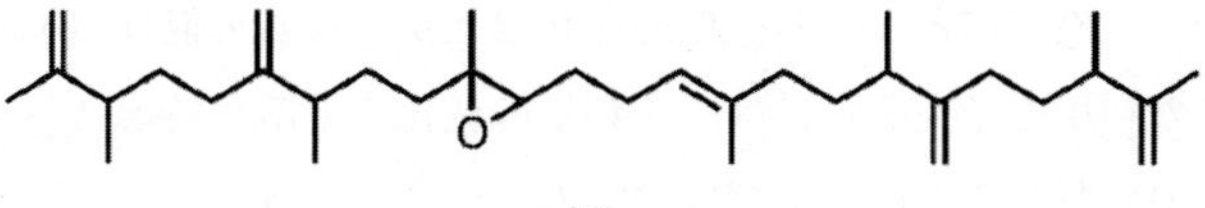

15

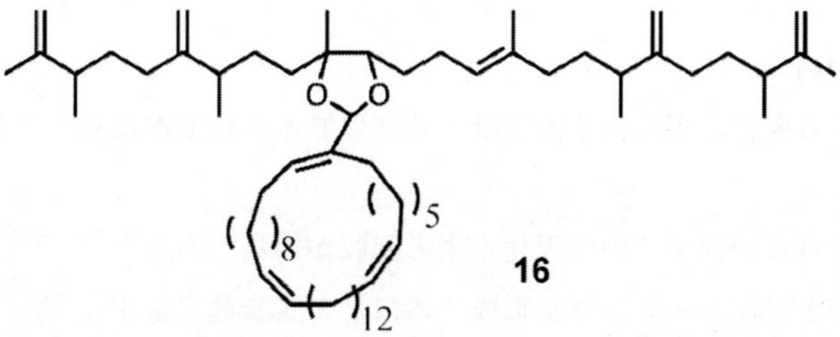

16

図2 *Botryococcus braunii* が生産する様々な炭化水素関連化合物（2）

んだ同族体の割合が高い。また，放射性同位体で標識した前駆体を投与する培養実験から，放射
能が細胞内炭化水素から細胞外炭化水素へ移行することが確認されている。従って，細胞内で炭
素数30の中間体が作られ，細胞外へと移行される過程で，メチル化を受けることが考えられて

151

いる。しかし，最初の生合成の場が細胞内のどこであるかは特定されていない。これに関連し，B品種の炭化水素に特徴的なラマンスペクトルを基に，共焦点ラマン顕微鏡により，生きた細胞および群体内における炭化水素の分布を観察する試みもされている[37]。

　B品種のマトリクスにも，A品種同様に炭化水素関連の脂質が蓄積している。特にB品種は，かつてオレンジ色を呈する「resting state」と考えられていたように，細胞外に黄色あるいは赤色の脂溶性色素を蓄積する。これらの色素として，botryoxanthin類（図2の13）[38]およびbraunixanthin類（図2の14）[39]という新規化合物が単離，構造決定された。Botryoxanthin類はカロテノイドとtetramethylsqualeneがアセタール（ケタール）を介して結合している。一方，braunixanthinはtetramethylsqualene，ケトカロテノイドおよび長鎖アルキルフェノールが，エーテル結合を介してつながっている。Braunixanthinに含まれる長鎖アルキルフェノールは，生合成的には，脂肪酸から派生する直鎖状の炭化水素と密接な関連にあり，A品種に特異的に分布するものと考えられていた。このことは*B. braunii*のB品種がトリテルペン系炭化水素だけではなく，A品種と同様の長鎖脂肪鎖系の化合物も生産する事を示している。その後，tetramethylsqualene epoxide（図2の15）[40]やbraunicetal（図2の16）[41]などの新規化合物がB品種から見付かった。これらの化合物は，A品種における長鎖エポキシドや長鎖アルデヒドに相当し，重合化が可能な構造をしている。したがってmethylsqualene類は，遊離の炭化水素としては微量成分に過ぎないが，それらにエポキシドやアルデヒド基が導入された化合物は，B品種のマトリクス構成要素として少なからぬ量が存在していることを強く示唆している。一方，遊離の炭化水素画分の主成分であるbotryococcene類に関しては，エポキシドやアルデヒド基を含有する化合物は見付かっていない。従って，botryococcene類はマトリクスの形成には関与しないものと考えられる。この事は，methylsqualeneとbotryococceneは，生合成的にも構造的にも共通性があるものの，本藻種にとっての生理的存在意義が異なる可能性を示している。いずれにせよ，燃料源としての利用を考える際には，これらの炭化水素酸化誘導体への変換を抑えることが，炭化水素そのものの収量を上げる上で重要であると考えられる。

　*B. braunii*が代替石油資源として注目を浴びてきた理由として，以下の4つが挙げられる。

(1)　炭化水素含量が高い。

(2)　B品種が生産する炭化水素の分子構造は，分岐型で不飽和度が高く，良質の燃料となり得る。

(3)　炭化水素を細胞外に分泌するので炭化水素の回収が容易である。

(4)　時として湖沼などでブルーミングを形成するほどの大量発生をする[42]。

これらの内，(1)に関連して乾燥重量の76%という炭化水素含量の報告例[16]もあるが，これは培養藻体から得られた値ではなく，野外で採取した藻体についての値である。従って，その藻体が採取された時点で健全な状態では無く，他の体構成成分が分解されていたため，この様に極端に高い値が出た可能性もあるので，この値をもって*B. braunii*の炭化水素生産を語るのは危険である。しかしながら，培養藻体の炭化水素含量でも30～40%程度の値は，ごく普通に得られ，

第4章　バイオマテリアル

他の藻類と比べると群を抜いて高含量であることは間違いない。(2)に関連して，スマトラ産の原油には，botryococcene が完全に還元された飽和炭化水素である botryococcane が，1.4%も含まれているという事実がある[43]。このことは，現在利用されている原油の一部が，本藻種由来であることを示唆している。ただ，B品種が生産するトリテルペン類は，そのままでは沸点が高く重油相当であり，直接内燃機関に用いるのには適していないため，軽質化が必要である。オーストラリアの Darwin 川貯水池で発生した，B品種を主体とするブルーミング由来の藻体から得られた炭化水素を水素化分解したところ，67%のガソリン留分および15%のジェット燃料相当油が得られた[44]。また，日本国内で培養されたB品種の炭化水素を接触分解したところ，オクタン価95.3のガソリン留分が61.7%を占めたという報告もある[45]。(3)については，確かに大部分の炭化水素は細胞間マトリクスに蓄積されており，顕微鏡による観察時にはカバーガラスによる圧迫で炭化水素の群体からの放出が観察できる。そのため，他の藻類と比べて炭化水素の回収は容易であると思われがちである。一般に微細藻類は，水生生物という宿命から多量の水分を含んでおり，脂溶性成分を有機溶媒で抽出するためには，予め乾燥により水分を除去しておく必要がある。しかし，乾燥というプロセスは非常に多くのエネルギーの投入が必要である。従って，代替燃料生産の過程では省略することが望ましい。そこで，本藻種のB品種である Showa（Berkeley 株）から，単純な圧搾による炭化水素の回収が試みられた[46]。先ず，藻体をナイロン製プランクトンネットで回収し，ある程度水分をろ過により除去した。その後，油圧式圧搾機により $100\ kg/cm^2$ の圧力を約30分間かけたところ，ごく僅かな炭化水素しか回収出来なかった。これは炭化水素自体の粘性が高いことや，マトリクスが非常に弾性に富み，互いにクッションの役目をしているからではないかと考えられる。また，炭化水素を取り出すのに細胞を破壊する必要が無いことから，培養液中の藻体を担体に固定化し，直接有機溶媒と接触させることにより，藻体を殺すことなく牛からの搾乳の様に培養しながら連続的に炭化水素を回収する試み（milking）もされている[47,48]。固定化に用いる担体の選抜，および藻体にダメージを与えず，かつ効率よく炭化水素の回収が可能な有機溶媒のスクリーニングを行ったところ，アルギン酸ビーズに固定し，n-ヘキサンを用いることにより，藻体を活かしたまま炭化水素の回収をある程度繰り返し行うことができた。しかしながら，その回収率は乾燥藻体からの抽出に比べると遙かに低く，また，藻体にとって毒性の低い n-ヘキサンを使用したにも関わらず，数回の抽出操作の後には藻体の活性は遙かに低下した。また，活きた藻体からの回収ではないが，有機溶媒の使用を避ける目的で，超臨界炭酸ガスによる炭化水素回収実験も行われた[49]。その結果，クロロフィルなどの細胞内に存在する脂溶性成分が夾雑しない，炭化水素を主体とする抽出物が回収され，超臨界炭酸ガスの有効性が示された。しかし，この方法では従来の溶媒抽出と同様，藻体の予備乾燥が必要であった。さらに，湿藻体からの炭化水素回収を目的として，水との親和性が変化する特殊な有機溶媒を用いての実験も行われた[50]。1,8-Diazabicyclo-[5.4.0]-undec-7-ene（DBU）は，n-octanol の共存下，炭酸ガスあるいは窒素を吹き込むと相互作用が起こり，極性が大きく変化する。この性質を利用し，B. braunii の藻体懸濁液からヘキサン抽出に相当する量の炭化水

153

素が回収できた。湿藻体から脂溶性成分を回収する別の方法としては，ジメチルエーテルにより アオコ（ラン藻，*Microcystis* 類）からクロロフィルを含む脂溶性成分の効率的な回収に成功し ていることから，*B. braunii* に対しても有効であると考えられる[51]。また，変わったところでは， *B. braunii* を用いて排水の二次処理を行い，その後，二次処理汚水中の藻体ごと 300℃に加熱し て液化することによる炭化水素の回収が試みられた[52]。本法による脂溶性物質の回収率は高かっ たが，炭化水素以外の藻体構成成分が高温処理によって油状化し，得られた炭化水素に夾雑する 難点があった。そこで，処理条件を 100℃以下 10 分程度の穏和な条件にしたところ，藻体は液 状化せずヘキサンによる抽出過程が必要であったが，乾燥藻体からの溶媒抽出と同程度の効率で 炭化水素が回収された[53]。この程度の加熱処理に必要なエネルギーは，湿藻体の乾燥に比べれば 軽微であり，有望な炭化水素回収技術の一つと考えられ，新エネルギー・産業技術総合開発機構 （NEDO）の平成 22 年度「戦略的次世代バイオマスエネルギー利用技術開発事業」の一課題とし て，更なる検討が行われている。*B. braunii* の実用化上，一番問題となるのは(4)の増殖に関す る問題である。野外での大規模なブルーミングが観察されることから，屋外での大量培養が容易 であると思われがちだが，実際に培養を行ってみると本藻種の増殖は非常に遅い。通気を行わな い静置培養での倍加時間は，平均的な株で 1 週間程度である。0.3％の炭酸ガスを添加した空気 を通気すると，倍加時間が 40 時間まで短縮されたという報告[54]もあるが，それでも他の微細藻 類と比べて増殖はかなり遅い。これは炭化水素という非常にエネルギー的に「高価」な化合物を， 生産しているためと考えられる。A 品種がかつて「active state」，B 品種が「resting state」と 呼ばれていたように，一般に前者に比べ，後者の方が増殖は更に遅い。また，同じ品種であれば， 炭化水素含量の高い物ほど増殖速度が遅い傾向がある。従って，トリグリセリドの項で述べたよ うに，いたずらに炭化水素含量の高い株を選択しても，増殖速度の遅さに相殺されて，全体の炭 化水素収量が上がらない可能性がある点に注意を要する。増殖が遅いということは，開放系培養 を行う際，夾雑生物との栄養塩や光をめぐる競争に勝てず，十分な藻体バイオマスの確保が行え ない危険性がある。自然界でブルーミングを起こすメカニズムを明らかにすべく，大量発生した 湖の水質分析などが行われているが，手がかりは得られていない[55]。これに関連し，夾雑生物が 育ち難いアルカリ性の環境下でも増殖する，本藻種の品種を用いた研究も進行している[56]。なお， 他の藻類が窒素欠乏などのストレスにより，細胞の増殖が停滞すると脂質を蓄積することが多い のに対し，本藻種の炭化水素は A，B 両品種ともに，活発に細胞が分裂している時に生産される。 従って本藻種の場合，炭化水素生産とバイオマス生産は同義と考えてよい[19,54]。大量に炭化水素 を作ることが，本藻種の増殖を遅くしているのであれば，なぜ炭化水素を必要とし，どの様に炭 化水素を生合成するかという，生理学的，生化学的知見を明らかにすることで，細胞の増殖と炭 化水素生産の制御が可能になり，実用化への道を開くことが出来るかも知れない。そこで，本藻 種の B 品種におけるトリテルペン生合成酵素に関する分子生物学的研究が行われている。 Botryococcene とスクアレンは，いずれも 2 つのファルネシル基が縮合した物質である。前者が 1'-3 結合しているのに対し，後者は 1'-1 結合をしている（図 3）。そのため botryococcene の生

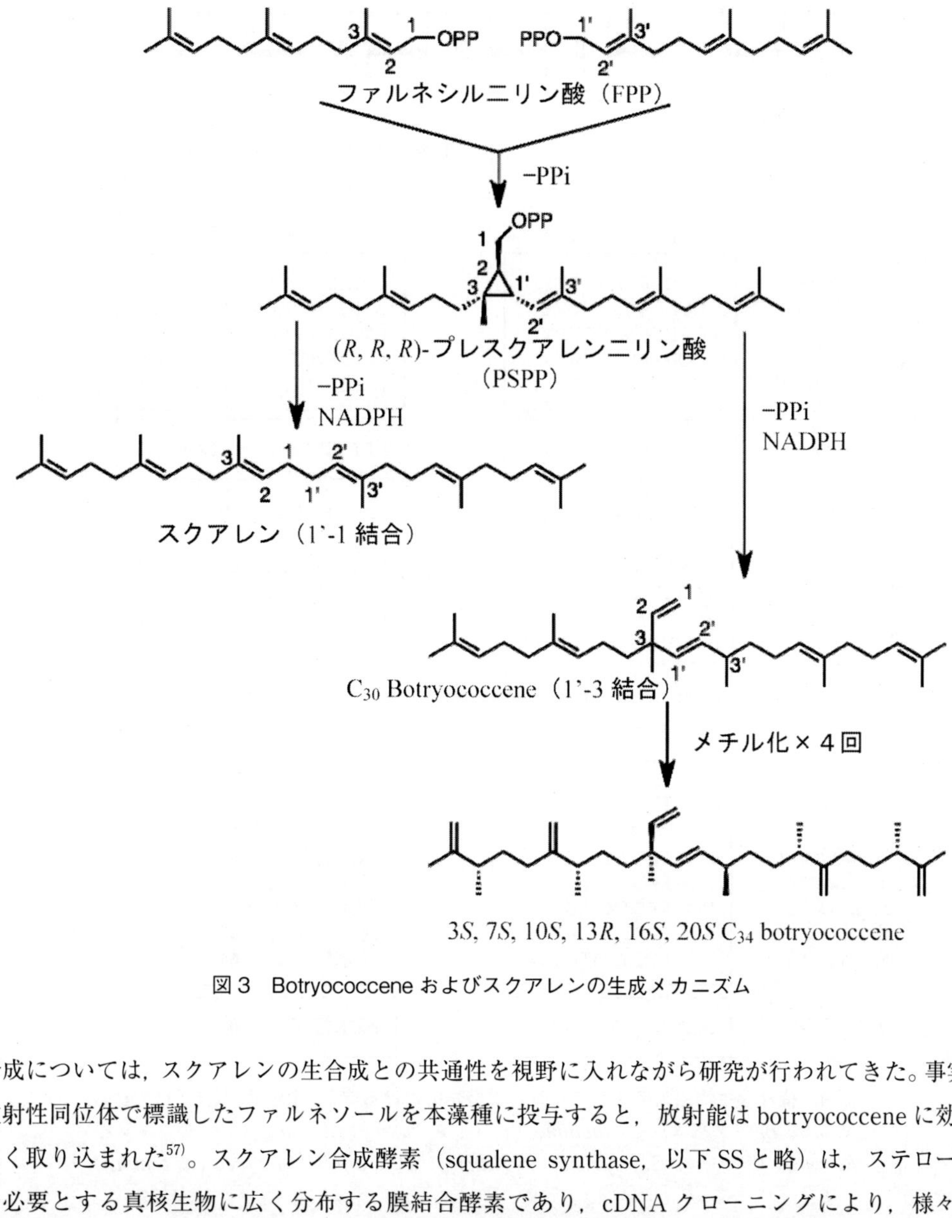

第4章　バイオマテリアル

図3　Botryococcene およびスクアレンの生成メカニズム

　合成については，スクアレンの生合成との共通性を視野に入れながら研究が行われてきた。事実，放射性同位体で標識したファルネソールを本藻種に投与すると，放射能は botryococcene に効率よく取り込まれた[57]。スクアレン合成酵素（squalene synthase，以下 SS と略）は，ステロールを必要とする真核生物に広く分布する膜結合酵素であり，cDNA クローニングにより，様々な生物についてその遺伝子の塩基配列が決定され，性質が明らかになった[58]。

　SS には生物種間を越えて，非常によくアミノ酸配列が保存された6つの領域（ドメイン I 〜 VI）がある[59]（図4）。この酵素は，図3に示す2段階の反応を単量体で行う。1段階目の反応では，2分子のファルネシル二リン酸（farnesyl diphosphate，以下 FPP と略）が縮合し，シクロプロパン環を有する中間体，プレスクアレン二リン酸（以下 PSPP と略）が生成する。2段階目の反応では，PSPP からのリン酸基の引き抜き，炭素－炭素結合の再形成，シクロプロパン環の回裂，NADPH による還元により，PSPP がスクアレンに変換される。各ドメイン中の活性残基を置換

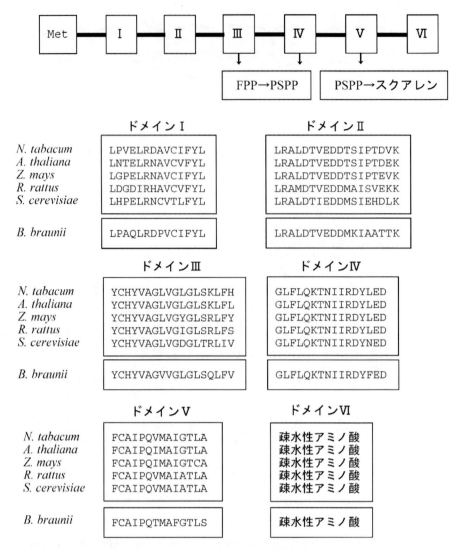

図4 様々な生物由来のスクアレン合成酵素におけるアミノ酸配列保存領域の比較
N. tabacum（タバコ），*A. thaliana*（シロイヌナズナ），*Z. mays*（トウモロコシ），
R. rattus（ラット），*S. cerevisiae*（分裂酵母），*B. braunii*（*Botryococcus braunii*）

した変異体酵素による実験などから，SSの6つのドメインのうち，ドメインIIIおよびIVがスクアレン生成の1段階目の反応に，また，ドメインVが2段階目の反応に重要であることが示された（図4）[60]。一方，位置選択的あるいは立体選択的に重水素標識したファルネソールを*B. braunii*の培養藻体に投与し，新たに生合成されたbotryococcene類の1種である，braunicene の分子内における重水素の標識パターンがNMRにより調べられた[61]。その結果を，化学合成により得られたC_{34}botryococcene（図2の1および図3）の，10位および13位の炭素の絶対立体配置（それぞれS, R）[62]と比較したところ，両者は同じ絶対立体配置を有していた。すべての

第4章　バイオマテリアル

botryococcene 類における，10 位および 13 位の炭素の立体化学は保存されていると考えられることから，C_{30}botryococcene は，スクアレンと同様に (1R,2R,3R)-PSPP を中間体とし，スクアレンとは別の形で PSPP 中のシクロプロパン環が回裂することにより生成するものと推定された。また，本藻種におけるスクアレンと botryococcene 類のメチル化の様式，および細胞内炭化水素画分から細胞外炭化水素画分への移行の挙動には類似性が見られる[35]。このことから，C_{30}botryococcene とスクアレンの双方は，細胞内の同じ場所において SS そのもの，あるいは SS と非常に類似した酵素により合成されているものと考えられた。しかし，これらの事実に反するように，藻体ホモジネートに放射性同位体で標識した FPP を加えた in vitro のアッセイでは，放射性のスクアレンは生成するが botryococcene は生成しないという報告もあった[63]。後にこれは，SS の様な膜タンパクのアッセイ系に通常加えられる TritonX-100 などの界面活性剤が，botryococcene の合成を阻害するためであることが明らかになり，界面活性剤の非存在下では，FPP を基質として botryococcene とスクアレンの双方が生成することが確かめられた[64]。B. braunii 藻体ホモジネート中におけるスクアレン合成活性と botryococcene 合成活性の比較を表 2 に示す。

　SS の特異的な阻害剤として squalestatin（zaragozic acid）がある。これは SS の反応中間体である PSPP と構造が似ているために酵素を阻害する[65]。squalestatin の存在下での B. braunii 藻体ホモジネートにおける，SS および BS の活性を測定したところ，この物質は両酵素を同程度に阻害した[64]。この事実も botryococcene がスクアレン同様，FPP を基質とし，PSPP を中間体として形成することを強く示唆した。そこで，各種生物由来 SS のアミノ酸配列をもとに縮重プライマーを設計し，RT-PCR および Showa 株由来の cDNA ライブラリーのスクリーニングにより，SS 遺伝子と相同性を示す遺伝子の単離を行った[66]。最初に得られたクローンは 461 アミノ残基のタンパク質をコードしていた。その演繹アミノ酸配列中には，SS 全般で保存されているドメイン I～V に相当する部分があり（図 4），また，C 末端には，SS に共通して見られる膜結合領域と想定される疎水性領域が存在した。そこで，この遺伝子を大腸菌で発現させ，酵素活性を測定したところ，スクアレンは生成したが，botryococcene は生成せず，SS であることが判明した（以下，botryococcus squalene synthase と呼び，BSS と略する）。Botryococcene とスクアレンの生成機構の違いを考えると，両者では PSPP 分子内のシクロプロパン環の開裂の様

表 2　*B. braunii* 藻体ホモジネート中のスクアレンおよび botryococcene 合成活性の比較

	至適 pH	至適 温度	要する 金属	補酵素	Squalestatin による阻害	界面活性 剤の影響	藻体内の 存在部位
スクアレン合 成活性	7.3	37℃	Mg, Mn	NADPH, NADH	有り	活性化	ミクロソーム
Botryococcene 合成活性	7.3	37℃	Mg	NADPH, NADH	有り	不活性	ミクロソーム

文献 64)から改変

157

マリンバイオテクノロジーの新潮流

式が異なることが想定された。従って，botryococcene を生成する酵素では，SS におけるドメインⅠ～Ⅳは保存されている反面，PSPP の開裂に関与するドメインⅤが異なっている可能性が高いと考えられた。そこで，初めに得られた BSS 遺伝子をプローブとして cDNA ライブラリーをスクリーニングし直したところ，SS と相同性を持ちながら，まさにドメインⅤのみが大きく異なっている，403 アミノ残基のタンパク質をコードしているクローン（以下，squalene synthase like protein-1 と呼び，SSL-1 と略する）が得られた（図5）[67]。引き続き，SSL-1 の酵素活性の検出を種々の方法で試みたが，in vitro の系において botryococcene 合成活性も，スクアレン合成活性も検出されなかった。ところが，大腸菌で生成させた SSL-1 タンパク質を，B. braunii の藻体ホモジネートに加えて in vitro アッセイを行うと，藻体ホモジネート単体より遙かに高い botryococcene 合成活性が検出された。また，遺伝子操作により大量の FPP を細胞内に蓄積できる酵母の変異体を用いて，SSL-1 遺伝子を過剰発現させると，酵母細胞内から presqualene alcohol（PSPP の脱リン化物）が検出された。このことから，SSL-1 は FPP を PSPP に変換する PSPP 合成酵素であり，PSPP から botryococcene への変換には，B. braunii 藻体内に存在する未知のタンパク性因子が必要であることが示唆された。その未知因子を探索すべく，同じ Showa 株の EST（expressed sequence tag）解析を行ったところ，SSL-1 のほかに，さらに 2 つの SS と相同性を示すタンパク質（SSL-2 および SSL-3）の存在が明らかになった（図5）。そこで，（SSL-1 と SSL-2）および（SSL-1 と SSL-3）という 2 種のタンパク質の組み合わせで，上記の酵母の変異体内で発現させたところ，前者ではスクアレンが，後者では botryococcene が生成した（図6）。また，大腸菌で発現させたタンパク質を使った，同様の組み合わせでの in vitro アッセイでも同じ結果が得られた。一方，SSL-3 単独での in vitro 系におけるアッセイでは，FPP を基質として与えても何も生成しない反面，PSPP を基質として与えると botryococcene を生成した。これにより，本酵素は PSPP から botryococcene を生成する，いわば SS 反応における二段階目の反応のみを行うことが明らかになった。さらに，本酵素は主成分として botryococcene を生成するだけでなく，少量のスクアレンも生成した。また，SSL-2 も in vitro のアッセイにおいて，単独で PSPP からスクアレンを生成した。さらに興味深いことに SSL-2 は，FPP を基質として与えると単独でごく少量のスクアレンを作ると同時に，NADPH 依存的に大量の bisfarnesyl ether という新規化合物を生成した（図6）。これまでのところ，bisfarnesyl ether の B. braunii における存在は確認されていない。SSL-1，2 および 3 の発見により，B. braunii は他の生物には例を見ない，全く異なるシステムで botryococcene およびスクアレン分子を作ることが明らかになった。最初に同定された BSS により作られるスクアレン分子が，ステロールの前駆体として一次代謝に使われる一方，SSL-1 と SSL-2 の組み合わせにより作られるスクアレンが，methylsqualene に代表される二次代謝産物としてのスクアレン誘導体へと変換されるものと推定されるが，今のところ，詳細は不明である。B. braunii におけるトリテルペン生合成酵素遺伝子が確定したことで，将来的には遺伝子工学的な手法も取り入れることにより，本藻種を用いた効率的な炭化水素生産が可能になるかも知れない。

158

第4章 バイオマテリアル

```
BSS   MGMLRWG---VESLQNPDELIPVLRMIYADKFGKIK--PKDEDRGFCYEILNLVSRSFAI  55
SSL-1 MTMHQDHGVMKDLVKHPNEFPYLLQLAATTYGSPAAPIPKEPDRAFCYNTLHTVSKGFPR  60
SSL-2 MVKLV------EVLQHPDEIVPILQMLHKTYRAKRS--YKDPGLAFCYGMLQRVSRSFSV  52
SSL-3 -MKLR------EVLQHPGEIIPLLQMMVMAYRRKRK--PQDPNLAWCWETLIKVSRSYVL  51
             : :::*.*:  :*::*          :: . ..:*:  *  **:.:

                 ドメインI              ドメインII
BSS   VIQQLPAQLRDPVCIFYLVLRALDTVEDDMKIAATTKIPLLRDFYEKISDRSFRMTAGDQ  115
SSL-1 FVMRLPQELQDPICIFYLLLRALDTVEDDMNLKSETKISLLRVFHEHCSDRNWSMKSD-Y  119
SSL-2 VIQQLPDELRHPICVFYLILRALDTVEDDMNLPNEVKIPLLRTFHEHLFDRSWKLKCG-Y  111
SSL-3 VIQQLPEVLQDPICVNYLVLRGLDTLQDDMAIPAEKRVPLLLDYYNHIGDITWKPPCG-Y  110
       .: :** *:.*:*: *:**:**.***::*** :  ::.** :::: * .: ..

BSS   KDYIRLLDQYPKVTSVFLKLTPREQEIIADITKRMGNGMADFVHKGVPDTVGDYDLYCHY  175
SSL-1 GIYADLMERFPLVVSVLEKLPPATQQTFRENVKYMGNGMADFIDKQIL-TVDEYDLYCHY  178
SSL-2 GPYVDLMENYPLVTDVFLTLSPGAQEVIRDSTRRMGNGMADFIGKDEVHSVAEYDLYCHY  171
SSL-3 GQYVELIEEYPRVTKEFLKLNKQDQQFITDMCMRLGAEMTVFLKRDVL-TVPDLDLYAFT  169
         *  *:::.:*  *..  : .*    *: : :   :*  *: *: :   :* : ***..

             ドメインIII                  ドメインIV
BSS   VAGVVGLGLSQLFVASGLQSPSLTRSEDLSNHMGLFLQKTNIIRDYFEDINELPAPRMFW  235
SSL-1 VAGSCGIAVTKVIVQFNLATP-EADSYDFSNSLGLLLQKANIITDYNEDINEEPRPRMFW  237
SSL-2 VAGLVGSAVAKIFVDSGLEKENLVAEVDLANNMGQFLQKTNVIRDYLEDINEEPAPRMFW  231
SSL-3 NNGPVAICLTKLWVDRKFADPKLLDREDLSGHMAMFLGKINVIRDIKEDVLEDP-PRIWW  228
         *  . : ::::  *   :      *::. :. :*  * *:* *   **:  *  **::*

BSS   PREIWGKYANNLAEFKDPANKAAAMCCLNEMVTDALRHAVYCLQYMSMIEDPQIFNFCAI  295
SSL-1 PQEIWGKYAEKLADFNEPENIDTAVKCLNHMVTDAMRHIEPSLKGMVYFTDKTVFRALAL  297
SSL-2 PREIWGKYAQELADFKDPANEKAAVQCLNHMVTDALRHCEIGLNVIPLLQNIGILRSCLI  291
SSL-3 PKEIWGKYLKDLRDIIKPEYQKEALACLNDILTDALRHIEPCLQYMEMVWDEGVFKFCAV  288
       *:****** :.*.:: .*   *: ***.::***:**    *: :  : : ::. :

           ドメインV
BSS   PQTMAFGTLSLCYNNYTIFTGPKAAVKLRRGTTAKLMYTSNNMFAMYRHFLNFAEKLEVR  355
SSL-1 LLVTAFGHLSTLYNNPNVFKE---KVRQRKGRIARLVMSSRNVPGLFRTCLKLANNFESR  354
SSL-2 PEVMGLRTLTLCYNNPQVFRG---VVKMRRGETAKLFMSIYDKRSFYQTYLRLANELEAK  348
SSL-3 PELMSLATISVCYNNPKVFTG---VVKMRRGETAKLFLSVTNMPALYKSFSAIAEEMEAK  345
        .: ::  ***  :*   *: *:* *:*. :  :  .:::   :*:::* :

BSS   CNTETSEDPSVTTTLEHLHKIKAACKAG------LARTKDDTFDELRSRLLALTGGSFYL  409
SSL-1 CKQETANDPTVAMTIKRLQSIQATCRDG------LAKYDTP------------SGLKSFC  396
SSL-2 CKGEASGDPMVATTLKHVHGIQKSCKAALSSKELLAKSGSALTDDPAIRLLLLVGVVAYF  408
SSL-3 C---VREDPNFALTVKRLQDVQALCKAG------LAKSNGK---------VSAKGA----  383
       *   .  ** .: *:::::: :: *:.     **:            *

BSS   AWTYNFLDLRGPG---DLPTFLSVTQHWWSILIFLISIAVFFIPSRPSPRPTLSA---  461
SSL-1 AAPTPTK-------------------------------------------------  403
SSL-2 AYAFNLGDVRGEHGVRALGSILDLSQKGLAVASVALLLLVLLARSRLPLLTSASSKQ-  465
SSL-3 ---------------------------------------------------------
```

図5 *B. braunii* のB品種から得られた4つのスクアレン合成酵素様タンパク質

保存されているドメインを網がけで示す。BSS および SSL-2 のC末端には下線で示した膜間貫通領域と推定される連続した疎水性アミノ酸残基が見られる。

マリンバイオテクノロジーの新潮流

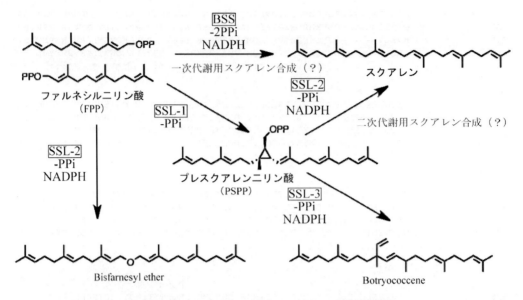

図6 *B. braunii* B品種におけるトリテルペン類合成経路

　B. braunii の他にも，炭化水素を生産するユニークな微細藻類が知られている。一般に，炭化水素としての認知度は低いが，カロテノイド色素である β-carotene もテトラテルペン系の炭化水素の一種である。単細胞性の緑藻 *Dunaliella* は，高塩分濃度，強光下および窒素欠乏といったストレス環境下において，乾燥重量の10%程度にもおよぶ β-carotene を生産する[68]。また，変わったところでは，高度不飽和脂肪酸の生産で知られている，ラビリンチュラ類に近縁の *Aurantiochytrium* が，スクアレンを生産することが知られている[69]。本種は系統分類的には藻類に属するが光合成はせず，従属栄養的にのみ生育する。本藻の場合，藻体中における炭化水素含量は，通常1%以下と非常に低いが，増殖速度が非常に速いため，培養条件の最適化により単位時間・単位体積当たりのスクアレンの収量を上げる試みがされている。さらに最近，筑波大グループにより，スクアレン含量が20%に達する新株が単離されている。また，スクアレンは，botryococcene 同様重油相当の炭化水素であるため，燃料化を視野に入れて軽質化の方法が検討され，オクタン価98を得たという報告もある[70]。これまで述べてきた微細藻類の生産する炭化水素が「重油」相当であるのに対し，「軽油」相当の炭化水素を生産する微細藻類も知られている。これは温泉から単離された新種の藻類で，rRNA 塩基配列による系統解析から *Choricystis* 属に近縁であったことから，*Pseudochoricystis ellipsoidea* という名前が提唱されている。本藻種は，$C_{17}H_{34}$，$C_{17}H_{36}$，$C_{20}H_{38}$ といった直鎖状の炭化水素を生産する。これらの炭化水素の生産は，藻体が窒素欠乏状態になると活発になるという。本藻種の炭化水素の蓄積機構や回収法に関する研究が，中央大学やデンソーらの研究グループにより行われている。

第4章　バイオマテリアル

1.3　微細藻類による水素生産

水素は，燃焼（酸化）しても，水しか生じない究極のクリーンエネルギーと言える。微細藻類の中には，光エネルギーを利用して水素を生産できるものがあり，実用化を目指した研究も行われている。緑藻による水素生産には，ヒドロゲナーゼが関与し，一方ラン藻による水素生産には，主としてニトロゲナーゼが関与する。

1.3.1　緑藻による水素生産

緑藻が水素を生産することが知られたのは，最近のことではない[71]。この水素の生産はヒドロゲナーゼという酵素の働きによるものであり，その反応は，以下に示すように可逆的である。

$$2e^- + 2H^+ \rightleftarrows H_2$$

藻内でこの酵素は，過剰な電子をプロトンに取り込ませて水素に変換することにより，細胞内の酸化−還元状態を調節していると考えられている。しかし，反応が可逆的である故に，細胞の生理的状態により水素を生産する方向にも，吸収する方向にも進む。すなわち，光照射状態で酸素が共存して細胞内が酸化的になると水素は発生しない。また，緑藻のヒドロゲナーゼは，活性中心に鉄を結合しており，酸素が存在すると酵素自身も失活する。そのため，水素を連続的に発生させることは難しい。そこで，緑藻によりある程度連続的に水素生産させる際には，まず，光合成により有機物を蓄積させる。次に，暗所嫌気状態に環境を変え，蓄積した有機物を基に，ヒドロゲナーゼにより発酵的に水素を発生させるのが一般的である[72]。これに関連し，Chlamydomonas は光照射下の通常培養の後，培地から硫黄源を除くことにより，明所嫌気条件下で水素を生産するようになる[73]。これは硫黄欠乏により光化学系Ⅱ自体が不活性化され，それまでに蓄積された有機物を電子供与体として，光化学系Ⅰ，フェレドキシン，およびヒドロゲナーゼの働きにより水素を発生させると同時に，残存している光化学系Ⅱにより生じた酸素が，上記の有機物の消費の際，呼吸により消去されることにより，ヒドロゲナーゼ活性が安定化されるためと考えられている。これにより数日間に亘り水素発生を行う事ができ，米国ではベンチャー企業も立ち上がっている。この明条件下による水素発生には，光化学系Ⅰにおける光吸収に伴うフェレドキシンの光還元が必要である。従って，効率の良い水素生産をさせるためには，効率の良い光量子の利用が必要になる。しかしながら，これは水素生産に限らず微細藻類の培養一般に通じることであるが，強光下での高密度培養では，光源近くの藻体細胞において，葉緑体アンテナ色素が最大光合成速度を上回る速度で光量子を捕捉してしまい，光源から離れた藻体細胞まで光が届かなくなるという問題が生じる。この強光下で過剰に捕捉されてしまった光量子のエネルギーは，光合成には用いられず，蛍光や熱として「無駄遣い」されてしまう。そこで，葉緑体におけるクロロフィル含量を低下させた変異体[74]を用い，効率良く水素生産を行う試みもされている。また，栄養欠乏条件では無く，通常の培養条件でも水素生産可能な Chlamydomonas のスクリーニングも行われている[75]。

161

マリンバイオテクノロジーの新潮流

1.3.2 ラン藻による水素生産

　ラン藻の中には，空気中の窒素を固定できるものがある。これはニトロゲナーゼという酵素の働きによる。ラン藻は窒素欠乏になるとニトロゲナーゼ遺伝子を発現する。ニトロゲナーゼにより窒素固定が行われる際に，アンモニアの生成に伴う副産物として水素が発生する。その反応式は，窒素ガス存在下で下に示した(1)式のようになる。本反応は，16分子の ATP を消費して1分子の水素を生産することになり，投入した電子の4分の1しか水素生産に使われないため，エネルギー効率が悪い。それに対し，アルゴンガスなどで置換し，周囲に窒素が存在しない場合は，反応(2)式の様になり，投入した電子全てが水素生産に使われ効率が良くなる。

$$N_2 + 8e^- + 8H^+ + 16ATP \rightarrow H_2 + 2NH_3 + 16ADP + 16Pi \tag{1}$$

$$2e^- + 2H^+ + 4ATP \rightarrow H_2 + 4ADP + 4Pi \tag{2}$$

　ニトロゲナーゼもヒドロゲナーゼ同様に，非常に酸素感受性が高い。そこで，*Cyanothece* 属などの単細胞性ラン藻や，*Trichodesmium* 属のような一部の糸状性ラン藻は，光化学系Ⅱにより酸素を発生する光合成と窒素固定の時間帯を変えて行う。また，*Anabaena* や *Nostoc* などの糸状性のラン藻では，酸素を遮断できる厚い壁で覆われ，かつ光化学系Ⅱを持たないヘテロシストという，窒素固定に特化した特殊な細胞を持っている。これにより，酸素発生型の光合成を行う生物であるにも関わらず，窒素固定を可能にしている。ニトロゲナーゼによる反応は，上述のヒドロゲナーゼによる反応と異なり，不可逆反応である。その点では，水素生産を行う上で有利である。しかし，実際には，ラン藻にはヒドロゲナーゼ（取り込み型ヒドロゲナーゼ）も存在し，これがニトロゲナーゼにより生じた水素を吸収してしまうため，正味の水素生産量が減少してしまう。そこで，取り込み型ヒドロゲナーゼ活性を持たない藻株を選択することにより，水素生産の効率を挙げる試みがされた[76]。また，取り込み型ヒドロゲナーゼによる水素回収率の低下を解決するために，生物工学的手法も用いられている。全ゲノム解析の行われた *Anabaena* sp PCC7120 株には，取り込み型および双方向型の2種類のヒドロゲナーゼ遺伝子が存在する。そこで，この双方の遺伝子を破壊した変異株を作製したところ，野生株に比べて水素生産能が50 μmol/mg Chl *a*/h と，4〜7倍向上した[77]。また，*Anabaena* sp. PCC 7422 株について，取り込み型ヒドロゲナーゼ遺伝子を破壊したところ，水素生産を行った培養条件は若干異なるが，100 μmol/mg Chl *a*/h の生産量を達成した[78]。

1.4　藻類を利用したエタノール生産

　これまでに述べてきた例と異なり，藻類自身による産物を直接燃料として用いるわけではないが，藻類の体構成成分，特に糖類を利用して発酵的にエタノールを生産する試みがされている。単細胞化を目的として，セルラーゼ処理したアオサ（*Ulva* sp.）を放置しておいたところ，乳酸菌 *Lactobacillus brevis* と酵母 *Debaryomyces hansenii var. hansenii* および *Candida zeylanoides* が優占種として出現し，エタノールが生産された[79]。大型藻類には，一次共生から生じた植物（緑

第4章 バイオマテリアル

藻，紅藻）と二次共生から生じた植物（褐藻）が存在する。緑藻と紅藻の多糖は，一次植物である高等植物のそれと類似している。上述の3種の微生物およびセルラーゼを，様々な大型藻類に作用させたところ，発酵のし易さは多糖の性質に依存するらしく，顕花植物（アマモ），緑藻，紅藻の順で効率が良かったが，褐藻類でも発酵が認められた。また，紅藻類由来ガラクタンを加水分解して得られるガラクトースから，酵母により比較的高い収量でエタノール生産が得られることが分かり，インドネシアで大規模な原料藻の養殖が計画されているという[80]。

1.5 水生生物を利用したメタン生産

　メタンもエタノール同様，水生生物そのものが作り出す燃料ではない。水生生物の体を構成する炭水化物，タンパク質，脂質などの有機物が，一般的な微生物によりアンモニア，有機酸などの低分子化合物に分解された後，メタン産生菌という特殊な菌の作用を受けて生成する。一般にメタン産生菌は，温度，湿度，pH などの生育条件に敏感である。メタン生産用の原料中に含まれる炭素と窒素の存在比により，生じるアンモニアや有機酸の量が変動し，それに伴い pH が変動してしまうため，メタン生成の制御は難しい。北米太平洋沿岸に分布する「ジャイアントケルプ」（*Macrocystis*）は非常に生長が早く，これを用いたメタン生産計画が有名である[81]。10 万エーカーの海洋牧場において，年間当たり湿重量で 3400 t の藻体を生産し，6 億 m^3 のメタンを得るという試算が行われた。わが国でも時として沿岸に大量発生し，廃棄処分が必要なアオサを用いた実証試験が行われている[82]。メタンの発生効率も良好で，都市ガスと混合して使用することにより，実用に耐えるものになっている。問題は上述のように，メタン生産には原料特性が一定であることが望ましく，原料を天然由来の藻体に依存するのは，設備投資上，また稼働効率上リスクがあることである。また，藻類ではないが，「ゼロエミッション」という観点から，水産加工工場から排出される魚腸骨，排水などを用いたメタン生産も行われ，企業ごとのノウハウが特許化されている例もある。しかし，これも原材料の魚種交代や資源量の変動という，水生生物の特性をどのように克服するかが安定稼働の鍵を握っている。

1.6 おわりに

　本稿は筆者が永年研究をしている *B. braunii* の炭化水素生産を中心とした解説になってしまった。紙面の関係もあり，炭化水素以外の代替燃料源に関しては，十分に網羅できていない。微細藻類による脂肪酸系の脂質生産に関しては膨大な情報があり，なかには実用化に向けて非常に有望なのではないかと思われる事例もあるが，検証可能な学術論文として公表されていないという側面があった。また，微細藻類による水素生産については多くの総説がある。一例[83]を参照していただきたい。現在の藻類による代替燃料生産に関する研究ブームは，過去二回のブームの時点では無かった新技術，例えば新世代 DNA シークエンサーが使用できる点などでは期待度が高い。事実，米国では合成生物学的な手法による微細藻類の改変が試みられている[84]。例えば *Chlamydomonas* の集光アンテナサイズを縮小した変異株を用いることにより，培養液への光の

163

透過率を上げ，藻体全体の増殖速度を高めることに成功した。また，同藻細胞中で，ヒト由来の carbonic anhydrase II を強制発現させることにより，光合成効率を高めることにも成功している。その反面，藻類に関する基礎的な知見の集積については，現時点でもまだ十分であるとは言えない。例えば，標的遺伝子の破壊により変異体を作製するにしても，対象になる藻類の核相が何倍体であるかさえ，十分に明らかになっていない場合が多い。また，自然界で形成される微細藻類のブルームを，ごく短時間で消してしまうウィルスの存在も知られているが，その様なウィルスが微細藻類の大量培養槽に混入した場合の対策などは現時点では立てようがない。藻類による燃料生産を真の実用化へ導くためには，ブームで終わらせるのではなく，様々な分野の研究者による息の長い基礎研究の蓄積が必要と考える。

文　　献

1) W. J. Oswald and C. G. Golueke, *Adv. Appl. Microbiol.*, **2**, 223 (1960)
2) 本多正樹ほか，電力中央研究所報告，報告書番号 V09025，pp.32 (2010)
3) J. Sheehan *et al.*, Close Out Report, Aquatic Species Program, NREL/TP380-24190 (1998)
4) 堀口健雄，藻類の多様性と系統（千原光雄編），p.147，裳華房 (1999)
5) M. S. Cooper *et al.*, *J. Biosci. Bioeng.*, **109**, 198 (2010)
6) S. J. Lee *et al.*, *Biotechnol. Techniq.*, **12**, 553 (1998)
7) E. Eroglu and A. Melis, *Biotechnol. Bioeng.*, **102**, 1406 (2009)
8) B. Kang *et al.*, *Biochem. Eng. J.*, **57**, 23 (2011)
9) T. M. Mata *et al.*, *Renew. Sust. Energ. Rev.*, **14**, 217 (2010)
10) N. S. Shifrin and D. W. Chisholm, *J. Phycol.*, **17**, 374 (1981)
11) R. Radakovits *et al.*, *Metabol. Eng.*, **13**, 89 (2011)
12) M. Matsumoto *et al.*, *Appl. Biochem. Biotechnol.*, **161**, 483 (2010)
13) H. Inui *et al.*, *Agric. Biol. Chem.*, **150**, 89 (1982)
14) S. Tucci *et al.*, *J. Eukaryot. Microbiol.*, **57**, 63 (2010)
15) S. Aaronson *et al.*, *J. Plankton Res.*, **5**, 693 (1983)
16) J. R. Maxwell *et al.*, *Phytochemistry*, **7**, 2157 (1968)
17) B. A. Knights *et al.*, *Phytochemistry*, **9**, 1317 (1970)
18) A. C. Brown *et al.*, *Phytochemistry*, **8**, 543 (1969)
19) P. Metzger *et al.*, *Phytochemistry*, **24**, 2305 (1985)
20) F. R. Wolf and E. R. Cox, *J. Phycol.*, **17**, 395 (1981)
21) P. Metzger *et al.*, *J. Phycol.*, **26**, 258 (1990)
22) H. H. Senousy *et al.*, *J. Phycol.*, **40**, 412 (2004)
23) T. L. Weiss *et al.*, *J. Appl. Phycol.*, **23**, 833 (2011)
24) J. Templier *et al.*, *Phytochemistry*, **23**, 1017 (1984)

第 4 章　バイオマテリアル

25) J. Templier *et al.*, *Phytochemistry*, **30**, 2209 (1991)

26) C. Largeau *et al.*, *Phytochemistry*, **19**, 1043 (1980)

27) E. Casadevall *et al.*, *Biotechnol. Bioeng.*, **27**, 286 (1985)

28) C. Largeau *et al.*, *Phytochemistry*, **19**, 1081 (1980)

29) 新エネルギー・産業技術総合開発機構：プログラム方式二酸化炭素固定化・有効利用技術開発（基盤技術研究）光合成機能遺伝子と有用物質生産遺伝子を組み合わせた新たな代謝機能の発現制御技術の開発　平成 12 年度成果報告書，39 (2000)

30) M. Dennis and P. E. Kolattukudy, *Proc. Natl. Acad. Sci. USA*, **89**, 5306 (1992)

31) P. Metzger *et al.*, *Phytochemistry*, **28**, 2349 (1989)

32) P. Metzger *et al.*, *Phytochemistry*, **24**, 2995 (1985)

33) M. Murakami *et al.*, *Phytochemistry*, **27**, 455 (1988)

34) Z. Huang and C. D. Poulter, *Phytochemistry*, **28**, 1467 (1989)

35) E. Achitouv *et al.*, *Phytochemistry*, **65**, 3159 (2004)

36) P. Metzger *et al.*, *Phytochemistry*, **26**, 129 (1987)

37) T. L. Weiss *et al.*, *J. Biol. Chem.*, **285**, 32458 (2010)

38) S. Okada *et al.*, *Tetrahedron Lett.*, **37**, 1065 (1996)

39) S. Okada *et al.*, *Tetrahedron*, **53**, 11307 (1997)

40) V. Delahais and P. Metzger, *Phytochemistry*, **44**, 671 (1997)

41) P. Metzger *et al.*, *Phytochemistry*, **69**, 2380 (2008)

42) L.V. Wake and L. W. Hillen, *Biotechnol. Bioeng.*, **22**, 1637 (1980)

43) J. M. Moldowan and W. K. Seifert, *Chem. Comm.*, 912 (1980)

44) L. W. Hillen *et al.*, *Biotechnol. Bioeng.*, **24**, 193 (1982)

45) 北岡ほか，石油学会誌，**32**，28 (1989)

46) ㈶エンジニアリング振興協会，バイオテクノロジー利用による新燃料油生産，利用技術に関するフィージビリティ調査—微細藻類による燃料油生産システムに関する調査研究，41 (1987)

47) J. Frenz *et al.*, *Biotechnol. Bioeng.*, **34**, 755 (1989)

48) J. Frenz *et al.*, *Enzyme Microb. Technol.*, **11**, 717 (1989)

49) ㈶エンジニアリング振興協会，バイオテクノロジー利用による新燃料油生産，利用技術に関するフィージビリティ調査—微細藻類による燃料油生産システムに関する調査研究，44 (1986)

50) C. Samorì *et al.*, *Biores. Technol.*, **101**, 3274 (2010)

51) H. Kanda and P. Li, *Fuel*, **90**, 1264 (2010)

52) Y. Dote *et al.*, *Fuel*, **73**, 1855 (1994)

53) K. Kita *et al.*, *Appl. Energ.*, **87**, 2420 (2010)

54) F. R. Wolf *et al.*, *J. Phycol.*, **21**, 388-396 (1985)

55) L. V. Wake and L. W. Hillen, *Aust. J. Mar. Freshwater Res.*, **32**, 353 (1981)

56) ㈬科学技術振興機構，戦略的創造研究推進事業「二酸化炭素排出抑制に資する革新的技術の創出—オイル産生緑藻類 *Botryococcus*（ボトリオコッカス）高アルカリ株の高度利用技術—」平成 20 年度報告書 (2010)

57) H. Inoue *et al.*, *Biochem. Biophys. Res. Commun.*, **196**, 1041 (1993)

58) S. M. Jennings *et al.*, *Proc. Natl. Acad. Sci. USA*, **88**, 6038 (1991)

59) G. W. Robinson *et al.*, *Mol. Cell. Biol.*, **13**, 2706 (1993)

60) P. Gu *et al.*, *J. Biol. Chem.*, **273**, 12515 (1998)

61) Z. Huang and C. D. Poulter, *J. Am. Chem. Soc.*, **111**, 2713 (1989)

62) J. D. White *et al.*, *J. Org. Chem.*, **57**, 4991 (1992)

63) H. Inoue *et al.*, *Biochem. Biophys. Res. Commun.*, **200**, 1036 (1994)

64) S. Okada *et al.*, *Arch. Biochem. Biophys.*, **422**, 110 (2004)

65) S. Lindsey and H. J. Harwood Jr., *J. Biol. Chem.*, **270**, 9083 (1995)

66) S. Okada *et al.*, *Arch. Biochem. Biophys.*, **373**, 307 (2000)

67) Niehaus *et al.*, *Proc. Natl. Acad. Sci. USA*, **108**, 12260 (2011)

68) A. Ben-Amotz *et al.*, *J. Phycol.*, **18**, 529 (1982)

69) G. Chen *et al.*, *New Biotechnol.*, **27**, 382 (2010)

70) N. I. Tracy *et al.*, *Biomass Bioenerg.*, **35**, 1060 (2011)

71) H. Gaffron and J. Rubin, *J. Gen. Physiol.*, **26**, 219 (1942)

72) Y. Miura *et al.*, *Biotechnol. Bioeng.*, **24**, 1555 (1982)

73) A. Melis *et al.*, *Plant Physiol.*, **122**, 127 (2000)

74) M. Mitra and A. Melis, *Planta*, **231**, 729 (2010)

75) T. Rühle *et al.*, *BMC Plant Biol.*, **8**, 107 (2008)

76) S. Kumazawa and H. Asakawa, *Biotechnol. Bioeng.*, **46**, 396 (1995)

77) H. Masukawa *et al.*, *Appl. Microbiol. Biotechnol.*, **58**, 618 (2002)

78) F. Yoshino *et al.*, *Mar. Biotechnol.*, **9**, 101 (2007)

79) M. Uchida and M. Murata, *J. Appl. Microbiol.*, **97**, 1297 (2004)

80) G. S. Kim, Abstract of the 2nd International Bioenergy Forum, Souel, p. 24 (2008)

81) J. H. Ryther, *Oceanus*, **22**, 50 (1979/1980)

82) 松井徹, 農林水産技術研究ジャーナル, **28**, 36 (2005)

83) K. Srirangan *et al.*, *Biores. Technol.*, **102**, 8589 (2011)

84) R. F. Service, *Science*, **333**, 1238 (2011)

2　バイオミネラル

2.1　バイオシリカ
2.1.1　はじめに

清水克彦*

　骨，歯，貝殻など生物が産生する鉱物—バイオミネラル—は，いずれも固有のデザインと機能を有し，生物が関与せずに生成する鉱物とは異なる，優れた物理的性質を備えていることが多い。また，バイオミネラルの産生は，生命活動の一環として行われるように，極めて環境への負荷が小さい。このような特徴が注目され，近年，バイオミネラルの形成機構を明らかにし，その仕組みを応用して新たな材料を創出，あるいは環境調和型の製法を開発しようという動きが盛んになっている。

　バイオミネラルのもう一つの特徴は，いずれも多少の有機物を含んでいることである[1]。この有機物こそが，バイオミネラルのユニークな性質とその環境に優しい製法のカギを握ると考えられている。そこで，バイオミネラルに含まれる有機物を同定し，その機能を解析するアプローチにより，バイオミネラル形成機構を解明する研究が進展してきている。

　上述の骨，歯，貝殻はいずれもカルシウムを含むバイオミネラルである。このように，カルシウムバイオミネラル（バイオカルシウム）が最も身近なため，研究が進んでいる。カルシウムバイオミネラルに次いで多いのは，ケイ素（silicon, Si）を含むバイオミネラル—シリコンバイオミネラル—である。シリコンバイオミネラル（バイオシリカ）を産生する生物として，もっと良く知られているのは珪藻類であろう。海洋生物では，その他に珪質鞭毛藻，放散虫，有殻アメーバや有孔虫，海綿動物，軟体動物のカサガイ類などがシリコンバイオミネラルを産生する。陸上の生物ではイネ科植物やシダ植物，コケ植物などがシリコンバイオミネラル産生生物である。また，シアノバクテリアなど微生物が関与するシリコンバイオミネラルも知られている。

　本節では，シリコンバイオミネラルについて，まず，その概要を述べ，次に，シリコンバイオミネラルを産生する生物のうち分子レベルでの解析が進んでいる珪藻類と海綿動物について，これまでに明らかにされてきたシリコンバイオミネラルに関わる有機分子の性質と機能について述べる。最後に，珪藻類や海綿動物由来のシリコンバイオミネラルに関わる有機分子を応用した，新たな材料の創成や，その環境負荷の少ない製法の開発につながる研究の現状について紹介する。

⑴　ケイ素，ケイ酸，シリカ

　元素番号14，元素記号 Si で表されるケイ素は，地殻を構成する元素のうち，酸素に次いで2番目に多い元素である。自然界では二酸化ケイ素（SiO_2）やケイ酸塩鉱物として存在している。

　ケイ酸塩が溶解し，pH が低下するとモノマーであるケイ酸（silicic acid）となる。ケイ酸では $pK_{a1} = 9.8$ であることから，海水や河川，湖沼などでは，モノマーであるケイ酸として水中に

＊　Katsuhiko Shimizu　鳥取大学　産学・地域連携推進機構　准教授

存在している。中性におけるケイ酸の溶解度は室温でおよそ 1 mM である。ケイ酸は溶解度を超えると，縮重合してポリマーとなり，やがてゲルやコロイド粒子を形成する。図1にケイ酸とその重合により形成されるシリカに関する模式図を示す。ケイ酸は4価のケイ素原子が水酸化された分子構造を有しており，脱水重合して Si-O-Si の結合を形成する。全てのケイ素原子と酸素原子が規則正しく結合すると結晶性のシリカとなる。ただし，結晶化するためには高温，高圧下で十分な時間が必要である。常圧，室温下でケイ酸から形成されるシリカは，一部水酸基が残ることとなり，形成されるシリカは非晶質となる。シリコンバイオミネラルはこれまでに知られている限り，全て非晶質で水分子を含むシリカ―非晶質含水シリカ―である[2]。

海水におけるケイ酸濃度は，場所，深さ，および季節によって大きく異なるが，平均して 70 μM 程度である[3]。淡水でも特殊な環境を除いて飽和することはない。従って，シリコンバイオミネラルを産生する生物にとって，まず，極めて低い濃度のケイ酸を取り込み，濃縮することが必要となる。そして，濃縮したケイ酸が適切な場所とタイミングで重合するようにコントロールすることが，シリコンバイオミネラリゼーションのカギとなる。

(2) シリコンバイオミネラルを産生する生物

珪藻類は，単細胞の藻類で，淡水から海水に広く分布する。その大きさはナノメートルからミリメートルのオーダーと幅広い。地球上で最大の第一次生産者として知られ，第一次生産全体の 40％を占めている[4]。二酸化炭素の吸収者として，また，食物連鎖の底辺に位置し，動物プランクトンや魚類を始めとするフィルターフィーダーの有機物源として，極めて重要な役割を担っている生物である。珪藻類のシリコンバイオミネラルは，細胞壁の一部を構成する外殻（frustule）と呼ばれる構造を形成している（図2)[5]。外殻には，ナノメートルのオーダーで正確にコントロールされた，特徴ある装飾が緻密に施されている。この装飾は種ごとに異なることから，種の同定の指標となっている。また，ナノメートルからミリメートルのオーダーで階層的に形成される孔は，材料科学の見地から非常に興味深いものとなっている。珪藻が産生するシリカは年間

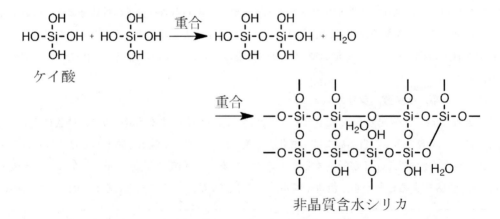

図1　ケイ酸とシリカ

第4章　バイオマテリアル

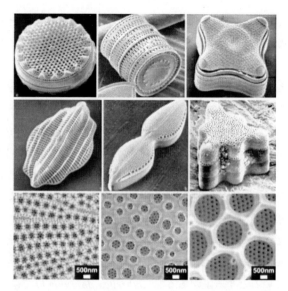

図2　いろいろな種の珪藻の細胞壁（走査電子顕微鏡写真）
上と中央の段は一個体の細胞壁，下段はシリカ細胞壁を拡大したもの
Elsevier の許諾を得て文献5)から転載

240×10^{12} mol Si に達すると算出されている[3]。大量発生した珪藻は，他の生物の餌となり，やがて外殻は排泄される。排泄されたあるいは死滅した珪藻の外殻は，海底などに沈殿して堆積し，年月を経て珪藻土層を形成する。形状を保持した外殻を含む珪藻土は多孔質ゆえ，通気性の高い機能性建材やろ過材として古くから利用されている。

陸上植物ではシダ，コケ，およびイネ科植物に広く見られる。体内に形成されるシリカは，プラントオパール（plant opal または phytolith）と呼ばれ，茎や葉の表面の羽毛，実などの表皮などに分布している。プラントオパールは，植物体を支えるとともに，捕食者から実を守る。病害虫や病害菌の侵入を妨げるほか，光合成効率を高めているともいわれている。陸上植物のシリコンバイオミネラルにおける有機分子に関する研究は，珪藻類や海綿動物に比べると進んでいない。

動物界では，原生（放散虫），海綿（尋常海綿類と六放海綿類），および軟体動物（カサガイ類）といった，無脊椎動物がシリコンバイオミネラルを産生する。放散虫は単細胞の生物で，珪藻同様，あるいはさらに複雑な装飾が施され，羽状，針状などの付属物を有するシリカ多孔質の外殻を産生する。放散虫も死後海底に沈降し，外殻が堆積してシリカ層を形成する。

海綿動物は石灰海綿綱，尋常海綿綱，および六放海綿綱の3綱に分類され，石灰海綿類が炭酸カルシウムのバイオミネラルを産生するのに対し，尋常海綿類と六放海綿類はシリコンバイオミネラルを産生する。海綿動物のシリコンバイオミネラルは，針，または金平糖のような形状をしていて，針骨（spicule）と呼ばれる。尋常海綿の針骨は，マイクロメートルからミリメートルのオーダーで，単純な針状のものから，湾曲したもの，先端部に多数の突起を持つものなど，様々

な形や大きさがあるとともに，ひとつの種が複数種の針骨を生産することもよくある。淡水に棲息する海綿動物は，無性生殖を行うための芽球と呼ばれる組織を構築する。通常の体内には針状の針骨が見られるが，芽球の針骨は車軸状をしている。尋常海綿類では，スポンジンと称されるコラーゲンを主成分とする細胞外基質の表面および内部に細胞が分布する。なお，針骨はスポンジンを主要成分とする細胞外基質の中に埋め込まれている。

シリコンバイオミネラルの含量も種によって異なる。Chondrosia reniformis のように針骨を持たない種が見られる一方，Tethya aurantium（図3）では乾燥重量の75%が針骨で占められている。

針骨は，生体を支持する機能があるほか，体表面に露出させることにより捕食者に対する防御機能を有していると考えられている。T. aurantium の個体は球状で，針骨が球の中心から外側に向かって放射状に束ねられた状態で並んでいるが，体表面ではすり鉢状に並んでいる。体表面の針骨が集光機能を果たし，体内の針骨がその光を伝達して，体内に共生する藻類，シアノバクテリアに光を供給しているとする説がある[6]。Suberites domuncula では，内在性ルシフェラーゼによる発光が針骨を経由して他の細胞に伝達される，細胞間の情報伝達経路として機能しているとの説もある[7]。

六放海綿類の針骨は，名前の通り，基本的に六方向（前後，左右，上下）に伸長した構造を有する。ただし，その形状は様々であり，四方向（十字形），二方向（線形）である場合もある。針骨同士は一部重なり，この重なった部分をシリカで2次的に埋め込むようにして結束し，個体全体として1つの骨格を作り上げている（図4）[8]。また，カイロウドウケツ Euplectella aspergillum，ホッスガイ Hyalonema sieboldi や Monorhaphis chuni では，基底部に繊維状のシリカを形成して，このシリカ繊維を砂地に埋め込むことにより固着する。M. chuni のシリカ繊維は，直径5 mm，長さ1 m以上に及ぶ[9]。これらのシリカ繊維では，中心部と周辺部の構造が異なる。中軸を取り巻く中心部は比較的均質な構造であるのに対し，周辺部は層状構造をなして

図3 海綿動物門尋常海綿類 T. aurantium（約7 cm径）

第4章　バイオマテリアル

図4　海綿動物門六放海綿類カイロウドウケツの骨格（約30 cm長，左が基底部）

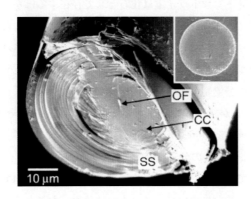

図5　カイロウドウケツのシリカ繊維
折ることにより骨片断面に3つの構造の異なる領域を見ることができる。OF（有機質フィラメント），SS（外側の層状構造），CC（中央柱）。挿入図は折った後，研磨した骨片断面。表面が一様に見える。Natureの許諾を得て文献10）から転載

いる（図5）。これは，光ファイバーのクラッド／コア構造に似ている[10]。実際，カイロウドウケツのシリカ繊維では，周辺部に比べ中心部の屈折率が高く，一端から光を通すと光が伝搬される様子が示されている。しかも，同等の光ファイバーに比べ，ひび割れが進み難く，靭性が高いといった性質を示す。

　軟体動物巻貝類は歯舌（radula）とよばれる摂餌器官を有している。歯舌はバイオミネラルでできた歯が多数並び，岩石などに付着した藻類を削り取る働きをする，物理的強度が要求されるヤスリのような器官である。歯舌を構成するミネラルは種によって異なる。アワビやサザエ類では炭酸カルシウムからなり，ヒザラガイ類ではリン酸カルシウムが基部を構成し，藻類を削り取る冠部分は磁鉄鉱が冠部を覆っている。カサガイ類では基部がシリカで，先端部が針鉄鉱で形成されている[1]。種やグループによって産生されるバイオミネラルの種類が異なっている点，あるいは同じ酸化鉄でも結晶型が異なっている点，基部と先端部でミネラルが異なる複合材料であること，あるいは先端部と基部でのミネラルの割合が傾斜している点でなど，材料科学の観点から興味あるバイオミネラルである。歯舌には頭尾軸に沿って歯が規則正しく並んでいる。使用された歯は摩耗するため，一定期間の後，脱落して役目を終えることになる。後方の歯産生器官では新たに歯が生産され，前方に移動し，摂餌に使用される。このように，バイオミネラル形成の始

171

まりから完成までを，ひとつの個体の中で観察することのできるモデルとして，軟体動物の歯舌はバイオミネラル研究にとって良い材料である。

　藍藻（シアノバクテリア）などの微生物は，有機物を分泌して有機物の膜（微生物フィルム，バイオフィルム）を形成する。この微生物フィルムに無機物が沈着し，さらに沈着した無機物上に微生物フィルムが形成され，これを繰り返して層状の鉱物ストロマトライトとなる[11]。沈着する無機物は周囲の環境に依存する。炭酸カルシウムであることが多いが，なかにはシリカを含むものも見付かっている。ストロマトライトは化石として存在するほか，熱水環境（米国イエローストーンやアイスランド，ニュージーランドの熱水孔など）に棲息するシアノバクテリアが形成するバイオフィルムにシリカが沈着し，鉱物化している様子が報告されている。珪藻や海綿などのシリコンバイオミネラルは，生物がその体内で生体機能のひとつとして形成されるのに対し，ストロマトライトは生物の分泌物にミネラルが沈着して形成される。このように両者ではバイオミネラルの形成メカニズムが異なっている。それぞれ biologically controlled biomineralization および biologically induced biomenralization と呼ばれている[12]。

2.1.2　シリコンバイオミネラルの分子機構

　本項では，分子レベルでの研究が進んでいる珪藻と海綿に焦点を当て，シリコンバイオミネラルに関わる有機分子とその役割について，これまでに分かったことをまとめることとする。

(1)　珪藻

　珪藻の細胞は細胞壁に囲まれており，細胞壁の構成成分としてシリコンバイオミネラルの外殻がある。外殻は，基本的にシャーレのように上下の器が入れ子になった構造である（図6）。珪藻類における細胞周期において，細胞分裂のたびに，外殻の内側（小さい方）が新たに形成される。細胞分裂が終わると，その分裂面近傍の細胞内に脂質二重膜で囲まれた細胞内小器官，シリカ沈着小胞（silica deposition vesicle）が観察されるようになる。シリカ沈着小胞の中で形成された外殻は，エクソサイトシスにより細胞の外に分泌される。pH 依存的に発光波長が変化する蛍光 pH 指示薬の PDMPO（LysoSensor™ DND-160 yellow/blue）は，酸性の細胞内小器官に蓄積されることから，主に酸性の細胞内小器官の pH の測定に利用される[13]。筆者ら[14]は，この物質を珪藻の培養液中に添加すると，細胞質分裂後の細胞分裂面近傍に PDMPO の蛍光が見られるようになり，やがて新たに合成された外殻のみが明るく発光することを見出した。さらに，PDMPO はシリカに親和性があり，しかもシリカと結合することにより特異的な蛍光スペクトルを呈することも分かった。このように，PDMPO はシリカのトレーサーとしてシリコンバイオミ

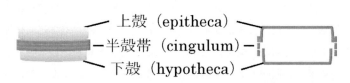

図6　珪藻外殻（frustule）の模式図

第4章　バイオマテリアル

ネラルの形成過程を可視化することに有効である。

① シリコントランスポーター

　前述の通り，ケイ酸の pK_{a1} は 9.8 であり，溶解度が 1 mM 程度である。海水中のケイ酸濃度はせいぜい 0.1 mM，時には数 μM にまで低下することから，細胞内でシリコンバイオミネラルを形成するためには，海水中からケイ酸を積極的に取り込む仕組みが必要となる。また，細胞内では過飽和になったケイ酸が縮重合するのを防ぎつつ，SDV 内では速やかに縮重合して外殻を形成する仕組みがあるはずである。

　珪藻では，シリカ外殻の形成が細胞周期に組み込まれているため，培養液からケイ酸を除去することにより，珪藻の細胞周期を停止させ，ケイ酸を与えることにより，細胞周期を再スタートさせることができる。この性質を利用して細胞周期をそろえた細胞による実験を行うことが可能である。Hildebrand らは，細胞周期をそろえた *Cylindrotheca fusiformis* からシリコン応答性遺伝子を探索した[15]。クローニングされた cDNA の中に 10 回細胞膜貫通型の分子をコードする cDNA が見付かった。この cDNA から合成した mRNA をアフリカツメガエル卵母細胞に注入すると，卵母細胞内にケイ酸が取り込まれることが確認された。このことから，この cDNA はシリコントランスポーター（silicon transporter，SIT）をコードしていると考えた[16]。*C. fusiformis* では 5 つのサブタイプが見付かっているほか，珪藻の多くの種で SIT 遺伝子の存在が確認されているので，珪藻におけるシリコン取り込みのメカニズムは共通していると思われる[17]。*C. fusiformis* の 5 つの SIT 遺伝子の発現パターンはそれぞれ異なり，これら遺伝子により細胞内のケイ酸濃度は精密にコントロールされているものと考えられる。今のところ，他の生物では，この遺伝子と相同性のある遺伝子は見付かっておらず，SIT 遺伝子の起源については不明である。イネでは，細胞内にケイ酸を取り込むアクアポリン様タンパク質 Lsi1[18] と細胞からケイ酸を排出するアニオントランスポーター Lsi2[19] が，ケイ酸の根から植物体内への取り込みと体内での輸送を担っていることが示された。珪藻においては Lsi1 および Lsi2 に相同性のある分子は見付かっていない。従って，珪藻におけるケイ酸輸送機構は，イネ科植物のそれとは異なっているらしい。

② シラフィン

　Kröger ら[20] は，*C. fusiformis* の外殻シリカをフッ化水素で溶解して得られる有機物を，ポリアクリルアミドゲル電気泳動により分析したところ，3 つのバンドに分離することを見出した。これらの分子はシリカに親和性があることからシラフィン（silaffin）と名付け，各分子を silaffin-1A，silaffin-1B，および silaffin-2 とした。silaffin-1A としたバンドには，一部のアミノ酸が異なる 2 種類以上のペプチドが混在しており，また，silaffin-1B のアミノ酸配列は，silaffin-1A とほぼ一致していた。*C. fusiformis* silaffin-1A の配列をもとに同定された遺伝子 *sil1* は 795 bp で，265 アミノ酸をコードしている。この中には，silaffin-1A 配列とともに，silaffin-1A に類似した配列が 7 回繰り返されており，silaffin-1A および B と名付けられたペプチド群は，単一の遺伝子 *sil1* の産物であることが分かった。

173

マリンバイオテクノロジーの新潮流

　さらに，フッ化水素処理により翻訳後修飾の一部が切断されることから，外殻シリカをフッ化アンモニウムで溶解することにより修飾部分が切断されない天然型のシラフィンを得て，その構造と性質を明らかにした[21]。silaffin-1A の天然型ペプチド natsil-1A は，6.5 kDa でアミノ酸 15 残基からなり，そのうち 4 つあるリシン残基では ε-アミノ基がメチル化されているか，あるいはポリアミンによる修飾を受けている（図 7）。また，7 つあるセリン残基はいずれもリン酸化されている。natsil-1A を過飽和ケイ酸溶液（pH 5.5）に添加すると，ただちに直径 400-700 nm のシリカ粒子が形成された。脱リン酸化した natsil-1A では，シリカ粒子の形成が見られなかったことから，natsil-1A がシリカナノ粒子の形成を引き起こすこと，シリカナノ粒子の形成には natsil-1A のリン酸化が必須であることが示された。

　silaffin-2 は，リシンやセリン，スレオニンに富むポリペプチドである。糖鎖修飾およびセリン，スレオニン残基のリン酸修飾，およびプロリン残基の水酸化が認められている。リシンはジメチル化，トリメチル化，水酸化およびポリアミンによる修飾を受けている[22]。silaffin-2 を過飽和ケイ酸溶液に添加しても，シリカ粒子の形成は見られなかったが，silaffin-2 に付加された糖鎖を除去することにより，silaffin-2 はシリカ粒子を形成した。従って，付加された糖鎖がシリカ粒子の形成を抑制していると考えられている。また，natsil-1 と silaffin-2 を混合すると，直径 100-1000 nm の孔を有する構造が形成されるので，silaffin-2 は natsil-1 とともにネットワークを形成し，珪藻外殻の微細なパターニングに関与していることが示唆されている。

　全ゲノム配列が明らかにされた *Thalassiosira pseudonana* では，3 つのシラフィン遺伝子が見付かり，これらの遺伝子からは 5 つの遺伝子産物が産生されることが示された[23]。これら 5 つの遺伝子産物もセリンやリシンを多く含む。構造が明らかにされたペプチドでは，リシン残基はメチル化による修飾を受け，またセリン残基はリン酸化，硫酸化，および糖鎖付加されている。*T. pseudonana* のシラフィンは，いずれも陰イオン性であり，*C. fusiformis* の silaffin-2 同様，過飽和ケイ酸溶液中でシリカナノ粒子を形成することはない。*C. fusiformis* と *T. pseudonana* のシ

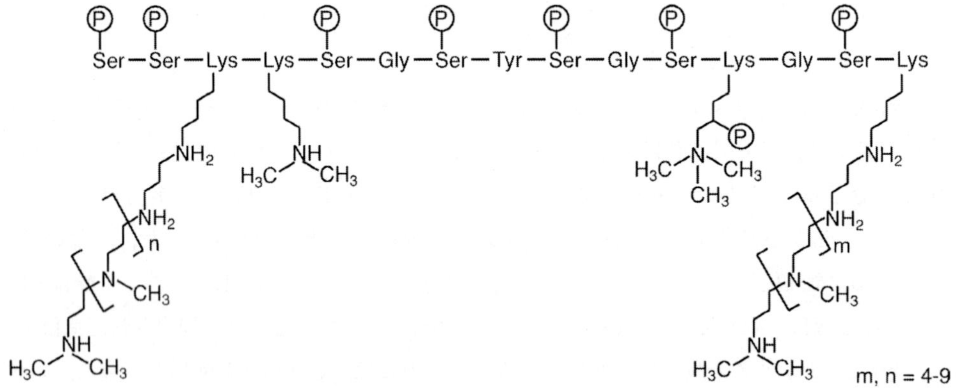

図 7　natsil-1A の構造
P はリン酸化を示す。

第4章　バイオマテリアル

ラフィンにおいて，そのアミノ酸配列には有意な相同性が見付かっていない。従って，アミノ酸配列やそれに基づく立体構造よりも，ポリアミンやリン酸による修飾で規定される側鎖の化学的性質が，機能の発現に重要な役割を果たしていると考えられている。

③ 長鎖ポリアミン

外殻シリカをフッ化アンモニウムで溶解すると，シラフィンとともにポリアミンが可溶化される[24]。このポリアミンは，プロピルアミンが5～15回繰り返された構造を有することから，長鎖ポリアミン（long chain polyamine，LCPA）と呼ばれる（図8）。アミンは様々な程度にメチル化されている。LCPA はシラフィンのリシン残基に結合しているポリアミンと同様の構造となっている。*C. fusiformis* および *T. pseudonana* を始め，これまでに調べられた7種の珪藻から LCPA が同定されているが，その構造は種により異なっている。特に，*Coscinodiscus* 属の3種においても鎖長やメチル化の割合が様々で，この分子が種特異的な外殻のデザインに関与していることが示唆される。実際，過飽和ケイ酸溶液中でのシリカ粒子形成実験において，シラフィン同様，LCPA もシリカ粒子を形成したが，そのサイズや形状は種によって異なっていた。

④ シラシジン

シラシジン（silacidin）は，*T. pseudonana* の外殻シリカから発見された酸性ペプチドで，これまでに3種類の分子（silacidin A，B，C）が見付かっている[25]。この3種類のペプチドは，単一の遺伝子上にコードされている。主要な silacidin A では，28アミノ酸のうち，アスパラギン酸6残基，グルタミン酸7残基，およびリン酸化セリンを11残基含んでいる。シラシジンは，silaffin-1/2L に結合した状態で外殻シリカから抽出され，高塩濃度 NaCl（2 M）で解離することから，シラフィンのポリアミンとイオン結合し，シラフィン同士の架橋剤として機能していると考えられている。過飽和ケイ酸溶液における LCPA によるシリカ粒子の形成実験では，シラシジンの濃度に依存して粒径が大きくなることが観察されている。*T. pseudonana* をケイ酸欠乏状態に置くと，外殻におけるシラシジン含量が高くなることが観察されており[26]，その役割に興味が持たれる。

⑤ シンギュリン

T. pseudonana の全ゲノム配列が解読されたことに伴い，ゲノムデータベースからのシリコンバイオミネラルに関わる有機分子探索が試みられている。シラフィンが小胞体移行シグナルを有し，セリンとリシンに富むことから，同様の性質を有する遺伝子の探索を行ったところ，新規タンパク質をコードする6つの遺伝子が発見された[27]。これらの遺伝子と緑色蛍光タンパク質

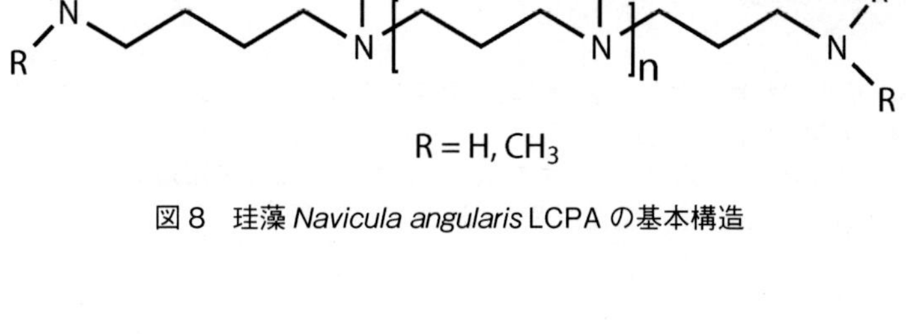

図8　珪藻 *Navicula angularis* LCPA の基本構造

マリンバイオテクノロジーの新潮流

(green fluorescent protein, GFP) をコードする遺伝子との融合遺伝子を構築し，珪藻に導入して発現させたところ，緑色蛍光は，半殻帯（cingulum，ガードルバンド girdle band とも）と呼ばれる上下2つの外殻をつなぐ，リング状構造に局在した。この部分の名称にちなみ，これらのタンパク質はシンギュリン（cingulin）と名付けられた。シンギュリン-GFP 融合タンパク質を発現させた外殻をフッ化水素処理すると，シリカの溶解に伴ってシラフィン，LCPA およびシラシジンは可溶化されたが，半殻帯はリングの形状を保ったままであった。一方，GFP に由来する緑色蛍光は，ガードルバンドに局在した。なお，シリカを除去した半殻帯のリングにケイ酸を添加すると，シリカの沈着が観察された。以上のことから，シンギュリンはガードルバンドの細胞外マトリックスを形成し，シリカを沈着させる機能を有すると考えられる。つまり，シングリンには半殻帯の枠組みを組み立てる，シリカの沈着を促進するという二つの働きがある。

(2) 海綿動物

海綿動物のうち，尋常海綿類 *T. aurantium* の針骨を図9に示す。尋常海綿類の針骨にはその中央に長軸に沿ってタンパク質性の構造があることが知られている。中軸フィラメントと呼ばれ

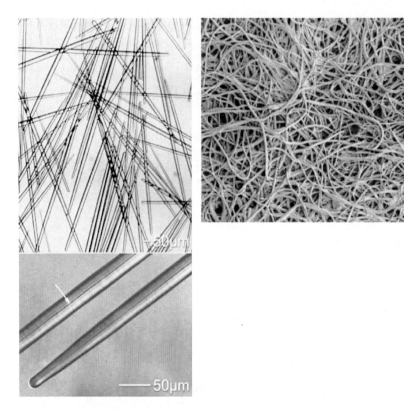

図9 *T. aurantium* の針骨（左上），針骨内部に見える中軸フィラメント（下，矢印）および単離した中軸フィラメント（右上）
針骨のシリカをフッ化水素で溶解すると，中軸フィラメントを単離することができた
写真は Wiley & Liss Inc. の許諾を得て文献28)から転載

176

るこの構造を，長軸に垂直な面で切断すると，六角形の切り口が現れる。X線回折の結果，この六角形の断面には，タンパク質が規則的に並んでいることが示唆された[29]。中軸は針骨の先端に多数ある突起部分にも見られるので，針骨の形成に重要な役割を果たしていると考えられてきた。六放海綿類の針骨にも中軸構造が見られるが，その切り口は四角形であり，尋常海綿のそれとは異なっている[7]。

　尋常海綿における針骨の形成は，造骨細胞の細胞内小器官シリカ沈着小胞（silica deposition vesicle，またはsilicasomeとも呼ばれる）内で行われる。この中では，有機物質からなる中軸が形成されるとともに，海水中からケイ酸が取り込まれ，取り込んだケイ酸は中軸フィラメント表面にシリカとして沈着すると考えられている。S. domunculaにおける種々の阻害剤による実験から，ケイ酸の取り込みには，$Na^+/HCO_3^-[Si(OH)_4]$コトランスポーターが関与していることが示唆された[30]。この報告によると，海綿は珪藻やイネ科植物とも異なった仕組みにより，ケイ酸を取り込んでいることになる。

　造骨細胞のシリカ沈着小胞内でシリカに覆われた中軸フィラメント，すなわち形成初期の針骨は，エクトサイトシスにより細胞外に分泌され，細胞外でさらにシリカを沈着させて成長すると考えられている[31]。

　六放海綿類の場合，基本的に尋常海綿と同様に造骨細胞が針骨を形成する。その後，造骨細胞が融合してシンシチウムを形成し，中軸フィラメントに有機質を付加して伸長させ，シリカを沈着させながらこれに伴って針骨も伸長していく。針骨の伸長は中軸フィラメントの伸長が止まり，シリカで覆うことにより終了すると考えられている[32]。

① シリカテイン

　海綿の針骨にある中軸フィラメントが，有機物からなることは古くから知られていたが，最近になってこの有機物を構成するタンパク質が同定された[33]。T. aurantiumの針骨を取り巻く有機物を除去した後，フッ化水素とフッ化アンモニウムの水溶液で針骨のシリカを溶解すると，中軸フィラメントが残る。この中軸フィラメントに含まれるタンパク質をポリアクリルアミドゲル電気泳動で解析したところ，27 kDa付近に3本のバンドが現れた（図10）。このタンパク質は，シリカに関わるタンパク質であることからシリカテイン（silicatein，silica＋protein）と命名された。また，ポリアクリルアミドゲル電気泳動で見られた3つのバンドに相当するポリペプチドをα，β，およびγとした。バンドの量比からα：β：γは12：6：1であった。

　シリカテインαおよびβの部分アミノ酸配列を決定後，その配列を利用してcDNAクローニングを行ったところ，シリカテインαおよびβでは，67％のアミノ酸が一致していた。シリカテインγについては，そのアミノ酸配列は決定されていないが，アミノ酸組成はαおよびβとほぼ一致することから，シリカテインα，β，およびγはいずれも相同なタンパク質で，互いにサブタイプの関係にあると考えられた。シリカテインαの配列は，動物に共通してみられるパパイン様タンパク質分解酵素スーパーファミリーのカテプシンLに相同であった。シリカテインαの成熟ペプチドとヒトカテプシンLにおいて，ジスルフィド結合を形成する6つのシステ

マリンバイオテクノロジーの新潮流

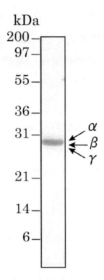

図10 中軸フィラメントを構成するタンパク質のポリアクリルアミドゲル電気泳動像
中軸フィラメントは矢印で示すシリカテインα, β, γ で構成されている。

```
                                         ▼    ▽                                              ▼
silicatein α     AYPETVDWRT KGAVTGIKSQ GDCGASYAFS AMGALEGINA LATGKLTYLS EQNIIDCSVP    60
silicatein β     YPESLDWRT  KGAVTSVKNQ GDCGASYAFS AIGSLEGALS LAQGKLTYLS EQNVIDCSVA    59
h_cathepsin L    APRSVDWRE  KGYVTPVKNQ GQCGSCWAFS ATGALEGQMF RKTGRLISLS EQNLVDCSGP    59

                    ▼                                   ▼
silicatein α     YGNHGCKGGN MYVAFLYVVA NEGVDDGGSY PFRGKQSSCT YQEQYRGASM SGSVQINSGS   120
silicatein β     YGNHGCQGGN MYNTYLYILS NDGIDTSDGY PFKGKQTSCT YDRSCRGTSI SGSIAITSGS   129
h_cathepsin L    QGNEGCNGGL MDYAFQYVQD NGGLDSEESY PYEATEESCK YNPKYSVAND TGFVDIPK.Q   128

                                                    ▼                 ▽
silicatein α     ESDLEAAVAN VGPVAVAIDG ESNAFRFYYS GVYDSSRCSS SSLNHAMVIT GYGI....SN   176
silicatein β     ESDLQAAVAS AGPVAVAVDG DSRAFRFYDY GLYNLPGCSS YQLSHALLIT GYGS....FN   175
h_cathepsin L    EKALMKAVAT VGPISVAIDA GHESFLFYKE GIYFEPDCSS EDMDHGVLVV GYGFESTESD   178

                         ▽                              ▼
silicatein α     NQEYWLAKNS WGENWGELGY VKMARNKYNQ CGIASDASYP TL                      218
silicatein β     GNQYWLVKNS WGTNWGMSGY IMMTRNNYNQ CGIATDAAYP TL                      217
h cathepsin L    NNKYWLVKNS WGEEWGMGGY VKMAKDRRNH CGIASAASYP TV                      220
```

図11 T. aurantium シリカテインα, β とヒトカテプシンL成熟ペプチドのアミノ酸配列アラインメント
3つのタンパク質で保存されているアミノ酸を灰色の網かけで示した。▼はジスルフィド結合を形成するシステインを, ▽はチオールプロテアーゼの活性中心を構成するアミノ酸をそれぞれ示す。また, シリカテインαに見られるセリンクラスターを線で示した。

インを含む52%のアミノ酸が一致, 75%が機能的に類似したアミノ酸となっている。T. aurantium シリカテインα, β とヒトカテプシンL の配列を比較した結果を図11に示す。
　パパイン様タンパク質分解酵素は, 活性中心にシステインを有することから, チオールプロテ

第4章　バイオマテリアル

アーゼに分類される。チオールプロテアーゼは，システインの近傍に位置するヒスチジン側鎖により脱プロトン化したシステインのチオール基が，ペプチド結合のカルボニル炭素原子に求核攻撃することにより，ペプチド鎖が切断される。ちなみに，タンパク質分解酵素としてチオールプロテアーゼとともに大きなグループを構成するセリンプロテアーゼでは，その活性にセリンとヒスチジンが必須で，ヒスチジン側鎖により脱プロトン化したセリンの水産基がペプチド結合のカルボニル炭素原子に求核攻撃する。シリカテイン α では，チオールプロテアーゼで保存されている活性中心のシステインがセリンに置き換わっており，ヒスチジンは保存されている。つまり，シリカテイン α の活性中心は，あたかもセリンプロテアーゼのようである。実際，プロテアーゼ活性があることが報告されている[34]。

　シリカテイン α では，活性中心近傍の分子表面に6つのセリンまたはスレオニンのクラスターが認められているが，このような配列はカテプシン L には見られない。シリカは水酸基により安定化するというモデル[35]に基づくと，セリンクラスターはシリカとの相互作用に関与しているかもしれない。このほか，シリカテインには，リン酸化，メチル化，および糖鎖付加された部位があることが示された[36]。

　シリカテイン α および β 遺伝子は，*S. domuncula*，*Geodia cydonium* など尋常海綿の多くの種で同定されている[34]。いずれの分子においても，チオールプロテアーゼの活性中心に見られるシステインは，セリンに置換されている。一方，ヒスチジンおよびジスルフィド結合を形成するシステインは保存されている。海綿のカテプシン L 様分子もクローニングされ，シリカテインが海綿の誕生後カテプシン L と分かれ，さらに α と β に分岐したことを示唆している。

　淡水海綿 *Ephydatiafluviatilis* では，6つのシリカテイン遺伝子が見付かっている[37]。これらの遺伝子の発現パターンは，針骨のタイプ（スポンジンに埋め込まれる単軸状の針骨および芽球を構成する車軸状針骨）や針骨の形成ステージによって異なっていることが示されており，この結果はシリカテインのサブタイプにより針骨の形成がコントロールされている可能性を示唆している。

　六放海綿類では，*Monorphus* の基底部シリカ繊維針骨から 27 kDa のタンパク質が，*Creteromorpha meyeri* の針骨からは 24 kDa のタンパク質が発見されている[38]。これらタンパク質は，シリカテインのポリクローナル抗体陽性である。また，*C. meyeri* において cDNA クローニングの結果から，シリカテイン cDNA が同定された。このクローンでは *T. aurantium* シリカテイン β に最も配列が近い。*C. meyeri* シリカテインでは，*T. aurantium* で認められたセリンクラスターに加え，もうひとつ別の部位にセリンクラスターが存在していた。この cDNA クローンは部分配列であることから，全長配列のクローニングが待たれる。*Aulosaccus schulzei* からクローニングされたシリカテイン cDNA では，活性中心がセリンではなくシステインであった[39]。六放海綿類において，シリカテイン遺伝子が存在し，この遺伝子が発現して，中軸フィラメントが形成されることを示すためにはさらなる解析が必要である。

　T. aurantium 針骨から単離された中軸フィラメントを，テトラエトキシシラン（tetraethoxysilane,

179

マリンバイオテクノロジーの新潮流

TEOS）を含む中性の水溶液中に入れると，その表面にシリカが沈着することが観察された[40]。同様に，フィラメントから解離させたシリカテイン，あるいは組換えシリカテインにおいてもシリカが生成された。一方，熱変性させたシリカテインやその他のタンパク質（血清アルブミンなど）では，このような現象は見られなかった。これらの実験は，シリカテインには，TEOS の加水分解を促進してケイ酸を生じさせ，ケイ酸の重合を促進し，シリカを沈着させる機能があることを示している。シリカテインのタンパク質分解酵素（加水分解酵素）としての構造が，TEOS の加水分解とケイ酸の重合に機能しており，シリカテインの分子表面に露出しているセリンクラスターが，シリカの沈着に関与していると考えられている。

　シリカテインのもう一つの重要な機能は，中軸フィラメントの形成である。シリカテインの分子表面にはセリンクラスターが配置していることが予想される一方，カテプシン L と比較すると疎水性領域が顕著になっている。このような疎水性領域を介して，シリカテインは自己集合的にフィラメントを形成すると考えられている。中軸フィラメントをアルカリ，あるいは尿素や塩酸グアニジン溶液に懸濁すると，フィラメントは消失し，シリカテインが分散する。この時，動的光散乱法で分散されたシリカテインを観察すると，モノマーではなくオリゴマーとして存在していることが示されている。ジチオスレイトールで処理するとモノマーとなることから，シリカテインのオリゴマー形成には，ジスルフィド結合が関与していることが示唆されている[41]。

　前述のように，針骨は細胞内で形成され始め，その後細胞外で成長すると考えられているが，シリカテインは，これら両方の段階で関与していることが示唆されている。細胞内では，シリカテインは中軸フィラメントの成分として，シリカの縮重合を促進するとともにシリカを沈着させている。細胞外においては，シリカテインは，分泌された針骨の周囲に分布していることが免疫電子顕微鏡法により観察されている[42]。この時，シリカテインは，針骨の長軸に沿って針骨を覆うガレクチン（ガラクトースに特異的に結合する動物レクチン）の線条構造上に配列している。さらにガレクチンは，細胞外基質の主成分であるコラーゲン繊維に結合する。ガレクチンを介してコラーゲン繊維に沿って配列したシリカテインの作用により針骨にシリカが付加され，成長することとなる。

② シリカテイン関連分子

　S. domuncula に非晶質シリカを加水分解し，ケイ酸を生じるタンパク質が見付かり，シリカーゼと名付けられた[43]。このタンパク質のアミノ酸配列は炭酸脱水素酵素に相同で，組換えシリカーゼは炭酸脱水素酵素の活性とともに，シリカ分解活性を示した。

　Müller グループでは，*S. domuncula* のシリカテインと相互作用する分子を探索している。yeast two-hybrid system 法により得られたタンパク質をシリンタフィン-1（silintaphin-1）と命名した[44]。ウェスタンブロットおよび免疫組織化学的手法により，シリンタフィン-1 は中軸フィラメントと針骨表面に分布し，シリカテインと共存することが確認された。組換えシリカテイン α は，単独では水溶液中で凝集するが，ここに組換えシリンタフィン-1 を加えると中軸様構造が形成される。従って，シリンタフィン-1 の機能は中軸フィラメントの形成において，そ

180

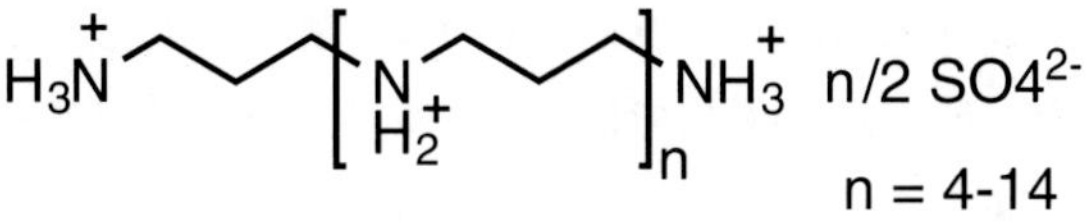

第4章　バイオマテリアル

$$H_3N^+ \sim\sim\sim \underset{H_2^+}{N^+} \sim\sim\sim NH_3^+ \quad n/2\ SO4^{2-}$$

$$n = 4\text{-}14$$

図12　尋常海綿 A. aculeata LCPA-*Aa* の基本構造

の枠組みを提供することであると結論付けている。

　また，固定化シリカテインを準備し，ここに結合するタンパク質をシリカテインと相互作用する分子として探索を行い，シリンタフィン-2（silintaphin-2）を同定した[45]。この 15 kDa タンパク質は，Ca^{2+} 結合性や親水性アミノ酸に富む領域を有する。針骨におけるシリンタフィン-2の分布は，シリンタフィン-1 同様にシリカテインと共存していたが，その機能についてはまだ分かっていない。

　このように，シリカテインに関連したタンパク質が見付かってきており，尋常海綿類におけるシリコンバイオミネラル形成メカニズムが解明されつつあるとともに，様々な分子が関与する複雑なシステムとなっていることが明らかとなってきた。

③　長鎖ポリアミン

　尋常海綿 *Axinyssa aculeata* の抽出液中に，プロピルアミンが直鎖状に 8〜12 回繰り返された長鎖ポリアミン（long chain polyamine, LCPA）が硫酸塩として見出され，LCPA-*Aa* と名付けられた（図12）[46]。珪藻ですでに見付かっている LCPA と類似の有機分子である。

　LCPA-*Aa* は，過飽和ケイ酸溶液中でシリカナノ粒子を形成したが，そのサイズと形状は LCPA-*Aa* に対する硫酸イオンの割合により異なった。天然の比率（プロピルアミン当りの硫酸が 0.53）の場合は，粒径 20 nm 程度のシリカナノ粒子が形成され，それより比率を下げる（0.48-0.36）と，粒径は 50〜200 nm 程度になるが，さらに下げる（0.18）と粒径 20 nm 程度となる。硫酸イオンを完全に除去するとシリカゲルは形成されるものの，粒子状ではなくなる。

　さらに，*A. aculeata* 針骨をフッ化水素処理することにより LCPA-*Aa* が抽出され，LCPA-*Aa* がシリコンバイオミネラルに含まれている有機分子であることが示された。抽出された LCPA-*Aa* は，ポリアクリルアミドゲル電気泳動による解析では明瞭なバンドとはならず，高分子物質との共存が示唆された。この針骨抽出物を塩酸で加水分解することにより，LCPA-*Aa* が明瞭なバンドとして得られた。このことから，LCPA-*Aa* は針骨に含有されていて，おそらくタンパク質と結合して存在しているものと考えられた。

　珪藻と海綿において，シリコンバイオミネラル形成に関わる分子が共通していることが初めて示された研究であり，さらに共通の分子やメカニズムがあるかどうか興味深いところである。

④　キチン

　Ehrlich らは，六放海綿の *M. chuni* およびホッスガイの基底部骨格（柄の部分のシリカ繊維）を，2.5 M 水酸化ナトリウム，37℃で処理することによりシリカを溶解して有機物を得た[47]。この時，*M. chuni* では 3〜10 日，ホッスガイでは 14〜30 日を要した。カイロウドウケツ，

181

マリンバイオテクノロジーの新潮流

Aphrocallistesvastus，および *Farreaocca* の骨格を同様に処理すると，この3種ではシリカの溶解に3〜12ヶ月を要した。*F. occa* の骨格では，エネルギー分散X線解析によれば，中心部に比べ，周辺部において Si に対して C や N の割合が多い，つまり，有機質が多くなっていた。実際，アルカリ処理後の骨片断面を観察すると，中心部が失われ，外縁部に層状を呈する構造が残存した。また，キチンに結合すると，その蛍光強度が増強される蛍光物質 Calcofluor White による染色により，骨格の外縁部がよく染色された。アルカリ処理により残存した物質について，フーリエ変換赤外分光分析，透過型電子顕微鏡像のフーリエ変換解析を行うことにより，この物質は α-chitin 結晶であると結論された[46]。

⑤　コラーゲン

　上述の通り，ホッスガイの基底部骨格（柄の部分のシリカ繊維）を 2.5 M 水酸化ナトリウム，37℃で処理することによりシリカを溶解して得られた有機物質を，質量分析などで解析した結果，コラーゲンであると同定した[48]。コラーゲン含量は，シリカ繊維の 25〜30％を占めている。このコラーゲンは，ウェスタンブロット法によりほ乳類のⅠ型コラーゲンに対するポリクローナル抗体で認識され，ほ乳類のⅠ型コラーゲン同様 100 kDa 付近に2本のバンドがおよそ2：1の割合で見られた。トリプシンとパパインにより可溶化されたペプチドのアミノ酸配列はいずれも，コラーゲンに特徴的なグリシン（Gly）-X-Y 反復配列からなり，3-ヒドロキシプロリン（3Hyp）と 4-ヒドロキシプロリン（4Hyp）がそれぞれ X と Y の位置に検出された。なお，X の位置にあるプロリン（Pro）のうち，33％が水酸化されているのに対し，Y の位置にある Pro は 100％水酸化されていた。また，Gly-3Hyp-4Hyp のように X と Y が，ともに水酸化されている配列も認められている。このように，水酸基がクラスターを形成する構造は，シリカテインのセリンクラスターについて言及したように，水素結合によるケイ酸やシリカの安定化に寄与すると考えられている[35]。

　ホッスガイのコラーゲンは，ウシ皮膚コラーゲンや骨片を持たない尋常海綿 *C. reniformis* のコラーゲンと比べ，過飽和ケイ酸溶液（pH 7）中において高いシリカ重合活性を示した。ウシ皮膚コラーゲンや *C. reniformis* のコラーゲンは，Gly-X-Y 反復配列において，X のプロリンは水酸化されていない。また，ホッスガイコラーゲンのヒドロキシプロリンの水酸基を，2-methoxypropene によりケタール化することによりシリカ重合活性が失われた。このことから，ヒドロキシプロリンの水酸基，特に 3Hyp の水酸基がポリケイ酸の安定化に寄与し，シリカへの重合を促進しているものと考えられる。珪藻の種間で，シラフィンは構造上の相同性がなくても，機能的に同等であるという事実が提示されていたが，海綿においても，シリカテインとコラーゲンというように分子種は異なっても，ともに水酸基のクラスターを備えている分子がシリコンバイオミネラルから見出されたという点で，興味深い知見である。

2.1.3　シリコンバイオミネラルからシリコンバイオテクノロジーへ

　これまでに珪藻や海綿で見付かったシリコンバイオミネラルに関与する有機分子を利用することにより，あるいはシリコンバイオミネラルの形成に関する分子メカニズムに着想を得て，シリ

第4章　バイオマテリアル

カや半金属酸化物，金属酸化物，さらには有機シリコンポリマーなどの新たな材料や，それらの環境への負荷が少ない製法に関する研究開発が試みられている。Morse はこのような新技術を「シリコンバイオテクノロジー」と名付けた[49]。ちなみに，ダウコーニング社とジェネンコア社は「シリコンバイオテクノロジー」を共同で商標として使用している[50]。ここではシリコンバイオテクノロジーの例をいくつか紹介することとする。

　先ず，Morse グループでは，海綿のシリカテインを利用してアルコキシドから数々の半金属酸化物を作り出しているので，その実例を紹介したい。

　シリカテインからなる中軸フィラメントや組換えシリカテインが，中性 pH での，TEOS からシリカの合成ばかりでなく，有機トリエトキシシラン（メチルトリエトキシシランやフェニルトリエトキシシラン）からポリシルセスキオキサン（$RSiO_{1.5}$）の合成にも有効であることを示した[41]。ポリシルセスキオキサンは電子材料や触媒，抗生物質として機能する産業上重要な材料である。

　シリカ以外の酸化物の合成についても取組んでいる。中軸フィラメントをチタンビスアンモニウムラクタトジヒドロキシド（titanium(IV)bis-(ammonium lactato)-dihydroxide, TiBALDH）と混合（中性 pH，20℃）すると，光触媒，色素などとして利用されている材料である酸化チタンがフィラメント表面に沈着した[51]。この酸化チタンはアモルファスとナノクリスタルの混合物であった。また，同様に中軸フィラメントをヘキサフルオロチタン酸バリウム（barium hexafluorotitanate $BaTiF_6$）で処理したところ，チタン酸バリウムナノクリスタルが得られた[52]。さらに，中軸フィラメントと窒化ガリウムを混合したところ，水酸化ガリウムのナノクリスタルや半導体材料である酸化ガリウムを 16℃ という低温で作成できた。なお，熱変性させたフィラメントでは，このような物質の沈着は見られなかった[53]。

　一方，*T. aurantium* シリカテイン α 遺伝子と大腸菌の外膜タンパク質 A（outer membrane protein A, *ompA*）をコードする遺伝子との融合遺伝子を構築し，大腸菌にこの遺伝子を導入して，シリカテイン α を細胞表面に発現する大腸菌を作製した。この大腸菌を用いて，TiBALDH を細胞表面のシリカテイン α で加水分解させることにより，層状構造を呈するリン酸チタンナノクリスタルを作成することができた[54]。

　Müller グループでも，シリコンバイオテクノロジーに取り組んでいる。先ず，ヒスチジンタグ（His タグ）を付加した組換えシリカテインを固定化した材料において，室温，中性 pH の条件下，TEOS からシリカが合成されることを示した[55]。この実験では，ニトリロ三酢酸（nitrilotriacetic acid, NTA）基を有するアルカンチオールを用いて，金薄膜上に自己集合単分子膜を形成した後，Ni^+ を添加することにより形成される Ni^+-NTA 複合体に，ヒスチジンタグ（His タグ）を介して組換えシリカテインを固定した。固定化組換えシリカテインは，シリカのみならず，金属酸化物の合成にも応用可能である。TEOS の代わりに TiBALDH を添加すると，ナノ構造を有する酸化チタンが生成し，ヘキサフルオロジルコン酸（hexafluorozirconate, ZrF_6^{2-}）を添加することにより酸化ジルコンが生成した[56]。NTA で修飾した酸化チタンナノワ

イヤーに，Hisタグを付加した組換えシリカテインを与えると，ナノワイヤーにシリカテインが固定化される。シリカテイン固定化チタンナノワイヤーと塩化金酸を混和することにより，塩化金酸がシリカテインにより還元されて金ナノクリスタルが生じてシリカテインに結合する。このようにして，金／酸化チタンナノコンポジットを作製した[57]。

シリカテインとシリンタフィン-1が，中軸フィラメントの構成成分であること，これら2つのタンパク質を混合すると中軸フィラメント様の構造が構築できることはすでに述べた。このテクノロジーを利用して以下のような技術開発を行っている[58]。シリカテインはシリカナノ粒子に吸着されるが，ここにシリンタフィン-1を混合すると，針骨様の構造が構築される。Ni$^+$-NTAを有するポリマーで表面処理を施したγ-Fe$_2$O$_3$ナノ結晶に，Hisタグを備えた組換えシリカテインを付加した場合にも，シリンタフィン-1の添加により，針骨様の形態が観察されている。また，シリカテインとシリンタフィン-1を等モル比で混合した後，TiBALDHを添加すると，やはりロッド状の構造体が得られた。このようにシリンタフィン-1の添加により，シリカテインに結合した金属ナノ粒子をロッド状に成形することが可能となった。

シリカテインはバイオマテリアルの開発にも応用されている[59]。シリカテインを細胞培養皿に吸着させ，テトラエトキシシランと反応させると，培養皿表面はシリカでコートされる。この培養皿を用いると骨芽細胞（ヒト骨肉種由来の骨芽細胞様細胞SaOS-2）の増殖が促進されるとともに，リン酸カルシウムの産生量も増えた。さらに，歯のエナメル形成に関わる遺伝子の発現量も増加した。つまり，シリカテインにより形成されたシリカが骨や歯の形成を担う細胞を活性化したことを示している。本技術は，今後，再生医療等の発展に寄与するかも知れない。

Krögerグループは珪藻の遺伝子導入系を利用して，新機能を有する遺伝子組換え珪藻の開発に取組んでいる。*T. psudonana*のシラフィン遺伝子（*tpSil3*）とヒドロキシアミノベンゼンムターゼ遺伝子（*HabB*）の融合遺伝子（*tpSil3-HabB*）を遺伝子導入して，シラフィン–ヒドロキシアミノベンゼンムターゼ融合タンパク質を狙い通り外殻シリカ内に発現させることに成功した。融合タンパク質は酵素活性を保持していることから，この外殻シリカをシリカ固定化酵素として利用することができる。特に，シリカに固定化した酵素は，単独で発現させた場合に比べ，長期間にわたる安定性が増した[60]。この研究は，幅広く有用な酵素の固定化，高機能化に応用可能であり，実用化が期待される。また，珪藻でシラフィン遺伝子の遺伝子導入系が確立されたことにより，外殻シリカのデザインを人工的に操作して，目的に応じた孔径と形状のシリカ多孔体を製造することも可能になるであろう。

シラフィンを利用してシリカ以外のナノ粒子を作成する動きも活発になっている。例えば，大腸菌に発現させたシラフィンタンパク質をTiBALDH溶液に添加することにより酸化チタン（ルチル型結晶）を室温，中性下で形成させることに成功している[61]。

2.1.4　おわりに

珪藻や海綿からシリコンバイオミネラルに関わる有機分子が多数同定され，分子レベルでのシリコンバイオミネラル形成の仕組みが解明されつつある。ただし，バイオミネラルの特徴である

第 4 章　バイオマテリアル

種特異性を裏付けるように，種により関与する有機分子が異なることも明らかになり，バイオミ
ネラル形成機構は思いのほか複雑であり，まだまだ未同定の有機分子が存在していると思われ
る。一方，これまでに同定され，機能が明らかにされた有機分子を利用してシリカを始め，様々
な半金属または金属酸化物を常温，常圧，中性水溶液中で作製する新たな方法が開発されつつあ
る。シリコンバイオテクノロジーがいよいよ本格的に発展することが期待される。

文　　　献

1) H. A. Lowenstam, *Science*, **211**, 1126 (1981)
2) R. K. Iler, The Chemistry of Silica, Wiley, New York, 1979
3) P. Treguer *et al.*, *Science*, **268**, 375 (1995)
4) P. G. Falkowski *et al.*, *Science*, **281**, 200 (1998)
5) N. Kröger, *Curr. Opin. Chem. Biol.*, **11**, 662 (2007)
6) F. Brummer *et al.*, *J. Exp. Mar. Biol. Ecol.*, **367**, 61 (2008)
7) W. E. G. Müller *et al.*, *Cell. Mol. Life Sci.*, **66**, 537 (200
8) J. C. Weaver *et al.*, *J. Struct. Biol.*, **158**, 93 (2007)
9) C. Levi *et al.*, *J. Mater. Sci. Lett.*, **8**, 337 (1989)
10) V. C. Sunder, *et al.*, *Nature*, **424**, 899 (2003)；J. Aizenberg *et al.*, *Proc. Natl. Acad. Sci. USA*, **101**, 3358 (2004)
11) K. O. Konhauser *et al.*, *Sedimentol.*, **48**, 415 (2001)
12) S. Mann, Biomineralization, Oxford University Press, Oxford, 2001.
13) Z. J. Diwu *et al.*, *Chem. Biol.*, **6**, 411 (1999)
14) K. Shimizu *et al.*, *Chem. Biol.*, **8**, 1051 (2001)
15) M. Hildebrand *et al.*, *Gene*, **132**, 213 (1993)
16) M. Hildebrand *et al.*, *Nature*, **385**, 688 (1997)
17) M. Hildebrand *et al.*, *Mol. Gen. Genet.*, **260**, 480 (1998)
18) J. F. Ma *et al.*, *Nature*, **440**, 688 (2006)
19) J. F. Ma *et al.*, *Nature*, **448**, 209 (2007)
20) N. Kröger *et al.*, *Science*, **286**, 1129 (1999)
21) N. Kröger *et al.*, *Science*, **298**, 584 (2002)
22) N. Poulsen *et al.*, *Proc. Natl. Acad. Sci. USA*, **100**, 12075 (2003)
23) N. Poulsen *et al.*, *J. Biol. Chem.*, **279**, 42993 (2004)
24) N. Kröger *et al.*, *Proc. Natl. Acad. Sci. USA*, **97**, 14133 (2000)
25) S. Wenzl *et al.*, *Angew. Chem. Int. Ed.*, **47**, 1729 (2008)
26) P. Richthammer *et al.*, *ChemBioChem*, **12**, 1362 (2011)
27) A. Scheffel *et al.*, *Proc. Natl. Acad. Sci. USA*, **108**, 3175 (2011)
28) J. C. Weaver *et al.*, *Microsc. Res. Technique*, **62**, 356 (2003)

マリンバイオテクノロジーの新潮流

29) G. Croce *et al.*, *Microsc. Res. Technique*, **62**, 378 (2003)

30) H. C. Schröder *et al.*, *Biochem. J.*, **381**, 665 (2004)

31) W. E. G. Müller *et al.*, *Micron*, **37**, 107 (2006)

32) W. E. G. Müller *et al.*, *Cell Tissue Res.*, **329**, 363 (2007)

33) K. Shimizu *et al.*, *Proc. Natl. Acad. Sci. USA*, **95**, 6234 (1998)

34) W. E. Müller *et al.*, *Gene*, **395**, 62 (2007)

35) R. E. Hecky *et al.*, *Mar. Biol.*, **19**, 323 (1973)

36) A. Armirotti *et al.*, *J. Protein Res.*, **8**, 3995 (2009)

37) K. Mohri *et al.*, *Dev. Dyn.*, **237**, 3024 (2008)

38) W. E. Müller *et al.*, *Cell Tis. Res.*, **333**, 339 (2008)

39) V. B. Kozhemyako *et al.*, *Mar. Biotechnol.*, **12**, 403 (2010)

40) J. N. Cha *et al.*, *Proc. Natl. Acad. Sci. USA*, **96**, 361 (1999)

41) M. M. Murr *et al.*, *Proc. Natl. Acad. Sci. USA*, **102**, 11657 (2005)

42) H. C. Schröder *et al.*, *J. Biol. Chem.*, **281**, 12001 (2006)

43) H. C. Schröder *et al.*, *Prog. Mol. Subcell. Biol.*, **33**, 249 (2003)

44) U. Schlossmacher *et al.*, *FEBS J.*, **278**, 1145 (2011)

45) M. Wiens *et al.*, *Biochemistry*, **50**, 1981 (2011)

46) S. Matsunaga *et al.*, *ChemBioChem*, **8**, 1729 (2007)

47) H. Ehrlich *et al.*, *J. Exp. Zool.*, **308B**, 473 (2007)

48) H. Ehrlich *et al.*, *Nat Chem.*, **2**, 1084 (2010)

49) D. E. Morse, *Trend. Biotechnol.*, **17**, 230 (1999)

50) C. Potera, *Genet. Eng. News*, **21**, 1 (2001)

51) J. L. Sumerel *et al.*, *Chem. Mater.*, **15**, 4804 (2003)

52) R. L. Brutchey *et al.*, *J. Am. Chem. Soc.*, **128**, 10288 (2006)

53) D. Kisailus *et al.*, *Advan. Mater.*, **17**, 314 (2005)

54) P. Curnow *et al.*, *J. Am. Chem. Soc.*, **127**, 15749 (2005)

55) M. N. Tahir *et al.*, *Chem. Comm.*, 2848 (2004)

56) M. N. Tahir *et al.*, *Chem. Comm.*, **44**, 5533 (2005)

57) M. N. Tahir *et al.*, *Angew. Chem. Int. Ed.*, **45**, 4803 (2006)

58) W. E. G. Müller *et al.*, *Appl. Microbiol. Biotechnol.*, **83**, 397 (2009)

59) W. E. G. Müller *et al.*, *Calcif. Tissue Int.*, **81**, 382 (2007)

60) N. Poulsen *et al.*, *Angew. Chem. Int. Ed.*, **46**, 1843 (2007)

61) N. Kröger *et al.*, *Angew. Chem. Int. Ed.*, **45**, 7239 (2006)

2.2 バイオカルシウム

都木靖彰*

2.2.1 バイオカルシウム―生物がつくるカルシウム鉱物

　生物はその体内外に様々な種類の鉱物（生鉱物，バイオミネラル）をつくりだす。渡部[1]は Lowenstam and Weiner[2]の1989年発行の研究論文を参考に，実に56にのぼる生物門に，約70種ものバイオミネラルがつくられることを示し，その数は研究が進展するにつれてさらに増加するだろうと述べている。しかしながら，全ての鉱物種がまんべんなく，広い範囲の生物門で作られるわけではなく，硫化物（たとえば黄鉄鉱 FeS_2）のように，ごく限られた生物門でつくられる鉱物もあれば，生物界で広くつくられる鉱物もある。最も多種多様な生物がつくるのは炭酸塩鉱物で，28の生物門に属する生物がつくりだすとされ，それに次ぐのがリン酸塩鉱物で22門にわたる生物がそれを形成する[1]。また，炭酸イオン，リン酸イオンと結合して鉱物をつくる陽イオンとして，生物が最も多用しているイオンがカルシウムイオンである。本稿では，生物がつくり出すカルシウム鉱物を，バイオカルシウムと呼ぶことにする。

　実際にどのような生物がどのようなバイオカルシウムをつくるのか，渡部の成書[1]をもとに，以下にその例を挙げる。生物がつくる炭酸カルシウム鉱物には非晶質のものと結晶質のものがあり，結晶質のものには，方解石，あられ石，およびヴァータライトの3つの同質多像（結晶多形）がある。そのうち，バイオカルシウムに多いのは方解石とあられ石である。例えば，海洋に生息する原生生物である有孔虫の仲間は殻を持つが，それは方解石やあられ石の結晶からなるものが多い。また，同じく海洋に生息するハプト植物門の単細胞藻類である円石藻は，その細胞表面に円石（ココリス）と呼ばれる複雑な形態を持つ方解石の結晶を成長させる。円石藻は，時にきわめて大量に発生して（ブルームと呼ばれる）多量の方解石結晶を形成する。海洋で様々な生物が形成したバイオカルシウムは，やがて海底に沈降して長い年月の後に石灰岩となるが，円石藻による方解石形成はその重要なルートの一つである[3]。一方，陸上植物のなかには，鍾乳体と呼ばれる構造物を持つものがある。鍾乳体は長径数百ミクロン程度に成長する，非晶質炭酸カルシウムからなる球体，紡錘体もしくはこれらの集合体で，オパール（ケイ酸塩）からなる小さな柄がついている。イラクサやクワ，ニレ，ウリ科植物などの葉に高密度で見られ，1000から4000個/cm^2に達する場合もある。

　このように，炭酸カルシウム鉱物は原生生物や多様な植物に，ごく一般的に認められるものであるが，動物がつくる炭酸カルシウム鉱物の例も枚挙にいとまがない。われわれの身近にあるものだけをあげてみても，サンゴ類の骨格（方解石，あられ石），エビやカニの外骨格（殻，方解石が沈着するとされているが，ザリガニをはじめとするいくつかの種では，非晶質の炭酸カルシウムが沈着する），二枚貝や巻き貝の貝殻（方解石，あられ石），ウニの殻（高マグネシウム方解石）など，全て炭酸カルシウム鉱物でできている。また，脊椎動物の内耳に存在し，平衡感覚な

　＊　Yasuaki Takagi　北海道大学　大学院水産科学研究院　海洋応用生命科学部門　教授

どをつかさどる耳石（平衡石）には，方解石，あられ石もしくはヴァータライトが沈着する。そのほか，脊椎動物が形成する炭酸カルシウム鉱物で，日々目にするものにニワトリの卵の殻（方解石）がある。

　生物がつくり出すリン酸カルシウム鉱物には，ハイドロキシアパタイト，リン酸八カルシウム結晶などのほか，非晶質リン酸カルシウムなどがある。脊椎動物は，骨や歯にハイドロキシアパタイト結晶を沈着する。また，海洋生物がつくるリン酸カルシウム鉱物の例として，シャミセンガイがつくるハイドロキシアパタイト結晶を備えた貝殻がある。シャミセンガイは，二枚貝に似た貝殻を持つが，軟体動物門ではなく腕足動物門に属する動物である。

　バイオカルシウム形成機構に倣い，炭酸カルシウムやリン酸カルシウムからなる新しい機能性材料の合成が盛んに試みられている[4]。その理由は生物が自己組織化現象を上手に利用して，省エネルギーな物づくりを行っていることにある。すなわち，生物は人工的にはつくり難い精緻な構造を持つカルシウム鉱物を，高温や高圧など高エネルギーを要する状態ではなく，常温常圧の温和な状態で省エネルギー的に，環境に余分な負荷を与えることなく合成している。そのうえ，バイオカルシウムは，高い機械的強度や特異な工学的特性を持つ。そこで，生物がバイオカルシウムを形成する機構を学び，それに倣うことにより，新しい材料合成の途が開かれるものと期待されている。バイオカルシウムとそれ以外の無機的に生成されるカルシウム鉱物との最も大きな違いは，バイオカルシウムが有機物とカルシウム鉱物との複合体であるという点にある。バイオテクノロジーとしてバイオカルシウム形成機構を新材料創製に結びつけるとき，最も注目されるのは有機物の機能である。そこで本稿では，海洋生物がつくる主要なバイオカルシウムである炭酸カルシウム鉱物の形成機構に着目し，これまで明らかにされてきたことを，主に有機質の種類や機能の点から概説する。また，本稿の執筆者は生物学者であり，バイオカルシウム形成機構の解明をめざして，生物学的な研究を進めてきたことから，バイオカルシウム形成に倣った新材料合成に関しては，その例を簡単に説明することに止めようと思う。後者に関する詳しい情報は成書に譲りたい[4]。

2.2.2　生物が炭酸カルシウム鉱物をつくり出すメカニズム

(1)　バイオミネラルに含まれる有機物の存在様式とその役割に関する共通モデル

　東京大学の長澤らの研究グループは，様々な動物門に見られるバイオミネラル（主に炭酸カルシウム鉱物）に含まれる有機物の同定と機能解析を積極的に進めている。その際，長澤らはバイオミネラル形成における有機物の「機能」を検定しつつ精製を進めることで，「機能の明らかな有機物」の構造を決定するという手法をとった。例えば，有機基質（もしくは，粗抽出液など有機基質を含む画分）を含む過飽和炭酸カルシウム溶液を撹拌し，形成される炭酸カルシウム量を反応液の濁度として直接測定することで，炭酸カルシウム形成を阻害する，もしくは促進する画分の精製を進めて，活性のある有機基質を同定した[5]。長澤らの研究以前のバイオミネラルに含まれる有機物の研究の多くは，単に最も多く含まれるものを同定するという手法が一般的で，機能に踏み込んだものはほとんど無かったことから，彼らの研究手法は画期的であったといえる。

第 4 章　バイオマテリアル

精力的な一連の研究の結果，長澤らは様々なバイオミネラルに共通する「構造が類似する有機物」は存在しないものの，「機能が類似する有機物」が存在するとして，バイオミネラルに含まれる有機物の存在様式とその役割に関する共通モデルを提案した[3]。これによれば，バイオミネラルに含まれる有機物は，その機能から以下の3つに分類できる。

① 無機物形成の場を提供する「不溶性有機基質」。例：貝殻に含まれるキチンや耳石に含まれる otolin-1 など

② 不溶性有機基質と結合して結晶核形成や結晶方位，結晶多形を制御する「不溶性有機基質と結合する有機基質」。例：ザリガニの外骨格に含まれる CAP-1，CAP-2，ザリガニの胃石に含まれる GAMP，アコヤガイの貝殻に含まれる Pif 80，Pif 97 など

③ 鉱物形成の母液に溶解しており，結晶成長や結晶多形，結晶形態を制御する「可溶性有機基質」。例：耳石に含まれる OMP-1，ザリガニの外骨格に含まれる PEP や 3-PG など

バイオミネラルが形成される場には，まず，不溶性有機基質分子が細胞から分泌される。これらは自己会合的に高分子の不溶性基質を形成する。これが結晶形成の場となる。さらに，結晶核形成に与る分子が分泌されて，不溶性有機基質と結合し，これを足場として炭酸カルシウム鉱物の形成が始まるものと考えられる。長澤らは，直接言及していないが，不溶性有機基質に結合する有機基質は，結晶核形成や結晶方位，結晶多形の制御に関与するほか，非晶質炭酸カルシウムの形成にも関与するものと考えられる。炭酸カルシウムの3つの結晶多形，すなわち方解石結晶，あられ石結晶，およびヴァータライト結晶のどれを析出させるのか，それとも，非晶質鉱物を析出させるのかを決定し，結晶の場合には，その結晶の方位を決定する機能を持つのがこの「不溶性有機基質と結合する有機基質」であるといってよい。さらに，炭酸カルシウム鉱物が成長するにつれ，可溶性有機基質が結鉱物中に取り込まれ，これが鉱物成長の方向，形態，および結晶多形を制御する。例えば，方解石結晶のある面に特異的に結合する可溶性基質があるとすれば，それらが結合した面の成長が阻害され，結果として別の面の成長が促進されてその結晶の形が決まる。多くのバイオミネラルに含まれる酸性度の高いポリアニオン（多くの場合は酸性タンパク質）が，この機能を果たしていると考えられる。

　上述のような各種有機物がその機能を果たすとはいえ，鉱物化の進行そのものは，物理化学的過程である。言い替えれば，鉱物化の母液となる溶液が過飽和状態になければ，鉱物は成長しない。すなわち，炭酸カルシウム鉱物の場合には，十分な濃度のカルシウムと炭酸（もしくは重炭酸）イオンが，母液中に存在しなければ，鉱物の成長は起こらない。また，母液のその他のイオンの濃度，すなわちイオン強度も鉱物化に大きな影響を与える。生物は鉱物化が起こる場のイオン濃度を，能動的に調節することでも，鉱物成長を制御しているものと考えられる。これには，各種のイオン輸送体が関与する必要がある。

　以下に，代表的な炭酸カルシウム性バイオカルシウムの形成機構が，どこまで明らかになっているかについて説明する。紙幅と筆者が専門とする分野の関係で，甲殻類の外骨格と胃石，貝殻，硬骨魚類の耳石のみを紹介する。

189

(2) 甲殻類の胃石および外骨格の形成機構

　ザリガニを始めとする甲殻類は，外骨格に大量の炭酸カルシウムを蓄えることで，それを硬化させ，自身の体を支えるとともに外敵から身を守る。防御に役立つ固い殻は，体サイズを増加させるには，逆に邪魔者になる。そのため，甲殻類は成長のために古い殻を脱ぎ捨て，新しい，ひとまわりサイズの大きな殻をつくりだす。この現象が脱皮である。脱皮前には古い外骨格の内側に，新しい外骨格の薄い層が形成されると同時に，古い外骨格に含まれていた炭酸カルシウムの一部が溶解する。多くの淡水産の甲殻類においては，溶解したカルシウムはリサイクルされ，新しい外骨格に沈着する。しかし，溶け出たカルシウムは，脱皮前に形成されつつある新しい外骨格には，直接沈着することはなく，いったん体液を通して他の部位に運ばれてそこに貯蔵される。貯蔵されたカルシウムは，必要に応じて溶解されて体液により運ばれ，外骨格に沈着する。ザリガニ類の場合には，カルシウムは胃に運ばれ，胃石として蓄積される。脱皮後，胃石は胃腔内に落ち，消化されて溶解されたカルシウムが吸収され，新しい外骨格に沈着するものと考えられている。

　甲殻類の外骨格はキチン，タンパク質，および炭酸カルシウムを主な成分とし，上クチクラ (epicuticle)，外クチクラ (exocuticle)，内クチクラ (endocuticle)，および内膜層 (inner membranous layer) の四層のクチクラ層からなる[6]。内膜層のさらに内側には，これら四層のクチクラ層を分泌する上皮細胞が一層配列する。外骨格を形成するクチクラ層のうち，最も厚いのは内クチクラ層で，時に外骨格の厚さの90%を占める。クチクラ層においては，キチンとタンパク質とは線維状に複合体を形成し，その線維はらせん状にねじを巻くように規則正しく配列して，ねじれ合板 (twisted plywood) パターンもしくは Bouligand パターンと呼ばれる構造をとる[7]。外クチクラと内クチクラの二層では，これに炭酸カルシウムが複合化してさらに強固な構造となる。甲殻類の外骨格の炭酸カルシウムは，これまで多くの報告で方解石結晶であるとされていたが，長澤らのグループはアメリカザリガニにおいては，外骨格に沈着する炭酸カルシウムは非晶質であることを示した。脱皮に伴ってダイナミックなカルシウムの移動が起こることを考えると，溶解しやすい非晶質炭酸カルシウムを外骨格に蓄えることは，理にかなっていると思われる。胃石も外骨格同様にキチン，タンパク質，および非晶質炭酸カルシウムを主成分とするが[8]，外骨格のような多層構造やねじれ合板構造は胃石には認められず，キチン−タンパク質複合体は樹状線維を形成している[5]。

　長澤らのグループは，アメリカザリガニ *Procumbarus clarkii* の外骨格および胃石で機能する有機基質の同定と機能解析を精力的に行ってきた。これまでに同定された有機物を先述したバイオミネラルの有機物の存在様式とその役割に関する共通モデルに当てはめると，「不溶性有機基質」に当たるものはキチンである。また，「不溶性有機基質と結合する有機基質」として，外骨格では CAP-1 (calcification-associated peptide-1) および CAP-2[9,10]が，胃石においては GAMP (gastrolith matrix protein) が同定された[11]。また，両者に共通する「可溶性有機基質」として，細胞呼吸における解糖系の中間産物である phosphoenolpyruvate (PEP) および 3-

第4章　バイオマテリアル

phosphoglycerate（3-PG）が同定された[12]。さらに，外骨格に存在する可溶性有機基質タンパク質として Casp-2（calcification-associated soluble protein-2）が同定された[13]。そのほかの種における研究は，散在的であるが，アメリカザリガニとは別種のザリガニ *Cherax quadricarinatus* の胃石に存在し，胃石の非晶質炭酸カルシウムの蓄積に関与する「可溶性有機基質」として GAP 65（gastrolith protein 65）が報告されている[14]。また，東京大学の渡邉・遠藤らのグループは，differential display 法を用いて外骨格の石灰化が進行する脱皮後期のクルマエビの外骨格上皮に特異的に発現する遺伝子をスクリーニングし，DD4，DD5，DD9A，および DD9B を同定した（後に DD4 は crustcalcin と命名された）[15〜18]。これらの詳細な機能は明らかではないが，DD4 タンパク質はカルシウム結合能を持つことが証明されており，外骨格の石灰化に何らかの機能を果たすことが予想される。なお，これらは遺伝子として同定されたものであるので，そのキチンとの結合能などは不明な点が多く，共通モデルのどのカテゴリーに入る有機物であるか明らかではない。以下，ザリガニを例に，同定されている有機基質の機能に関して簡単に説明する。

　CAP-1 および -2 は，アメリカザリガニ外骨格を酢酸で脱灰後，ドデシル硫酸ナトリウムを含む強い変性剤で処理すると遊離してくるペプチドで，それぞれ 78 および 65 アミノ酸からなる[5]。どちらも，約 30％の酸性アミノ酸を含む酸性タンパク質で，特に CAP-1 は C 末端に酸性度の高い領域（ホスホセリンとアスパラギン酸の繰り返し配列）を持つ。さらに，どちらの分子も Rebers-Riddiford コンセンサス配列と呼ばれる特徴的なドメインを有する。このドメイン構造は昆虫や甲殻類のクチクラタンパク質に広く保存される構造で，キチンとの結合を担うとされる構造であることから，CAP-1 と -2 が外骨格の不溶性有機基質であるキチンと結合することが強く示唆される。このことは，実際に両ペプチドの抽出に強い変性処理が必要なこととよく一致している。また，両ペプチドは炭酸カルシウム形成アッセイにおいて，強く炭酸カルシウム形成を抑制することから，炭酸カルシウム形成に関与することが明らかである。これらのことから，CAP-1 および -2 は，アメリカザリガニの外骨格においては，キチンと結合する一方で，カルシウムイオンとも結合することにより，キチンで形作られた外骨格中に炭酸カルシウム鉱物の形成を誘起するものと予想される。

　胃石はアメリカザリガニでは胃の頭部側壁面に存在する，一対の胃石板と呼ばれる部位に形成される。胃の上皮細胞層の頂端側（胃の内腔側）には，一層のクチクラ層が存在する。胃石は胃石板部位の上皮細胞層とクチクラ層との間に形成される。胃石板部位の上皮細胞は，胃の他の部位の上皮細胞とは明らかに異なる形態を示し，胃石形成に特化しているといえる。この胃石板上皮細胞は，胃石形成期になると背の高い円柱状となり，活性化することが明らかであることから，胃石を構成する有機物やミネラル類は，この細胞層を通して供給されるものと思われる。外骨格同様，ドデシル硫酸ナトリウムを含む強い変性剤で脱灰後の胃石の基質を処理することで，分子量約 50.5 kDa の有機基質 GAMP が得られる[11]。これが胃石の主要な「不溶性有機基質と結合する有機基質」である。GAMP の mRNA クローニングから，その推定アミノ酸配列が明らかにさ

191

れている[19]。それによると，GAMP は酸性度の高い 10 個のアミノ酸（QXAQEQAQEG）から
なる 17 回の繰り返し構造を N 末端側に持つタンパク質である。このことから，胃石が炭酸カル
シウム鉱物形成に何らかの機能を果たしていることが推測された。しかし，キチン結合配列であ
る Rebers-Riddiford コンセンサス配列は持たず，キチンとの結合機構は明らかではない。また，
上述の繰り返し構造の 2 回分からなる合成ペプチドは，炭酸カルシウム形成アッセイにおいて阻
害反応を示さないことから，GAMP の炭酸カルシウム鉱物誘導機構も明らかではない。

　既述のように，ザリガニの外骨格，胃石ともに，バイオカルシウムとして非晶質の炭酸カルシ
ウムを沈着するが，それを非晶質のまま保つのは困難であり，非晶質に保つ機能を持つ特殊な有
機物が必要である。上述の，外骨格に含まれる CAP-1，2，胃石に含まれる GAMP はどれも，
炭酸カルシウム鉱物の形成には関与すると推測されるものの，それを非晶質として安定させる能
力はない。一方，ザリガニ *Cherax quadricarinatus*（通称レッドクロウ）の胃石における非晶質
炭酸カルシウム形成に関与するタンパク質として，近年 GAP 65 が同定された[14]。GAP 65 は胃
石上皮と外骨格上皮にのみ発現するタンパク質であり，RNAi 法によりその発現を阻害すると，
胃石における炭酸カルシウム形成が阻害される。また，精製した GAP 65 は，炭酸カルシウム形
成実験において非晶質炭酸カルシウム形成を誘導するほか，合成非晶質炭酸カルシウムを 2 ヶ月
間は安定に保つ能力を持つ。このタンパク質は胃石の EGTA 脱灰溶液中に最も大量に含まれる
酸性の糖タンパク質で，EGTA 溶液により簡単に胃石から抽出されることから，長澤らの共通
モデルの「可溶性有機基質」にあたるものと思われる。ただし，GAP 65 は Rebers-Riddiford キ
チン結合ドメインは持たないものの，ChtBD2（chitin-binding domain 2）と呼ばれるキチン結
合ドメインを有するので，キチンと結合している可能性もある。しかし，EGTA 溶液による脱
灰で抽出されることから，そのキチンとの結合力は弱いものと予想される。

　GAP 65 遺伝子発現阻害下で形成される炭酸カルシウムは，量は減るものの，やはり非晶質で
あった。そこで，佐藤ら[12]は炭酸カルシウム鉱物を非晶質として安定させる有機基質が，GAP
65 以外にも胃石中に存在すると考え，その同定を目的に，アメリカザリガニ外骨格および胃石
から有機物を抽出し，それを分子量 10 kDa より大きいものと小さいものの二つの画分に分け，
炭酸カルシウム形成アッセイにおいて非晶質炭酸カルシウムを析出させる能力を比較した。その
結果，外骨格，胃石ともに，分子量 10 kDa 以下の画分に強い活性を見いだし，最終的に解糖系
の中間産物である phosphoenolpyruvate（PEP）と 3-phosphoglycerate（3-PG）がその活性の
大部分をになうことを見い出した。すなわち，ザリガニの外骨格や胃石において，鉱物形成の母
液に溶解しており，形成される炭酸カルシウム鉱物を非晶質に保つ「可溶性有機基質」の本体は，
PEP や 3-PG のような低分子化合物であった。これらの胃石板上皮からの分泌は，胃石形成期に
上昇することも示され，両者が能動的に分泌されて非晶質炭酸カルシウム鉱物の形成に寄与する
ことも明らかにされた。これまで，多くの生物において「可溶性有機基質」として酸性タンパク
質が同定されてきた（以下のアコヤガイの項参照）が，PEP や 3-PG のような低分子化合物が重
要な機能を果たしていることが証明されたことはきわめて重要である。なぜなら，これまでバイ

オミネラリゼーション機構に関する研究では，低分子化合物は，ほとんど注目されておらず，研究が進んでいないからである。今後，この分野の研究の進展が望まれる。

このほかにアメリカザリガニ外骨格に存在する「可溶性有機基質」として，Casp-2 が同定された。本タンパク質はキチンと低い結合能を持つものの，酢酸可溶性画分として抽出される「可溶性有機基質」で，酸性タンパク質である。*in vitro* の炭酸カルシウム形成実験で阻害能を示し，炭酸カルシウム形成に何らかの機能を果たすことが予想されるものの，生体内における機能には不明な点が多く残されている。

ザリガニの外骨格において，非晶質炭酸カルシウムを成長させる母液は，外骨格最内層の上皮細胞層により分泌されるものと考えられる。上皮細胞の頂端側（外骨格側）の細胞膜からは，外骨格の全層を貫く多数の細長い細胞質突起が突出している。これらは pore canal と呼ばれるが，その機能は完全には明らかになっていない。ただ，上皮細胞と各クチクラ層との間の物質輸送に関与するものと考えられている。外骨格のクチクラ層の炭酸カルシウム鉱物を作り出す母液のイオン組成は明らかではないが，pore canal を通じてイオンが輸送されている可能性は高い。これまでの研究で，アメリカザリガニの antennal gland（腎臓様の組織）や鰓など，環境水と体液との間のカルシウムイオン輸送に関与する組織には，plasma membrane Ca-ATPase（PMCA）が存在し，その発現量が脱皮後の外骨格に炭酸カルシウムが沈着する時期に高まることが示され[20]，PMCA がザリガニの上皮組織における環境水からのカルシウム摂取に重要な機能を果たしているものと考えられている。このことから，外骨格におけるカルシウムイオン輸送にも，同様の機構が存在するものと予想される。また，外骨格基質中には，炭酸脱水酵素が検出されており[21]，これが

$$CO_2 + H_2O \rightarrow HCO_3^- + H^+$$

の反応を促進することで重炭酸イオンの供給にあずかるものと考えられている。また，炭酸脱水酵素の活性も脱皮周期に伴い変動することも報告されており，脱皮周期にともなった炭酸カルシウム沈着に関係した変動であると考えられている。このように，甲殻類の外骨格におけるイオン輸送機構に関しては，ある程度の情報が明らかになった状態にある。ただ，炭酸カルシウム鉱物の形成には，重炭酸イオンの生成が必要不可欠であるが，上に示した式にあるように，それには水素イオンの生成，すなわち pH の低下を伴う。炭酸カルシウム鉱物の形成には，水素イオンの除去と pH 低下の抑制が必要不可欠であり，今後水素イオン除去機構の解明が必要であろう。なお，胃石におけるミネラル輸送は，胃石板上皮細胞層が担っていると考えられるが，そのミネラル輸送機構は外骨格上皮層のそれと類似するものと予想されるものの，その実態が研究された例はないようである。

⑶　真珠層を持つ貝殻の形成機構

貝殻に真珠層（nacreous layer）をもつ貝の代表であり，日本における真珠養殖産業に用いられる中心的な種は，アコヤガイ *Pinctada fucata* である。アコヤガイの貝殻は三層構造からなり，最外層（貝殻の外側，海水と接する部分）は有機物からなる殻皮が覆い，その内側に方解石結晶

からなる稜柱層（prismatic layer），そして最内層（貝の軟体部に接する側）にあられ石結晶からなる真珠層が存在する（図1）。これら三層は，全て貝殻に接する外套膜の上皮細胞層が形成する。貝殻はその外縁部に新しい貝殻が形成されて行くことにより，大きさを増す。成長点である貝殻外縁部付近を貝殻の内側から見ると，外縁部付近には真珠層が発達しておらず，稜柱層が露出している。このことから，貝殻外縁部でまず稜柱層が分泌され，その内側で稜柱層の上に真珠層が分泌されて，貝殻の厚みが増して行くことがわかる。いったん形成された稜柱層は，その後厚みを増すことはないので，主に真珠層が厚みを増すことで，貝殻全体の厚みが増して行くことになる。外套膜上皮細胞層と貝殻の間のスペースには，外套膜外液と呼ばれる液体が存在する。これが貝殻の炭酸カルシウム結晶を作り出す母液である（図1）。

　貝殻外縁部付近の断面を見ると，外套膜の位置により，稜柱層を分泌する上皮細胞層と真珠層を分泌する上皮細胞層とが分かれていることがわかる（図1）。この真珠層を分泌する上皮細胞層の断片（ピースと呼ばれる）と，別の種類の貝の貝殻（アメリカや中国からの輸入品がよく用いられる）から切り出して研磨した球体（真珠核と呼ばれる）とを一緒にアコヤガイの生殖巣に移植し，真珠核に人工的に真珠層を沈着させたものが養殖真珠である。移植されたピースは，移植先で真珠核を覆う袋（真珠袋と呼ばれる）を形成し，真珠核の周り全体に真珠層を分泌する。真珠養殖を重要な産業として発展させ，世界の真珠養殖を牽引してきた日本においては，その技術発展のためもあり，真珠層形成機構に関する研究が古くから行われてきた。また，現在では諸外国においても真珠養殖が重要な産業となりつつあることが影響しているのか，アコヤガイ以外の種も含めると真珠層形成に関わる研究の量は多い。

　真珠層は，走査型顕微鏡観察によると，ほぼ一定の厚さ（0.5マイクロメータ程度）のレンガ状の結晶が規則正しく積み重なったような構造をしている（図2）。このレンガの1つ1つがあられ石の単結晶である。レンガの周りは，厚さ数ナノメータ程度の有機基質の層でコーティングされているとされている。稜柱層は，走査型顕微鏡などで観察すると，柱状の方解石結晶とその周りの有機基質から構成される。このように真珠層，稜柱層ともに，結晶の周りには有機基質膜が存在する様子が電子顕微鏡レベルで観察される。しかし，以下に説明するように，有機基質が結晶の中に存在する可能性も十分にあるものと思われる。

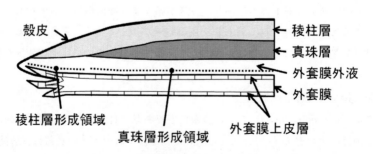

図1　貝殻外縁部付近の断面模式図

第4章　バイオマテリアル

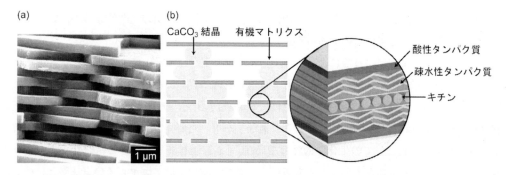

図2　貝殻真珠層の破断面の走査型電子顕微鏡像(a)と，真珠層形成モデルの模式図(b)（坂本ら[54]より引用）

　これまで，真珠層のあられ石結晶形成機構に関しては，いくつかのモデルが提唱されてきた。一つ目はコンパートメントモデルと呼ばれるもので[22]，線維性マトリクスにより区画化された空間（コンパートメント）内で結晶核形成，結晶成長，結晶成長停止という一連の過程が進行する，というものである。コンパートメントは外套膜上皮細胞層より分泌された膜状のシートで仕切られており，この中で成長する結晶の表面は，顆粒状の酸性タンパク質からなる薄い膜（エンベロープ）が覆っているとされている（図2）。これらはおもに電子顕微鏡による詳細な観察結果から提唱された。また，上述のコンパートメントにあたる物質は，β-キチンとそれに接着した疎水性のタンパク質であるシルクフィブロイン様線維性タンパク質であり，エンベロープとは線維性タンパク質の表面に結合した可溶性の酸性タンパク質であるとするモデルも提案された[23]。後に，このモデルを $in\ vitro$ で模倣し，キチンやキトサン膜とポリアスパラギン酸やポリアクリル酸などの酸性ポリマーを用いて炭酸カルシウム結晶を誘導すると，アラゴナイト結晶が得られるが，特に，アスパラギン酸が有効であるという結果が得られた。このことから，貝殻においてもアスパラギン酸残基を多数有する酸性タンパク質が，真珠層形成に機能することが予想された。さらに，硝子化凍結透過型電子顕微鏡を用いた観察では，明確なエンベロープ構造は観察されず，シルクフィブロイン様線維性タンパク質が β-キチンシート間にゲル状に分布している様子が観察された[24]。このことから，酸性タンパク質は β-キチンシートに結合するとともに，ゲル内にも分布し，結晶形成は β-キチンシートに結合する酸性タンパクにより誘起され，結晶はゲル内で成長する，というモデルも提唱されている。通常の電子顕微鏡観察では，ゲルを形成するタンパク質は観察のための固定や包埋処理により収縮し，シート状となってコンパートメントを形成するキチンに付着したものと考えられる。以上のようなモデルを長澤らのバイオミネラルに含まれる有機物の存在様式とその役割に関する共通モデルに当てはめて考えると，不溶性有機基質は β-キチンシート，「不溶性有機基質と結合する有機基質」は酸性タンパク質，「可溶性有機基質」はシルクフィブロイン様繊維状タンパク質と酸性タンパク質，ということになるだろう。このように真珠層のあられ石結晶形成モデルが，古くから提唱されているのに対し，稜柱層の方解石結晶形成モデルは，いまだ提唱されていない。これは，真珠層形成機構の解明が養殖真珠産

業における良質真珠の生産につながる可能性があるため，機構解明の産業的意義が高いと認知されていることと関係しているのであろう。

　以上述べてきたように，貝殻における「不溶性有機基質」はキチンである。また，共通モデルの「不溶性有機基質と結合する有機基質」，「可溶性有機基質」にあたるものとしてこれまでに同定されたタンパク質は，きわめて数が多く優に60種類を超え，アコヤガイだけでも25種以上の有機基質が同定されている。しかしながら，遺伝子を用いた研究で同定された基質タンパク質の中には，タンパク質としての生化学的性質や局在，「不溶性有機基質」との結合性やカルシウム結合能を始めとする機能が不明なものも多い。そこで，本項ではアコヤガイの真珠層と稜柱層に絞り，その生化学的な性質や機能の解析が進んでいる代表的ないくつかの基質タンパク質について説明するに止める。

　「不溶性有機基質と結合する有機基質」として，アコヤガイの真珠層では Pif 80 と Pif 97[25]，稜柱層では Prismalin-14[26]，prisilkin-39[27]，prismin 1，2[28] などが報告されている。先ず，これらについて説明する。

　真珠層から同定された Pif 80 と Pif 90 は，1つの mRNA 上にコードされている分子で，両者はつながった形でタンパク質に翻訳され，翻訳後にプロテアーゼにより切断される。Pif 80 はアコヤガイ真珠層を酢酸で脱灰した後に残る不溶性有機基質を，変性剤と還元剤を用いて抽出して得られた画分から同定された分子であることから，「不溶性有機基質」であるキチンと強く結合していることが明らかである。一方，Pif 90 は，Pif 80 の cDNA クローニングにより Pif 80 の上流にコードされていることが明らかになった分子で，キチン結合ドメインを持つことから，Pif 80 同様キチンに結合することが予想される。また，von Willebrand factor ドメインを持ち，これにより他のタンパク質と相互作用するものと思われる。Pif 80 の特異抗体を用いた免疫走査電子顕微鏡観察により，Pif 80 は真珠層全体に存在するとともに，稜柱層と真珠層の界面に存在する有機基質の真珠層側に集積していることが明らかとなった。*in vitro* における炭酸カルシウム結晶化実験では，Pif 80 はキチン薄膜上にアラゴナイト結晶を析出させる能力を持つ。また，RNAi 法により Pif 遺伝子の発現を阻害した個体の貝殻では，真珠層表面の層構造が乱れた様子が観察され，真珠層の成長が阻害されたものと考えられた。以上の結果から，Pif 80 と Pif 90 が外套膜上皮細胞から分泌された後に，他の分子と結合して真珠層に取り込まれ，最終的にキチンの有機基板上に結合してアラゴナイト結晶を誘導することにより，真珠層の成長が起こるものと予想される。特に，Pif タンパク質が稜柱層と真珠層の界面に存在する有機基質の真珠層側に存在することから，Pif が稜柱層方解石結晶から真珠層あられ石結晶への結晶形の転換に機能を果たすことが考えられる。

　アコヤガイの稜柱層からは，「不溶性有機基質と結合する有機基質」が複数同定されている。Prismalin-14 はアコヤガイ稜柱層を酢酸で脱灰後に残る不溶性有機基質を，変性剤と還元剤を用いて抽出して得られた画分から同定された分子であり，その中央部付近に，グリシン／チロシンに富む領域を持ち，この部分でキチンと結合する[29]。また，N 末端部付近および C 末端部付近に，

第4章　バイオマテリアル

アスパラギン酸に富む酸性領域を持ち，*in vitro* における炭酸カルシウム形成実験では形成される方解石結晶の表面を粗にしてステップを形成させることから，結晶表面に結合して結晶形成を抑制するものと予想される。本タンパク質は稜柱層の結晶を取り囲む有機基質（キチンとの複合体）中に存在することが，免疫組織化学的手法により証明されている。Prismalin-14 と同様にキチンとの結合性を持つ「不溶性有機基質と結合する有機基質」に分類される分子であり，上述の真珠層形成モデルにあるシルクフィブロイン様線維性タンパク質が担う機能を持つものとして近年 prisilkin-39 が同定された。*in vitro* の炭酸カルシウム形成実験において，溶液中にマグネシウムイオンを海水と同程度の濃度で共存させるとあられ石結晶が形成されるが，本タンパク質はそのあられ石結晶の形成を抑制する能力がある。このことから，prisilkin-39 は，海水に似た組成を持つ母液から稜柱層の方解石結晶を成長させるのに重要な機能を果たしているものと考えられる。同様に，稜柱層の脱灰後の不溶性有機基質から同定されたタンパク質に prismin 1, 2 がある。両者はアミノ酸配列で 91％の相同性を持つ。prismin は C 末端付近のアスパラギン酸に富む領域にカルシウムイオン結合能を持ち，*in vitro* の炭酸カルシウム形成実験でカルサイト結晶を形成させ，しかもその結晶の形態はステップが多いので，カルサイト結晶形成に及ぼす効果は Prismalin-14 に近い。

　このように類似する機能を持つ複数の有機基質が，アコヤガイの稜柱層からは同定されているが，それらがどのように相互作用して稜柱層をつくるのかについては全く明らかではない。この点を解明するとともに，それらの情報を基に稜柱層形成モデルを構築して行くことが今後の重要課題であろう。また，稜柱層同様，類似する機能を持つ複数の有機基質が，真珠層にも存在することが予想されるが，これらの相互作用を解明することも，今後の大きな課題であるといえよう。

　真珠層，稜柱層ともに，「可溶性有機基質」にあたる基質タンパク質として，多くの種類から酸性アミノ酸に富む領域を持つタンパク質が多数同定されている。しかし，アコヤガイの「可溶性有機基質」が同定された例は少ない。わずかに，真珠層からは p10[30]，稜柱層から Aspein[31]，そして両層に共通するものとして nacrein[32] が同定されているのみである。p10 はアコヤガイ真珠層の中性リン酸バッファー抽出液中から同定された分子であることから，「可溶性有機基質」の性質を持つ。*in vitro* の炭酸カルシウム形成実験では，p10 を加えると結晶形成が促進され，形成される一部の結晶はあられ石であった。このことから，p10 は真珠層のあられ石形成に深く関与するものと考えられる。しかし，残念ながら p10 の cDNA クローニングは行われておらず，アミノ酸配列，一次構造などは不明なまま残されている。Aspein はホタテガイ貝殻の酸性タンパク質 MSP-1 に存在するアミノ酸配列 Asp-Asp-Gly-Ser-Asp-Asp をコードする degenerate プライマーを用いて，アコヤガイの外套膜から得られた cDNA をスクリーニングすることでクローニングされた遺伝子で，その推定アミノ酸配列の 60％をアスパラギン酸残基が占める，きわめて酸性度の高いタンパク質である。RT-PCR により，Aspein mRNA は外套膜の稜柱層形成部位に特異的に発現することが確認されている。また，*in vitro* の炭酸カルシウム形成実験では，リコンビナント Aspein タンパク質は，マグネシウムイオンを外套外液と同レベルに含む溶

197

液から方解石結晶を析出させる。先述のように，マグネシウムイオンを含む母液からは物理化学的にあられ石結晶が析出するが，Aspein タンパク質は，その結晶形を方解石にする能力を持つわけで，稜柱層の方解石結晶成長にきわめて重要な機能を果たすことが予想される。nacrein はアコヤガイの真珠層を脱灰した溶液中の主要な有機基質で，貝殻形成に関与するものとして世界で初めてその cDNA のクローニングが成功したタンパク質である。本タンパク質は，真珠層と稜柱層どちらにも豊富に存在する炭酸脱水酵素で，両層における炭酸カルシウムの原料となる重炭酸イオンの供給に与るものと考えられている。しかしながら，アコヤガイの真珠層や稜柱層にはもっと多数の「可溶性有機基質」が含まれているに違いない。今後，アコヤガイにおいても「可溶性有機基質」に関する研究をさらに進めるべきであろう。

　Ma ら[33]は，アコヤガイの外套膜外液から非晶質炭酸カルシウムに結合するタンパク質を分離・精製し，それを ACCBP（amorphous calcium carbonate-binding protein）と名付けた。本タンパク質は，アスパラギン酸残基やグルタミン酸残基を多く含む酸性タンパク質であり，方解石結晶表面全体に結合する能力を持つ一方で，あられ石結晶の特異的な部位に結合する。また，炭酸カルシウム形成実験では，方解石結晶の成長を抑制して非晶質炭酸カルシウムの形成を促進する。さらに，ACCBP に対する特異抗体を生体の外套膜外液中に投与して ACCBP の機能を阻害すると，真珠層のあられ石結晶の形態が変わったり，結晶性が落ちるなどが観察された。これらのことから，ACCBP は過飽和な外套膜外液中で方解石結晶に結合し，その成長を抑制するとともに，あられ石結晶の特異的部位に結合して真珠層に取り込まれ，その結晶成長の方向を規定することで，真珠層形成に寄与するものと予想されている。ACCBP は，その性質から「可溶性有機基質」に分類されるものであるが，外套膜外液中で方解石結晶の形成を阻害することもその重要な機能であると考えられる。今後，外套膜外液中で機能する有機物に関する研究の進展も必要不可欠であると思われる。

　二枚貝類の貝殻における炭酸カルシウム結晶成長の母液となるのは，外套膜上皮細胞と貝殻との間に存在する外套膜外液である。外套膜外液のイオン濃度組成，過飽和度と貝殻における結晶成長速度，結晶の形態に関しては，和田[34]が詳細に論じている。過飽和度とは，その溶液の全イオン濃度から求められるイオン強度，炭酸カルシウム結晶の溶解度積（結晶の種類により異なる），および溶液中のカルシウムイオンおよび炭酸イオン濃度などから計算される値で，結晶形成の駆動力を表す値である。過飽和度が1のとき，その溶液は結晶に対して飽和状態にあり，この場合結晶は成長も溶解もしない。過飽和度が1よりも大きいとき溶液は過飽和状態にあり，結晶が成長する。1より小さいとき溶液は未飽和状態にあり，結晶は溶解する。和田の研究によると，淡水産二枚貝類の外套膜外液のイオン濃度は貝が生息する淡水に比べて高く，貝の血リンパ液（体液）のそれに近い。このことは，淡水産二枚貝類が体液のイオン濃度調節機能をもち，イオンの能動的な輸送によって体液を作り出していることを示す一方で，体液と外套膜外液との間には能動的なイオン輸送はほとんど存在しない，すなわち，外套膜外液を作り出す外套膜上皮細胞層における能動的なイオン輸送機能を，ほとんど持たないことを示唆する。測定された外套膜

第4章　バイオマテリアル

外液のイオン組成から計算されるあられ石結晶に対する過飽和度は，測定した二種（イケチョウ
ガイ，およびカラスガイ）においては，それぞれ3.21と2.59で，明らかに過飽和状態にある。
方解石結晶の溶解度積は，あられ石結晶よりも小さいので，方解石結晶に対する過飽和度はさら
に高くなる。一方，海産二枚貝（アコヤガイ，ハボウキガイ，マガキ，ヒオウギガイ）の外套膜
外液のイオン濃度は体液と同様で，その組成は海水に近い。このことは海産二枚貝類における体
液のイオン濃度調節能は低く，また，外套膜上皮層における能動的なイオン輸送もほとんど行わ
れていないことを示唆する。外套膜外液は高濃度のナトリウムおよび塩素イオンを含むため，イ
オン強度が極めて高くなる。これが原因となって，淡水産二枚貝類より高いカルシウム濃度を持
つものの，海産二枚貝類の外套膜外液の過飽和度は1以下となり，あられ石結晶や方解石結晶に
対して計算上は未飽和状態となる。しかし，実際にはこのようなイオン環境で貝殻の炭酸カルシ
ウム結晶が成長するわけであるから，物理化学的な過飽和度の計算と生体内の状況とが合致しな
い何らかの理由があるものと推測される。そこで，和田は真珠層あられ石結晶の形態と，過飽和
度とそこで形成される結晶の形態との関係を調べた研究と比較することで，結晶の形から過飽和
度を推測する試みも行っている。

　以上示したように，二枚貝における母液（外套膜外液）のイオン組成に関しては詳細なデータ
がある。また，不十分とはいえ，過飽和度に関する情報もある。これらは，ザリガニの研究には
ない特徴といえる。しかしながら，二枚貝類のイオン輸送機構に関しての研究は少なく，わずか
に淡水産二枚貝類の鰓におけるイオン輸送にNa^+/H^+交換体やCl^-/HCO_3^-交換体が機能するこ
とが報告されているのみである[35,36]。今後，外套膜外液のイオン組成を直接制御する外套膜上皮
細胞層におけるイオン輸送機構，特に炭酸カルシウム鉱物の形成に直接関係するカルシウムイオ
ン輸送機構の解明や，貝殻の有機基質として存在するnacreinの重炭酸イオン形成に果たす機能
に関する詳細な解析が必要である。

⑷　硬骨魚類の耳石の形成機構

　硬骨魚類の耳石（otolith）は，聴覚や平衡感覚をつかさどる内耳に存在する，バイオカルシウ
ムである。内耳は上皮細胞層とそれを外側から裏打ちする結合組織層からなる囊状部と，管状部
とが複雑に組み合わさってできた器官で，その中には内リンパ液と呼ばれる液体が充填されてい
る。内リンパ液中に3個の耳石が形成される。魚の頭部の左右に1対の内耳が存在するので，1
尾の魚は合計6個の耳石を持つことになる。3個の耳石は，それぞれ礫石，扁平石，および星状
石と呼ばれ（図3），それぞれ通囊，小囊，および壺囊と呼ばれる囊状部に収まっている。これ
らのうち，礫石と扁平石はあられ石結晶からなり，星状石はヴァータライト結晶からなる。上述
のように，これらの結晶成長の母液となるのは内リンパ液である。一般の魚では，小囊とその中
に形成される扁平石とが最も大きいので，これまでの硬骨魚類の耳石形成機構に関する研究は，
扁平石を材料にして行われてきた。なぜ結晶学的にはきわめて不安定なヴァータライト結晶が，
星状石において安定的に存在するのかは，きわめて興味深い点であるが，サイズが小さい星状石
に関する研究は少ない。本項でも，特に断りのない限り扁平石の研究から明らかになったことを

マリンバイオテクノロジーの新潮流

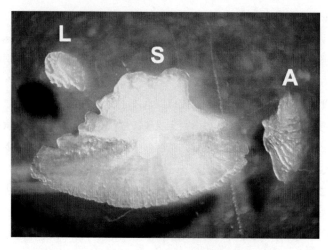

図3　ニジマス左頭側の耳石
礫石（L），扁平石（S），星状石（A）（当瀬・都木[44]より引用）

概説することとし，扁平石のことを耳石と呼ぶことにする。

　脊椎動物である硬骨魚類においては，ゲノム情報を始めとする各種の生物学的基礎データが無脊椎動物に比べて飛躍的に多いこと，遺伝子ノックダウンや遺伝子導入などの強力な研究手法が利用可能なこと，マウスなどの実験動物との比較研究が可能なことなど，硬骨魚類の耳石形成機構研究はこれまで説明してきた，無脊椎動物に形成されるバイオカルシウム形成機構に関する研究の弱点を補う利点を持っている。以下には，それらの利点を利用することにより，どのような研究展開が可能になるのかも含めて，硬骨魚類の耳石形成機構に関する研究の概要を説明する。

　耳石の「不溶性有機基質」としては，otolin-1[37]が同定されている。本タンパク質は，耳石の不溶性有機基質を構成する主要なタンパク質で，短鎖コラーゲン（Ⅷ型およびⅩ型コラーゲン）に類似の構造を持ち，不溶性のメッシュワーク様構造を作るものと考えられている。一方，その存在様式をはっきりと断定することはできないものの，「不溶性有機基質と結合する有機基質」の候補は，OMM-64（otolith matrix macromolecule-64）[38]である。OMM-64は，耳石のEDTA可溶性画分ならびに，不溶性画分にも検出される高分子複合体に含まれるタンパク質で，この複合体にはotolin-1や以下に説明するOMP-1が含まれている。OMM-64自体は，カルシウム結合能を持つ糖タンパク質である。「可溶性有機基質」としては，OMP-1（otolith matrix protein-1）が同定された[39]。本タンパク質は，硬骨魚類の耳石で初めて同定された有機基質で，耳石をEDTAで脱灰した脱灰液中の主要なタンパク質成分である。N型糖鎖を付加した糖タンパク質で，カルシウム結合能を持つ。また，その存在形態は明らかではないものの，ゼブラフィッシュにおいては，Starmaker, Sparc（secreted protein acidic and rich in cysteine），precerebellin-like protein, neuroserpinなどが同定されている[40,41]。後三者の同定には，質量分析法が利用されているが，質量分析によるタンパク質同定には，豊富な遺伝子情報データベースが必要不可欠

第4章　バイオマテリアル

であるので，この点で，硬骨魚類を研究材料にすることの利点が活かされている。

　ゼブラフィッシュの発生過程では，モルフォリノオリゴを用いた遺伝子ノックダウン実験が可能で，この手法を用いて otolin-1，omp-1，starmaker，および sparc の機能が調べられている[40~42]。それによると，omp-1 遺伝子をノックダウンすると otolin-1 の耳石への沈着が阻害され，耳石が小さくなる。発生過程では耳胞と呼ばれる一つの嚢内に礫石と扁平石の二つの耳石が存在するが（その後通嚢と小嚢の分画が起こる），otolin-1 遺伝子をノックダウンすると，二つの耳石の融合が起こるとともに，耳石の強度が弱まり，組織固定の操作などで，容易に耳石が変形するようになる。これらのことから，OMP-1 は otolin-1 の正常な沈着と耳石の成長に必要不可欠であり，otolin-1 は耳石の強度を作り出すとともに，耳石を正常な位置に配置する機能を持つものと推測される。先述のように，OMP-1 および otolin-1 は，OMM-64 と他の成分とともに，高分子複合体を作っているものと考えられるが，この複合体は *in vitro* の炭酸カルシウム形成実験において，あられ石結晶の形成を特異的に誘導する[43]。OMP-1，otolin-1，および OMM-64 は，ともに単独ではそのような能力を持たないので，複合体となって初めて耳石の結晶形を制御できるものと考えられる。一方，starmaker 遺伝子のノックダウンは，耳石の形態を星形に変形し，結晶形を方解石に変える[40]。このように Starmaker は単独で耳石の結晶形を制御する能力を持つが，本タンパク質は，今のところゼブラフィッシュでしかクローニングが成功しておらず，硬骨魚類全般に存在するタンパク質であるのか，同一の機能を果たすこれに変わるタンパク質が他の魚類には存在するのかなど，疑問点が多く残されている。spark 遺伝子のノックダウンは，耳石の矮小化，異所性の小片の形成，融合，消失などの変異を引き起こすことから，その詳細な機能は不明であるものの，Sparc は耳石の正常な成長に必要不可欠であることが証明されている[41]。

　ほ乳類の耳石においては，質量分析法を用いたプロテオミクス解析が行われ，耳石に含まれる有機基質を網羅的に同定する試みも始まった[44]。また，ニジマスの耳石有機基質のプロテオミクス解析も試みられている（当瀬ら，未発表）。このようなプロテオミクス，トランスクリプトーム解析などを遺伝子情報の少ない無脊椎動物で行うことは，いまだに困難を伴うので，今後，このメリットを活かした耳石形成機構研究の進展が望まれる。

　ゼブラフィッシュにおいては人為的に誘導された突然変異株の大規模スクリーニングが行われ，数多くの遺伝子の機能が明らかにされつつある（順遺伝学的手法）。簡単に言うと，ゼブラフィッシュに変異原処理を行ってランダムに変異体を作製し，耳石形成に異常を示す個体を探し出して，その原因遺伝子を突き止めるという方法である。このような研究により，内耳小嚢に局在して耳石形成を制御する有機物が，数多く同定されている[45]。例えば，Otopetrin 1 と名付けられたタンパク質は，細胞内のタンパク質輸送体であり，Starmaker の分泌に関与することが示された[46]。このような順遺伝学的手法により，耳石形成の細胞機構が明らかになりつつある点も，無脊椎動物のバイオカルシウム研究にはない点である。

　耳石形成の母液である内リンパ液のイオン組成や過飽和度の研究，そして小嚢上皮におけるイ

オン輸送機構に関する研究も，無脊椎動物のバイオカルシウムに比して，大きく進展していると
いってよい。内リンパ液のあられ石結晶に対する過飽和度は2〜4程度で，過飽和状態にあ
る[47,48]。また，過飽和度は内リンパ液のpHおよび重炭酸イオン濃度と強く相関することから，
重炭酸イオンの形成とそれに伴い生成される水素イオンの除去機構が，耳石におけるあられ石結
晶の成長にきわめて重要である。小嚢における重炭酸イオン輸送には，炭酸脱水酵素，Cl^-/
HCO_3^-交換体，HCO_3^--ATPase，およびNa^+，K^+-ATPaseが重要であることが示されてい
る[49〜51]。また，水素イオンの除去には，Na^+/H^+交換体が機能している[52]。カルシウムイオン輸
送に関しては，小嚢上皮細胞層の細胞間を受動的に輸送されるという説と[53]，Ca^{2+}-ATPaseお
よびNa^+/Ca^{2+}交換体が関与して細胞内を経由して能動的に輸送される[54]，という2説がある。

(5) **炭酸カルシウム性バイオカルシウムの形成機構—今後の課題**

　以上述べてきた代表的な生物における炭酸カルシウム鉱物の形成機構に関する研究の進展状況
をわかりやすく示すため，簡易的に「不溶性有機基質」，「不溶性有機基質と結合する有機基質」，
「可溶性有機基質」，「母液の環境」，および「イオン輸送体」に分けて考え，それぞれの生物にお
いてどの程度明らかになっているかの概要をまとめたのが表1である。一見してわかるように，
有機基質に関する研究と比べて，鉱物形成の母液の環境とそれを作り出すメカニズムに関する研

表1　代表的バイオカルシウムにおける炭酸カルシウム鉱物形成機構に関する研究の進展状況の概要

生物群	組織名	結晶形	形成に関与する細胞群 他	不溶性有機基質	不溶性有機基質と結合する有機基質	可溶性有機基質	母液の環境	イオン輸送体 他
甲殻類	外骨格	非晶質	上皮細胞層	キチン	CAP-1, 2	PEP および 3-PG CASP-1, 2 他	?	PMCA, CA*
	胃石	非晶質	上皮細胞層	キチン	GAMP	PEP および 3-PG GAP 65 他		?
貝類	貝殻真珠層	あられ石	外套膜上皮細胞層（外縁部以内）	キチン	Pif-80, -97 他多数	p10, nacrein 他多数	外套膜外液のイオン組成，過飽和度，ACCBP	CA（nacrein）
	貝殻稜柱層	方解石	外套膜上皮細胞層（外縁部付近）	キチン	Prismalin-14, Prisilkin-39 他多数	Aspein, nacrein 他多数		CA（nacrein）
硬骨魚類	耳石（扁平石）	あられ石	内耳上皮細胞層	Otolin-1	OMM-64？	OMP-1 他	内リンパ液イオン組成，過飽和度他	CA, Cl^-/HCO_3^-交換体, HCO_3^--ATPase, Na^+, K^+-ATPase, Na^+/H^+交換体, Ca^{2+}-ATPase, Na^+/Ca^{2+}交換体

*CA：炭酸脱水酵素

究が不足している。母液の組成とその制御機構に関しては，さらに研究を進展させるべきであろう。生物がどのような環境下でバイオカルシウムを形成するかという情報は，新材料創製に関する応用研究においても，極めて有用である。

有機基質研究に関しては，貝殻真珠層と稜柱層における研究が量，質ともに多い。また，耳石研究においては，他のバイオカルシウムでは全く研究が進んでいない，耳石形成の細胞機構の研究の進展が著しい。その理由は，プロテオミクスや突然変異株の大規模スクリーニングなど，脊椎動物ならではの研究手法を用いることが可能だからである。このほか，今後の研究推進が望まれる分野として以下の3点を挙げておきたい。

① PEP や 3-PG などザリガニ外骨格・胃石に見られるような低分子有機物の機能に関する研究
② 貝殻外套膜外液に存在する ACCBP など，母液中で機能する有機物に関する研究
③ 耳石形成でおこなわれているような，バイオカルシウム形成の細胞機構に関する研究

2.2.3 バイオカルシウム形成を模した炭酸カルシウムの人工合成

例えば，貝殻の真珠層を模し，「不溶性の有機基質」としてキチンやキトサン，セルロースなどのシートを用い，「可溶性有機基質」として水溶性の酸性高分子を加えた過飽和な炭酸カルシウム溶液中にシートを浸すことで，薄膜状の炭酸カルシウム結晶を得たという報告は多い[55]。ここでは，数ある研究の中から，実際にバイオカルシウム中で機能している有機基質であるアメリカザリガニの CAP-1 とそれから設計されたペプチドを用いた炭酸カルシウム結晶形成に関する研究を紹介する[56,57]。この研究では，キチンシートを炭酸カルシウム過飽和溶液（カルシウムイオン濃度 6.5 mM）に浸し，炭酸カルシウム結晶を誘導している。過飽和溶液中に CAP-1 が存在しない場合には，菱面体の方解石結晶がキチンシートの上に多数形成されるのに対し，CAP-1 存在下では，大きさ約 10 μm，厚さ約 1 μm の薄膜状の方解石結晶が，まばらに形成される。しかも，薄膜は微細な結晶の集合体からなり，一つの薄膜内の微結晶は結晶の c 軸が同一方向にそろっていた（図4）。CAP-1 存在下における薄膜状方解石結晶の形成過程を詳しく観察すると，小さな結晶が徐々に成長して，大きさ 10 μm に達するのではなく，一定時間後に突然，大きさ

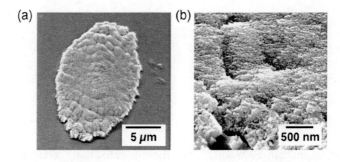

図4 CAP-1 存在下で，キチンマトリクス上に成長した炭酸カルシウム方解石薄膜結晶の走査型電子顕微鏡像(a)とその拡大像(b)（西村ら[56]より引用）

マリンバイオテクノロジーの新潮流

10 μm の結晶が形成される。このことから，キチンに結合した CAP-1 がカルシウムイオンを濃縮し，薄膜状の非晶質炭酸カルシウムが形成され，その後，非晶質から方解石への相転移が起こって，方解石薄膜が形成されるものと推測される。CAP-1 はこの際，カルシウムイオンの濃縮と非晶質炭酸カルシウムの安定化の二つの役割を果たすのであろう。結晶軸の配向がそろった薄膜結晶は，CAP-1 の代わりに酸性の合成ポリマー（例えばポリアクリル酸）を用いた場合には，得ることができないので，CAP-1 の機能は，酸性アミノ酸に富む領域だけが果たしているわけではないと思われる。例えば，大腸菌を用いて作成したリコンビナント CAP-1 を用いて同様の実験を行うと，やはり微細結晶からなる結晶軸のそろった薄膜状の方解石結晶が形成されるが，その微細結晶の形態は，外骨格から抽出・精製した天然 CAP-1 から形成されるものとは大きく異なっている。天然 CAP-1 が持つ 70 残基目のセリンは，リン酸化されているが，リコンビナント CAP-1 では，リン酸化が起こらないことから，外骨格や胃石に含まれる PEP や 3-PG に含まれるリン酸と同様に，CAP-1 のセリンのリン酸も重要な機能を持つことがわかる。また，CAP-1 の C 末端部付近に見られる酸性領域だけを，再現した合成ペプチド［pSer-Ser-Glu-(Asp)$_6$, Ser-Ser-Glu-(Asp)$_6$］を用いた同様の実験では，形成される結晶の形態が変化し，結晶軸が揃うこともない。

　このように，*in vitro* の炭酸カルシウム結晶形成において，バイオカルシウムに含まれる有機基質分子は，単純な酸性ポリマー分子では再現できない機能を持つ。この原因は様々な機能ドメインが組み合わさって，有機基質分子が構成されていることにあるものと思われる。一方，バイオカルシウムから得られる有機基質分子の量は限られているし，その抽出・精製には煩雑なステップを経なければならない。今後，新機能材料創製を目指すには，バイオカルシウムの有機基質分子の複雑な機能ドメイン構造を模倣し，かつ，それを単純化した人工分子を設計，合成することが重要になろう。その意味でも，長澤らが提唱している「共通モデル」のように，各種有機基質分子を機能から分類し，その機能を果たすために必須な機能ドメインがどのようなアミノ酸配列や生化学的性質を有するのかを，知ることはきわめて重要である。今後，さらに多数の有機基質分子の同定と機能検索を進めて，「必須の機能ドメイン」を明らかにすることが重要であろう。

文　　献

1)　渡部哲光，バイオミネラリゼーション　生物が鉱物を作ることの不思議，東海大学出版会 (1997)

2)　H. A. Lowenstam and S. Weiner, "On Biomineralization", Oxford University Press, Oxford (1989)

第4章　バイオマテリアル

3) 長澤寛道，「海の生命観」を求めて（塚本勝巳編），p. 218，東海大学出版会（2009）

4) 加藤隆史（監修），バイオミネラリゼーションとそれに倣う新機能材料の創製，シーエムシー出版（2007）

5) 井上宏隆・長澤寛道，バイオミネラリゼーションとそれに倣う新機能材料の創製（加藤隆史監修），p. 17，シーエムシー出版（2007）

6) R. Roer and R. Dillaman, *Amer. Zool.*, **24**, 893 (1984)

7) P-Y. Chen *et al.*, *Acta Biomater.*, **4**, 587 (2008)

8) K. Ishii *et al.*, *Biosci. Biotechnol. Biochem.*, **60**, 1479 (1996)

9) H. Inoue *et al.*, *Biosci. Biotechnol. Biochem.*, **65**, 1840 (2001)

10) H. Inoue *et al.*, *Biochem. Biophys. Res. Commun.*, **318**, 649 (2004)

11) K. Ishii *et al.*, *Biosci. Biotechnol. Biochem.*, **62**, 291 (1998)

12) A. Sato *et al.*, *Nat. Chem. Biol.*, **7**, 197 (2011)

13) H. Inoue *et al.*, *Biosci. Biotechnol. Biochem.*, **72**, 2697 (2008)

14) A. Shechter *et al.*, *Proc. Natl. Acad. Sci. USA*, **105**, 7129 (2008)

15) H. Endo *et al.*, *Biochem. Biophys. Res. Commun*, **276**, 286 (2000)

16) T. Watanabe *et al.*, *Comp. Biochem. Physiol. B*, **125**, 127 (2001)

17) T. Ikeya *et al.*, *Comp. Biochem. Physiol. B*, **128**, 379 (2001)

18) H. Endo *et al.*, *Biochem. J.*, **384**, 159 (2004)

19) N. Tsutsui *et al.*, *Zool. Sci.*, **16**, 619 (1999)

20) Y. Gao *et al.*, *J. Exp. Biol.*, **207**, 2991 (2004)

21) Horne *et al.*, *Crustaceana*, **75**, 1067 (2003)

22) G. Bevelander and H. Nakahara, "The Mechanisms of Biomineralization in Animals and Plants" (M. Omori and N. Watabe, eds.), p. 19, Tokai University Press, Tokyo (1980)

23) L. Addadi and S. Weiner, "Biomineralization, Chemical and Biochemical Perspectives" (S. Mann *et al.*, eds.), p. 133, VCH Publications, Weinheim (1989)

24) Y. Levi-Kalisman *et al.*, *J. Struct. Biol.*, **135**, 8-17 (2001)

25) M. Suzuki *et al.*, *Science*, **325**, 1388 (2009)

26) M. Suzuki *et al.*, *Biochem. J.*, **382**, 205 (2004)

27) Y. Kong *et al.*, *J. Biol. Chem.*, **284**, 10841 (2009)

28) R. Takagi and T. Miyashita, *Zool. Sci.*, **27**, 416 (2010)

29) M. Suzuki and H. Nagasawa, *FEBS J.*, **274**, 5158 (2007)

30) C. Zhang *et al.*, *Mar. Biotechnol.*, **8**, 624 (2006)

31) D. Tsukamoto *et al.*, *Biochem. Biophys. Res. Commun.*, **320**, 1175 (2004)

32) H. Miyamoto *et al.*, *Proc. Natl. Acad. Sci. USA*, **93**, 9657 (1996)

33) Z. Ma *et al.*, *J. Biol. Chem.*, **282**, 23253 (2009)

34) 和田浩爾，海洋生物の石灰化と系統進化（大森昌衛ら編），p. 135，東海大学出版会（1988）

35) T. H. Diets, *Am. J. Physiol.*, **235**, R35 (1978)

36) T, H. Dietz and W. D. Branton, *Physiol. Zool.*, **52**, 520 (1979)

37) E. Murayama *et al.*, *Eur. J. Biochem.*, **269**, 688 (2002)

38) H. Tohse *et al.*, *FEBS J.*, **275**, 2512 (2008)

39) E. Murayama *et al., Comp. Biochem. Physiol B,* **126**, 511 (2000)

40) C. Söllner *et al., Science,* **302**, 282 (2003)

41) Y.-J. Kang *et al., J. Assoc. Res. Otolaryngol.,* **9**, 436 (2008)

42) E. Murayama *et al., Mech. Develop.,* **122**, 791 (2005)

43) H. Tohse *et al., Cryst. Growth Des.,* **9**, 4897 (2009)

44) I. Thalmann *et al., Electrophoresis,* **27**, 1598 (2006)

45) 当瀬秀和，都木靖彰，バイオミネラリゼーションとそれに倣う新機能材料の創製（加藤隆史監修），p. 64，シーエムシー出版（2007）

46) C. Söllner *et al., Develop. Genes Evol,* **214**, 582 (2004)

47) Y. Takagi, *Mar. Ecol. Prog. Ser.,* **231**, 237 (2002)

48) Y. Takagi, *Mar. Ecol. Prog. Ser.,* **294**, 237 (2005)

49) H. Tohse and Y. Muiya, *Comp. Biochem. Physiol A,* **128**, 177 (2001)

50) H. Tohse *et al., Comp. Biochem. Physiol A,* **137**, 87 (2004)

51) H. Tohse *et al., Comp. Biochem. Physiol B,* **145**, 257 (2006)

52) P. Payan *et al., J. Exp. Biol.,* **200**, 1905 (1997)

53) P. Payan *et al., J. Exp. Biol.,* **205**, 2687 (2002)

54) 麦谷泰雄，日水誌，**60**，7（1994）

55) 坂本健ら，バイオミネラリゼーションとそれに倣う新機能材料の創製，p. 101，（加藤隆史監修），シーエムシー出版（2007）

56) A. Sugawara *et al., Angew. Chem. Int. Ed.,* **45**, 2876 (2006)

57) 西村達也ら，バイオミネラリゼーションとそれに倣う新機能材料の創製，（加藤隆史監修），p. 110，シーエムシー出版（2007）

3　バイオ触媒

尾島孝男[*]

3.1　はじめに

　酵素は，バイオ触媒として細胞内外の様々な生化学反応を促進し生命活動を支えている。酵素には，常温，常圧，中性pH域で高活性を示し，基質特異性が高いという特徴がある。これらの特徴は，酵素を産業的バイオプロセスの触媒素子として利用する際にも大きな利点となっている。すなわち，酵素反応には特別な加圧装置や加熱装置が必要なく，低純度の基質を使用できるため，反応装置や運転エネルギー，反応原料の面でコストを抑えることができる。人類は，酵素の実体を知るはるか以前から酒造や製パン，チーズ造りなどにおいて酵素（あるいは酵素を生産する微生物）を利用してきたが，近年のバイオテクノロジーの普及により，その使用量および用途は著しく拡大している。例えば，1980年度に600億円規模であった酵素市場は，2007年度には4,900億円規模に成長し，酵素の利用範囲も，研究，医薬，検査薬，食品加工，デンプン加工，製糖，洗剤，繊維，製紙，醸造，畜産，乳業などに大きく広がっている。

　酵素が触媒する反応は，国際生化学・分子生物学連合（International Union of Biochemistry and Molecular Biology，UBMB）により，①酸化還元反応，②転移反応，③加水分解反応，④脱離反応，⑤異性化反応，および⑥縮合反応に分類されている。各分類群に含まれる個々の酵素には，その反応様式にしたがいECとそれに続く4つの数字（酵素番号，Enzyme Commission numbers）が付けられている。例えば，デンプンの加水分解を触媒するα-アミラーゼにはEC 3.2.1.1が付けられており，その4つの数字はこの酵素が，3：加水分解反応を触媒，2：グリコシル化合物に作用，1：O-グリコシル結合に作用，1：1,4-α-D-グルカン（デンプン）のグリコシド結合をエンド様式で切断，するものであることを示している。現在までに5,000種を超える反応様式の酵素が酵素番号と共にデータベースに登録されており，その数は年々増加している（The Comprehensive Enzyme Information System; http://www.brenda-enzymes.org/）。

　一方，地球上には多様な環境があり，異なる環境に生息する生物には環境適応に応じた様々な特性をもつ酵素が存在する。そのため，長年にわたって多様な環境に生息する生物を対象に，新しい特性をもつ酵素の探索が行われてきた。海洋においても，熱帯海域，極海域，浅海域，深海域，深海底の熱水噴出孔周辺など環境は多様であり，そこに生息する微生物や藻類，無脊椎動物，脊索動物，脊椎動物などを対象に新奇酵素の探索が進められている。それらから得られる酵素には，産業的利用価値の高いものも少なくない。

　本節では，これまでに海洋生物から得られた酵素の中から，深海微生物の酵素，海底土壌および海綿のメタゲノム由来の酵素，および藻食性軟体動物の酵素のいくつかについて紹介したい。なお，取り上げた酵素の多くは多糖分解酵素であるが，これは近年，海藻多糖からの機能性オリゴ糖の作出や海藻バイオマスの糖化に関心が集まっており，それに関連する酵素の研究が活発化

---

[*]　Takao Ojima　北海道大学　大学院水産科学研究院　海洋応用生命科学部門　教授

しているためと，ご理解頂きたい。

3.2 深海微生物の酵素

地球表面の約70％を占める海洋の平均深度は約3,800 mであり，海洋環境の大部分は深海ということができる。深海は，2-4℃の低温で水深3,800 mでは38 Mpaの高圧環境となっている。また，熱水噴出孔周辺のように300℃以上の高温でメタンや硫化水素を含む局所環境もある。このような深海環境は生物にとっては厳しい生息条件と思われるが，実際には多くの節足動物，棘皮動物，環形動物，微生物などが生息している。このような深海環境に生息する生物からは，環境適応と関連した特異な特性をもつ酵素が見付かる可能性が高い。

3.2.1 耐熱性アガラーゼ

寒天の主成分であるアガロースは，紅藻のテングサ目，スギノリ目，イギス目などに含まれるβ-D-ガラクトースと3,6-アンヒドロα-L-ガラクトースが重合した構造をもつ難分解性の多糖である。アガロース分子中でこれらの構成単糖は，アガロビオース単位（4-O-β-D-galactopyranosyl-3,6-anhydro-L-galactopyranose）あるいはネオアガロビオース単位（3-O-α-3,6-anhydro-L-galactopyranosyl-D-galactopyranose）を形成しており，アガロースポリマーはそれらが連なった構造をとっている（図1）。アガラーゼは，アガロースのβ-1,4-結合あるいはα-1,6-結合を加水分解し，ネオアガロビオースやアガロビオースなどのアガロオリゴ糖を生じる酵素である。なお，アガラーゼのうちβ-1,4-結合を切断してネオアガロオリゴ糖を生じる酵素をβ-アガラーゼ（EC 3.2.1.81），α-1,3-結合を切断してアガロオリゴ糖を生じる酵素をα-アガラーゼ（EC 3.2.1.158）と呼ぶ。陸上の微生物でアガラーゼを生産するものは稀だが，海底泥中の微生物には比較的多い。アガラーゼ生産性の底泥微生物は，海底に沈降してくる紅藻由来のデトライタスに含まれる寒天（アガー）をアガラーゼによって分解し，資化利用していると推定される。アガロースを酵素分解して得られるネオアガロオリゴ糖やアガロオリゴ糖には，ヒトに対する抗腫瘍性，抗酸化活性，免疫賦活活性，保湿性，美白作用などの生理活性が見られるこ

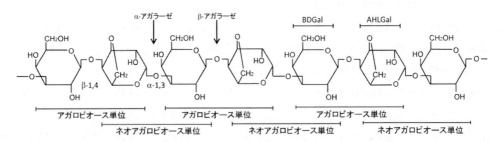

図1　アガロースの構造とアガラーゼの作用部位

アガロースは，β-D-ガラクトース（BDGal）と（3,6）アンヒドロα-L-ガラクトース（AHLGal）がβ-1,4-結合したアガロビオース単位がα-1,3-結合した構造をもつ。α-アガラーゼはα-1,3-結合を切断してアガロオリゴ糖を生じ，β-アガラーゼはβ-1,4-結合を切断してネオアガロオリゴ糖を生じる。

第4章　バイオマテリアル

とから，それらの生理活性オリゴ糖を効率的に生産するアガラーゼの探索が進められている。

　最近，独立行政法人海洋研究開発機構（JAMSTEC）のグループは，駿河湾の水深 2,406 m の海底泥から得た *Microbulbifer* 属細菌 JAMB-A94 株から β-アガラーゼ遺伝子 *agaA* をクローン化し，*Bacillus* 発現系により組換えアガラーゼ AgaA を生産することに成功した[1]。この酵素は加水分解酵素ファミリー16（GHF16）に属し，分子量は約 46,000 で，至適 pH および温度は，それぞれ 7.0 および 55℃ であった。また，アガロースを分解して主にネオアガロテトラオース（四糖）を生じた。AgaA は，60℃ で 15 分間の加熱でも失活しない耐熱性酵素であり，100 mM の EDTA および 30 mM の SDS によっても失活しなかった。本酵素はアガロースの固化しない 40℃ 以上の高温で高いアガロース分解活性を示すことから，DNA のアガロースゲル電気泳動後にゲルを加熱溶解して DNA を抽出する，という用途に使用できる。この酵素を利用した DNA 抽出キットは既に市販されている。なお，AgaA と類似の耐熱性 β-アガラーゼ AgaA7 の遺伝子 *agaA7* も同属細菌 A7 株から得られている[2]。また，アガロースを分解して主にネオアガロヘキサオース（六糖）を生じる GHF86 に属する β-アガラーゼ AgaO の遺伝子 *agaO* が同属細菌から得られている[3]。β-アガラーゼの多くは主に四糖を生成するので，六糖を主に生成する AgaO は稀な酵素である。一方，千島海溝の水深 4,152 m の海底泥より分離された *Agarivorans* 属細菌からも β-アガラーゼの遺伝子 *agaA11* が得られている[4]。組換え *agaA11* の主たる生成物はネオアガロビオースであった。ネオアガロビオースには美白作用があるため，本酵素はこの美白性二糖を製造するのに有用である。一方，九州野間岬沖の水深 230 m の海底泥から分離された *Thalassomonas* 属細菌 JAMB-33 株から，α-アガラーゼ遺伝子（*AgaA33*）が得られている[5]。*Bacillus* を宿主として生産した組換え AgaA33（agaraseA33）は，アガロースの α-1-3-結合を切断し，主にアガロテトラオース（四糖）を生じた。また，紅藻のポルフィラン（硫酸化アガロヘテロ多糖）は抗酸化活性を有することが知られているが，agaraseA33 はこれを分解し抗酸化活性を増大させた[6]。なお，β-アガラーゼでポルフィランを分解しても抗酸化活性は増大しないので，この作用は α-アガラーゼに特有のものである。

　以上のように，様々な特性をもつアガラーゼが深海や海底土壌から分離した細菌から得られている。それらの中には高い耐熱性を示すものや，特異な反応生成物を生じるものなどがあり，新奇の特性をもつアガラーゼとして今後の産業利用が期待されている[7]。

3.2.2　耐熱性セルラーゼ

　潜水艇「しんかい 2000」を用いた「DeepStar 計画」により，沖縄近海の熱水鉱床から 100℃ の嫌気性条件下で生育する絶対嫌気性超好熱性古細菌（Archea）*Pyrococcus horikoshii* が分離された。この微生物のゲノムは製品評価技術基盤機構により解析され[8]，その後，産業技術総合研究所のグループによりこのゲノムから GHF5 に属する分子量 42,000 のエンド型セルラーゼ EGPh の遺伝子がクローン化された[9]。EGPh は大腸菌で生産されたが，示差走査熱量分析（DSC 分析）により本酵素の変性温度（吸熱ピーク温度）は 96℃ にあることが明らかになった。また，活性の至適温度は 100℃ 付近にあり，95℃ までの加熱では失活しないことから，EGPh は耐熱性

209

のセルラーゼであると結論された。一方，EGPh は水溶性のセルロース基質である CMC（カルボキシメチルセルロース）だけでなく，結晶性が高く難分解性の不溶性基質である Avicel も分解可能であった。その後，EGPh の構造と機能に関するタンパク質工学的研究も行われ，本酵素の機能に重要なアミノ酸残基や局所構造が推定されている[10]。セルラーゼは，セルロースの糖化はもとよりパルプ漂白や繊維洗浄など，セルロース鎖の分解により品質向上が図れる様々なバイオプロセスで利用できる（軟体動物セルラーゼの項参照）。耐熱性セルラーゼである EGPh は，実際に 70℃ 付近で行われる木綿繊維の加工用酵素として使用され，繊維の柔軟化やジーンズの色合いの改良などに有効であった。また，将来的にはセルロース系バイオマスの糖化やセロオリゴ糖の生産への使用も期待されている。なお，本酵素は *Brevibacillus brevis* を宿主として発現系により，大量生産可能となっている（http://www.jst.go.jp/pr/info/info155/index.html）。

3.2.3　好冷酵素

　深海域の大部分は 2-4℃ の低温環境である。このような低温環境にも微生物は温暖な海域と同程度の密度（10^5-10^6 cells/ml）で生息していることが知られている[11]。このことは，微生物が低温環境への適応に伴い様々な生理・生化学的変化を起こしていることを示している。したがって，そのような微生物には低温適応に関連した様々な特性をもつ酵素が存在すると予想される[12]。事実，低温環境に生息する好冷菌（psychrophilic bacteria）や低温菌（psychrotorophic bacteria）には，低温でも高活性を示す好冷酵素（cold-adapted enzyme）をもつものが多い[12,13]。

　一般に，好冷酵素が 5-15℃ で示す比活性は，中温域で生息する微生物のもつ酵素に比べて高いことが知られている。例えば，10℃ における好冷スブチリシンの比活性は通常のスブチリシンの約 5 倍高く[14]，好冷アミラーゼの比活性は通常のアミラーゼの約 3 倍高い[15,16]。これらの高い比活性の原因は，好冷酵素による反応の活性化エネルギーの減少率が通常の酵素の場合よりも大きいためと考えられている[13~16]。一方，好冷酵素の熱安定性は通常の酵素よりも低く，その結果至適温度も通常の酵素よりも低い（多くの酵素で 10-20℃ 低い）。このような好冷酵素を，通常の酵素の代替として利用することにはいくつかの利点がある。最も大きな利点は，低温で高活性を示すことであり，これは熱に不安定な基質に作用させる際に有利である。また使用する酵素量も，通常の酵素より少量で済む。また，好冷酵素は熱に不安定であるが，これは短時間の熱処理で容易に反応を停止できるという利点につながる。すなわち，好冷酵素は短時間の加熱により完全失活できるので，反応物の熱変化や残存活性による反応生成物の品質劣化を低減できる。これまでに好冷性のプロテアーゼ，リパーゼ，アミラーゼ，およびセルラーゼが洗浄補助剤として開発されているが，これらの酵素を利用すれば，洗濯水の温度が低くても高い洗浄補助効果が得られる[13]。一方，食品用途では，食肉の軟化に利用されるプロテアーゼや牛乳中の乳糖を分解する β-ガラクトシダーゼ，果汁の抽出や透明化に使用するペクチナーゼなどに好冷酵素が利用されている[12]。これらの食品の処理は低温で行う必要があるからである。一方，遺伝子組換え実験に使用するリガーゼやキナーゼなど，反応後に加熱によって完全失活する必要がある用途にも好冷酵素が適している。

第4章　バイオマテリアル

　将来的には，低温で行う様々なバイオプロセスにおいて好冷酵素が利用される可能性があるが，その供給源として深海や極海などの低温環境に生息する様々な生物の利用が期待できる。

3.2.4　アルカリ・アルギン酸リアーゼ

　至適 pH が 9 以上のアルカリ域にある酵素をアルカリ酵素と呼ぶが，その多くは好アルカリ性微生物が菌体外に生産する酵素である。プロテアーゼやセルラーゼなどにおいて多くのアルカリ酵素が知られているが，JAMSTEC のグループは，九州野間岬沖の深海底泥から分離した *Agarivorans* 属の細菌が，アルカリ・アルギン酸リアーゼ A1m を生産することを見出した[17]。A1m は SDS-PAGE で 31 kDa と見積もられ，至適 pH が 10 であり，0.2 M NaCl の添加により 1.8 倍に活性化された。アルギン酸リアーゼは，細菌，真菌，褐藻，軟体動物，およびウィルスに分布するが，それらの多くは弱アルカリ域に至適 pH を示すセミアルカリ酵素である。したがって，A1m は最も高い pH 域に至適条件をもつアルギン酸リアーゼと位置付けられる。高アルカリ域では基質となるアルギン酸の溶解度が大きく増大するため，この条件で高活性を示すアルカリ・アルギン酸リアーゼは，アルギン酸分解に都合のよい性質をもっていると言える。アルギン酸リアーゼは，後述する軟体動物由来の酵素も含め，各種の生理活性アルギン酸オリゴ糖の製造や，アルギン酸の糖化・バイオマス化に有用であり，海藻バイオマスの有効利用を図る上で今後の利用拡大が期待される。海洋微生物でアルギン酸リアーゼをもつものは，*Alteromonas* 属や *Pseudoalteromonas* 属，*Vibrio* 属などの細菌を中心にかなり多いが，それらの細菌は，褐藻由来のデトライタスに含まれるアルギン酸の最終分解者としての役割を果たしていると考えられる。

3.3　メタゲノム由来のエステラーゼ

　環境中の微生物の 99% は分離および純粋培養が困難な，いわゆる難培養性微生物（viable, but nonculturable bacteria（VBNC バクテリア））と考えられている[18]。メタゲノムとは，それらの VBNC バクテリアがもつゲノム DNA を環境から直接抽出した混合状態の DNA を意味し，これをライブラリー化（メタゲノムライブラリー化）した後，その塩基配列を網羅的に読むことでメタゲノム解析が行われる[19]。次世代型 DNA シーケンサーの使用により膨大な塩基配列情報が短時間に得ることができ，バイオインフォマティックス技術の進歩とハイスループットの活性検出技術の進歩により，新規の酵素遺伝子の探索が可能となっている[20]。これまでに，海洋生物を対象としたメタゲノム解析は，海水や海底泥中の VBNC バクテリアや，共在微生物を大量に含む海綿，サンゴなどで行われ，いくつかの酵素遺伝子が得られている。ここでは，海綿と海底泥のメタゲノムライブラリーから得られたエステラーゼ（EC 3.1.1.1）について紹介する。

3.3.1　海綿メタゲノム由来のエステラーゼ

　海綿からは多くの抗菌物質や抗ガン剤などの生理活性物質が見つかっているが，その多くが海綿中に共在する微生物（海綿共在微生物）が生産したものと考えられている[21, 22]。海綿共在微生物の多くは VBNC バクテリアであるので，海綿の生理活性物質の生合成経路の解明には，海綿のメタゲノム解析が有効と考えられる。また，海綿のメタゲノム解析により，共在微生物由来の

マリンバイオテクノロジーの新潮流

新奇の酵素遺伝子が見つかることも期待される。

　最近，早稲田大学の研究グループが，沖縄産海綿 *Hytios erecta* のメタゲノムライブラリーから分子量約 25,000 のエステラーゼ EstHE1 の遺伝子を取得した[23]。相同性検索によれば，本酵素は触媒アミノ酸残基が Ser，Gly，Asn，および His から成る SGNH 加水分解酵素スーパーファミリーに属することが明らかになった。大腸菌で発現した組換え EstHE1 は，炭素数 2-6 の脂肪酸の *p*-ニトロフェニルエステルを加水分解したが，それより炭素数の多い脂肪酸のエステルは分解しなかった。このことから，本酵素は炭素数 10 以上の脂肪酸エステルを加水分解するリパーゼではなく，短鎖脂肪酸エステルを分解するエステラーゼであると結論された。また，40℃に至適温度を示し 25-55℃で最大活性の 50％以上の活性を示したが，40℃で 12 時間のインキュベートにより活性は 58％にまで低下した。このことは，本酵素が好熱酵素ではなく通常の温度域で作用する中温酵素であることを示している。一方，本酵素は高濃度の塩に耐性であった。すなわち，本酵素の活性は NaCl 濃度が 1.9 M まではいったん 55％まで低下するが，それ以上では徐々に増加し 3.8 M では 62％となった。これは，海綿の生息環境が約 0.6 M NaCl を含む海水中であることと関連すると考えられる。このような EstHE1 の酵素特性は，これまでのところ既存のエステラーゼの遺伝子工学的改変では得られていない。このことは，メタゲノム解析が新奇特性を有する酵素遺伝子を取得するのに有効であることを示している。

3.3.2　深海底泥メタゲノム由来のエステラーゼ

　最近，中国科学院のグループが南シナ海の深海底泥のメタゲノムライブラリーからエステラーゼの遺伝子 *estF* をクローン化し，大腸菌発現系により組換え EstF を生産した[24]。本酵素は，*p*NP ブチルエステルを最もよく分解したが，炭素数 10 以上の脂肪酸エステルには作用しなかった。本酵素は，低温でも高活性を示す好冷酵素であった。すなわち，反応温度が 0℃でも最大活性（50℃）の約 20％を示した。この性質は，本酵素が深海底という低温環境への適応の産物であることを示している。また，EstF は pH 9.0 で最大活性を示し，pH 7 以下では活性が速やかに低下するアルカリ酵素であった。本酵素の触媒領域は 331 残基から成るが，その一次構造は既報の細菌エステラーゼとはかなり異なっており，新奇性の高い酵素である。

　エステラーゼは，アシルエステル化合物の位置異性体や立体異性体の選択的分解など，産業上有用な酵素である。EstHE1 や EstF は，海洋メタゲノム由来酵素の探索において先駆けとして位置づけられる酵素である。今後，様々な酵素の効率的なスクリーニング技術が開発されることにより，より多種類の酵素遺伝子が海洋由来のメタゲノムから得られると期待される。

3.4　藻食性軟体動物由来の多糖分解酵素

　アワビやアメフラシのような海藻を主食とする軟体動物（藻食性軟体動物）は，海藻に含まれる様々な多糖，例えばアルギン酸，ラミナラン，マンナン，セルロース，フコイダンなどを，オリゴ糖あるいは単糖に分解する酵素，すなわちアルギン酸リアーゼ，ラミナリナーゼ，マンナナーゼ，セルラーゼ，およびフコイダナーゼをもっている。これらの酵素は，藻食性軟体動物が

第4章　バイオマテリアル

藻体を分解し，そこから様々な栄養を得るのに使われていると考えられる。一方，ヒトにとって
海藻の多糖は難分解性であり，食品として摂取した場合には整腸作用やコレステロール低下作用
などの食物繊維としての作用を示す。また，近年，海藻多糖の酵素分解物（低分子化多糖あるい
は減粘多糖）やオリゴ糖には生理活性を示すものがあることが分かってきた。それに伴い，海藻
多糖を効率的に低分子化できる多糖分解酵素の研究が盛んになっている。本項では，アワビやア
メフラシなどの藻食性軟体動物のもつ多糖分解酵素の特性について紹介する。

3.4.1　アルギン酸リアーゼ

　アルギン酸は，褐藻類の細胞間マトリックスやある種の細菌のバイオフィルムの構成成分とし
て存在する β-D-マンヌロン酸とその C5 エピマーの α-L-グルロン酸から成る直鎖ヘテロ多糖
（ヘテロポリウロン酸）である[25]。アルギン酸は，増粘剤やゲル化剤などとしてすでに様々な分
野で利用されているが，最近，アルギン酸の酵素分解物が高等植物毛根の成長促進作用[26]，ビ
フィズス菌の増殖促進[27]，ヒト単核細胞のサイトカイン分泌の促進[28,29]，IgE 生産の抑制[30]，抗
腫瘍作用など[31]，様々な生理活性を示すことが明らかになったことから，アルギン酸リアーゼに
対する関心も高まっている。一方，海洋バイオマスのエネルギー利用の観点から，褐藻のアルギ
ン酸を分解して発酵源を生産しようという試みもなされるようになり，アルギン酸糖化酵素とし
てのアルギン酸リアーゼの開発が期待されている。

　アルギン酸リアーゼは，アルギン酸の 1,4-グリコシド結合を β-脱離機構により切断し，C4-
C5 間が 2 重結合となった不飽和ウロン酸（4-deoxy-L-*erythro*-hex-4-enopyranosyl-uronic
acid）を非還元末端にもつオリゴ糖（不飽和オリゴ糖）を生ずる酵素である[32]。アルギン酸のポ
リマンヌロン酸ブロックに作用する酵素をポリマンヌロン酸リアーゼ（ポリ M リアーゼ，EC
4.2.2.3），ポリグルロン酸ブロックに作用する酵素をポリグルロン酸リアーゼ（ポリ G リアーゼ，
EC 4.2.2.11）と呼ぶ。両方のブロックに作用可能な酵素もいくつか報告されている。これらエン
ド型のアルギン酸リアーゼの主たる産物は，不飽和二糖および三糖である。本酵素は，アワビや
サザエなどの褐藻を摂餌する軟体動物（藻食性軟体動物）や，真菌，細菌，ウィルスなどに分布
するが，一次構造の疎水クラスター分析によれば，それらは多糖リアーゼファミリー（PL）の 5，
6，7，14，15，17 および 18 に分類されている（http://www.cazy.org/）。腹足類ではこれまで
にアワビ[33,34]，サザエ[35]，およびアメフラシ[36]の酵素の一次構造が明らかになり，それらはいず
れも PL14 に分類された。興味深いことに，それら腹足類のアルギン酸リアーゼの一次構造は，
クロレラウィルスの多糖リアーゼ vAL-1 と高い相同性を示した[37]。vAL-1 の自然界での基質は
クロレラの細胞壁多糖（グルクロン酸を含む酸性ヘテロ多糖）でありアルギン酸ではないが，本
酵素はアルギン酸リアーゼ活性ももっている。立体構造予測によれば，アワビやアメフラシのア
ルギン酸リアーゼの活性部位の構造はクロレラウィルスの vAL-1 のものと類似すると考えられ
たが，実際に点変異体を用いた解析により触媒活性に関与するアミノ酸残基は両者でほぼ一致す
ることが明らかになった[36,38]（図 2）。このことは，軟体動物とクロレラウィルスのアルギン酸リ
アーゼが共通の祖先遺伝子由来である可能性を示すものとして興味深い。

213

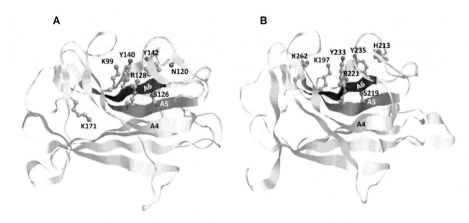

図2 アメフラシ・アルギン酸リアーゼ AkAly30 とクロレラウィルス vAL-1 の触媒領域の立体構造
A) クロレラウィルス vAL-1 の結晶構造データをテンプレートとして予測したアメフラシ・アルギン酸リアーゼ AkAly30 の立体構造[36]。B) クロレラウィルス vAL-1 の立体構造（PDB ID: 3GNE, chainA）[37]。β-ストランド A4-A5 が活性クレフト表面を形成し，その上に触媒活性に関与するアミノ酸残基が並んでいる。点変異体を用いた解析により，AkAly33 の K99, R128, S126 が活性に重要な残基であることが明らかになり，それらは vAL-1 において触媒残基と予測された K197, R221, S219 の位置と一致することが明らかになった。

　これまでに報告されたアルギン酸リアーゼのほとんどはエンド型の酵素であるが，極めて稀な例としてアワビからエキソ型の酵素 HdAlex が得られている[34]。HdAlex は，アルギン酸のマンヌロン酸ブロックの還元末端から2番目のグリコシド結合を切断し，不飽和二糖のみを生じる（図3）。また，エンド型の酵素 HdAly によって生じた不飽和三糖を分解して，5-keto-4-deoxyuronic acid（α-ケト酸の一種）と不飽和二糖を生じる。HdAlex のようにアルギン酸の末端を二糖単位で切断するエキソ型のアルギン酸リアーゼは，微生物由来の酵素を含めて他に報告がない。なお，アルギン酸を唯一の炭素源として生育できる土壌微生物 Sphingomonas sp. A1 株から，非還元末端を単糖単位で切断し α-ケト酸を生じる酵素 A1-IV が得られているが[39]，これは HdAlex とは全く異なる酵素である。HdAlex は，アルギン酸から不飽和二糖を直接生産できる酵素として実用面でも価値が高いと考えられる。
　一方，アワビのエンド型アルギン酸リアーゼ HdAly は，褐藻マコンブのプロトプラストの作出に利用されている[40]。褐藻のプロトプラストの作出には，従来アワビの肝膵臓抽出物（アセトンパウダー抽出物；粗酵素）が使用されていたが，酵素標品ごとにアルギン酸リアーゼ活性が変動し，プロトプラストの作出効率が一定しないという問題点があった。この点が，高純度のアルギン酸リアーゼの使用により克服された。なお，アワビのアルギン酸リアーゼ HdAly とアワビのセルラーゼ HdEG66 をバキュロウィルス-昆虫細胞発現系によって生産し，それらを使用することによりプロトプラストの作出効率が改善されている[41]。また，これらの酵素によって褐藻藻体を処理することにより核酸が容易に抽出できるようになった。すなわち，マコンブなどの大型褐藻の藻体はアルギン酸を初めとする粘質多糖を大量に含むため，DNA や RNA の抽出や精製

第4章 バイオマテリアル

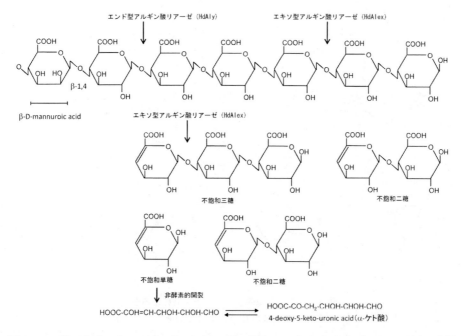

図3 アルギン酸（Mブロック）のアワビアルギン酸リアーゼ HdAly および HdAlex による分解
アワビのエンド型アルギン酸リアーゼ HdAly[33] とエキソ型アルギン酸リアーゼ HdAlex[34] により，アルギン酸のMブロックを分解した際の反応産物。HdAly は不飽和三糖や二糖を生じるが，HdAlex は不飽和二糖および不飽和単糖を生じる。不飽和単糖は非酵素的に開裂して，α-ケト酸に転化する。

が難しいが，アルギン酸リアーゼとセルラーゼで処理すると高品質の核酸が抽出可能となった。この処理は生鮮コンブだけでなく乾燥コンブからの核酸抽出においても有効であり，酵素処理した乾燥コンブ（あるいはコンブ製品）からミトコンドリアDNAを抽出し，そこに含まれるマーカー遺伝子を用いてコンブの種判別が可能となっている。

アルギン酸リアーゼは，藻食性軟体動物だけでなく，それらの腸内細菌や褐藻腐敗物中の細菌，褐藻の病原菌，海底泥細菌，深海細菌，褐藻など，多くの生物に分布する[32,42~46]。それらからも，様々な特性を有する新しいアルギン酸リアーゼが得られると思われる。アルギン酸リアーゼの用途は，アルギン酸のオリゴ糖化，アルギン酸からのα-ケト酸の作出，褐藻のプロトプラスト化など，多岐にわたる。今後も使用条件や目的に適した新奇のアルギン酸リアーゼの探索が続けられると思われる。

3.4.2 ラミナリナーゼ

褐藻の貯蔵多糖として知られるラミナリン（またはラミナラン）はβ-1,3-グルカンの一つで，β-1,3-結合したグルコースの主鎖のところどころにβ-1,6-結合したグルコースの側鎖をもつ[47]（図4）。担子菌（キノコ）由来のβ-1,3-グルカンには，マクロファージの活性化作用[48]やアレルギーの低減作用[49]，免疫賦活作用[50]などの生理活性があることが知られているが，褐藻のラミ

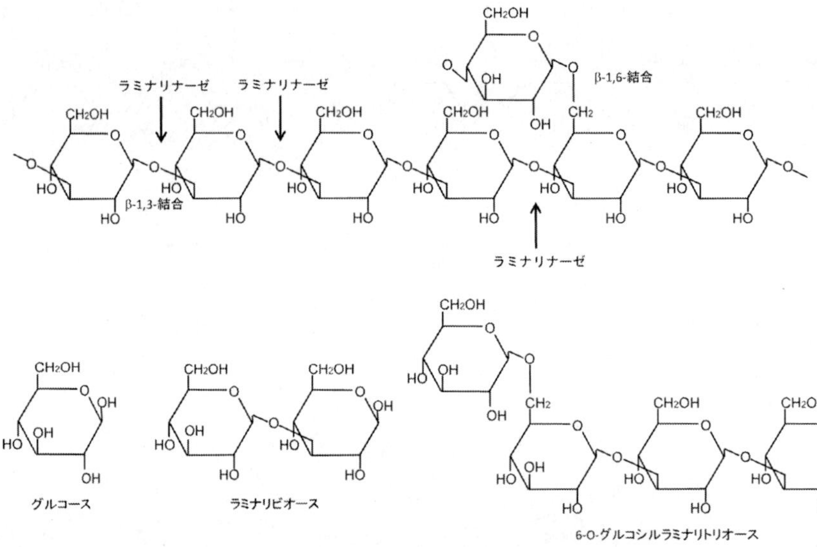

マリンバイオテクノロジーの新潮流

図4　ラミナリンのラミナリナーゼによる分解
ラミナリナーゼは，ラミナリンの主鎖の β-1,3-結合を切断し主にグルコースとラミナリビ
オースを生じるが，β-1,6-結合したグルコース分枝領域は分解しにくいため，その領域由来
の6-O-グルコシルラミナリトリオースも少量生じる[52~54]。

ナリンにも免疫賦活作用や糖尿病改善作用がある[47]。また，ラミナリンを分解して得たラミナリ
オリゴ糖には，ヒト単球の TNF-α 分泌促進活性があるとの報告がある[51]。このような生理活
性が，β-1,3-グルカンのどのような高次構造によるのか関心がもたれるが，その解析には β-
1,3-グルカンを特異的に切断して得た断片を用いて，それらの構造と機能との関連を解析する必
要がある。β-1,3-グルカンを特異的に分解する酵素は，真菌や酵母，細菌，植物，および無脊
椎動物から得られる。

　ホタテガイやアワビ，アメフラシなどの軟体動物から得られる β-1,3-グルカン分解酵素は，
自然界での基質が褐藻のラミナリンであることからラミナリナーゼ（EC 3.2.1.6）と呼ばれる。
アワビからは分子量33,000のラミナリナーゼ HdLam33 が得られている[52]。本酵素はラミナリン
やラミナリオリゴ糖を分解して，ラミナリビオースとグルコースを生じる。HdLam33 の至適温
度および至適 pH は，それぞれ50℃および6.0であり，45℃で15分の加熱に対して安定であっ
た。一方，HdLam33 は糖転位活性を有しており，ラミナリンオリゴ糖間での糖転位反応を介し
て効率的にグルコースを生成できる（図5）。なお，cDNA を用いた解析により，HdLam33 は
GHF16 に属する β-1,3(4)-グルカナーゼ（EC 3.2.1.6）であることが明らかになった。

　アワビ以外の軟体動物からもラミナリナーゼが得られている。アメフラシから得られたラミナ
リナーゼには，分子量約36,000のアイソザイムと約33,000のアイソザイムがあり，それぞれ
AkLam36 および AkLam33 と名付けられた[53]。AkLam36 はアワビの HdLam33 と類似のエン
ド-1,3(4)-β-グルカナーゼであり，ラミナリンを分解してラミナリビオースとグルコースを生

第4章 バイオマテリアル

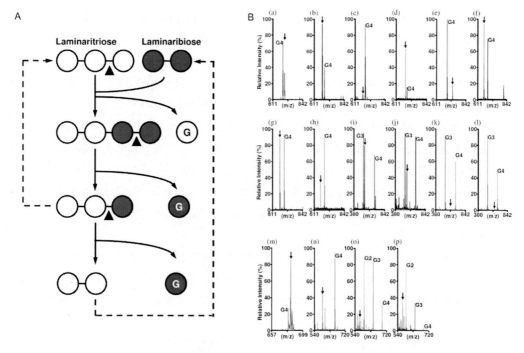

図5 軟体動物ラミナリナーゼによる糖転移反応

A) アワビ・ラミナリナーゼ HdLam33 の糖転位活性によるラミナリオリゴ糖からのグルコース生成[52]。B) ホタテガイ・ラミナリナーゼ PyLam38 の糖転移活性によるヘテロオリゴ糖の生成[54]。糖転位反応に用いたアクセプター基質，矢印で示した糖転移産物の質量（m/z），および糖転移産物の分子種は，以下の通りである。(a) β-D-methylglucoside，703，G3 + β-D-methylglucoside，(b) 2-deoxy-D-glucose，673，G3 + 2-deoxy-D-glucose，(c) 6-deoxy-L-mannnose（L-ramnose），673，G3 + 6-deoxy-L-mannnose，(d) 6-deoxy-L-galactose（L-fucose），673，G3 + 6-deoxy-L-galactose，(e) N-acetyl-D-glucosamine，730，G3 + N-acetyl-D-glucosamine，(f) D-xylose，659，G3 + D-xylose，(g) L-arabinose，659，G3 + L-arabinose，(h) D-ribose，659，G3 + D-ribose，(i) methanol，541，G3 + methanol，(j) ethanol，555，G3 + ethanol，(k) hexanol，287，G1 + hexanol，(l) octanol，315，G1 + octanol，(m) sorbitol，691，G3 + sorbitol，(n) DL-glyceraldehyde，599，G3 + DL-glyceraldehyde，(o) L-serine，290，G1 + L-serine，(p) L-threonine，304，G1 + L-threonine。G1，G2，G3，および G4 は，それぞれグルコース，ラミナリビオース，ラミナリトリオース，およびラミナリテトラオースを示している。

じる。一方，AkLam33 はラミナリンやラミナリオリゴ糖に作用して直接グルコースを生成するエキソ型のラミナリナーゼ（EC 3.2.1.58）であった。軟体動物からエキソ型ラミナリナーゼが得られたのはこれが初めてである。AkLam36 と AkLam33 はいずれもラミナリビオースを分解できないが，反応液中にラミナリテトラオースを共存させると糖転移反応と加水分解反応を繰り返しながら効率的にグルコースを生じた。このような性質はアワビの HdLam33 のものと同様である。これらアメフラシのエンド型およびエキソ型ラミナリナーゼはアワビの HdLam33 と同様，いずれも GHF16 に属する。

一方，ホタテガイ加工場で廃棄されている内臓部分からラミナリナーゼが得られることが分

かった[54]。ホタテガイは，北海道において年間数十万トン規模で養殖されているが，生貝柱を生産する際に生鮮内臓が廃棄物として得られる。この廃棄内臓（特に中腸腺部分）を圧搾することにより得られるドリップ（粗酵素）の活性を調べた結果，高いラミナリナーゼ活性が検出された。このラミナリナーゼは，粗酵素から疎水クロマトグラフィーと陰イオン交換クロマトグラフィーにより精製され，PyLam38 と名付けられた。本酵素の分子量は約 38,000 で，アワビやアメフラシのラミナリナーゼと同様ラミナリンを分解してラミナリビオースとグルコースを生じた。PyLam38 の糖転位活性はかなり高く，様々な単糖やアルコール，キシロオリゴ糖などを受容体とした糖転移反応により，様々なヘテロオリゴ糖を生じた（図5）。ホタテガイ粗酵素 1,000 ml 中の PyLam38 の含量は 79 mg とかなり多く，本酵素は β-グルカンの限定分解酵素あるいは新奇ヘテロオリゴ糖の合成酵素としての産業利用が期待される。

3. 4. 3　β-マンナナーゼ

マンナンは，D-マンノースが β-1,4-結合した主鎖を主骨格とする多糖で，直鎖マンナン（非修飾マンナン），ガラクトマンナン（ガラクトース側鎖をもつ），グルコマンナン（側鎖と主鎖にグルコースを含む），およびガラクトグルコマンナン（側鎖と主鎖にガラクトースとグルコースを含む）の4種類に分類される[55]。ガラクトマンナンやグルコマンナンは陸上植物のヘミセルロースとして存在し，非修飾マンナンは，緑藻や紅藻の構造多糖として存在する。マンナンおよびマンナンを分解して得られるマンノオリゴ糖は，ヒトにおいて整腸作用や腸内微生物相の改善などの作用を示すことから，食品および医薬品分野での利用が期待されている[55,56]。β-マンナナーゼ（EC 3.2.1.78）は，マンナンの β-1,4-結合を特異的に加水分解する酵素であり，マンノオリゴ糖の作出はもとより，果汁の透明化，コーヒー抽出物の粘度低下，家畜飼料の消化性向上，パルプの漂白など，様々な用途に使われている[55,56]。

β-マンナナーゼは，細菌，放線菌，酵母，真菌などの微生物，植物や無脊椎動物などから得られる。海産無脊椎動物では，ムラサキイガイ[57〜59]，アワビ[60]，およびアメフラシ[61,62]の β-マンナナーゼが詳しく研究されている。cDNA を用いた一次構造の解析によれば，それらの軟体動物の β-マンナナーゼは GFH5 に属することが明らかにされた。

アワビの β-マンナナーゼ HdMan は，SDS-PAGE で分子量約 39,000 と見積もられ，ガラクトマンナンやグルコマンナンを分解し，二糖や三糖のマンノオリゴ糖を生じた（図6）。至適温度および pH は 45℃ および 7.5 であり，40℃ で 30 分間の加熱により活性は半減した。また，紅藻スサビノリの葉状体に作用してこれを 10-20 細胞から成る細胞塊に分散させた。この細胞塊は，スサビノリの育種や細胞工学的研究に利用できると考えられる。一方，アメフラシの β-マンナナーゼはやや特異な性質を有する。すなわち，アメフラシの β-マンナナーゼ AkMan は pH 4.0-7.5 の酸性から弱アルカリ性に至る広い pH 域で高活性を示し，この pH 範囲で安定であることから酸性マンナナーゼの一つと考えられた。また，至適温度は 55℃ でアワビの酵素より 10℃ も高く，50℃ で 30 分の加熱により活性が半減する温度も 52℃ でアワビの酵素よりも 10℃ 近く高かった。アワビとアメフラシの β-マンナナーゼで安定性が異なるのは，両者の生息温度や

218

第4章　バイオマテリアル

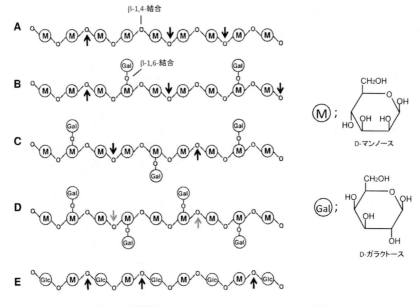

図6　軟体動物マンナナーゼによるマンナンの分解
A) 非修飾マンナン（緑藻マンナン），B) ロカストビーンガム（ガラクトマンナン），C) タラガム（ガラクトマンナン），D) グアガム（ガラクトマンナン），E) コンニャクマンナン（グルコマンナン）にアメフラシのβ-1,4-マンナナーゼを作用させると，矢印のβ-1,4-マンノシド結合をよく切断して二糖や三糖のマンノオリゴ糖を生じる[60〜62]。

消化液のpH条件が異なるためと考えられる。すなわち，アワビの生息温度は通常15℃以下であるが，アメフラシの生息温度は夏期には30℃近くになる。また，アワビの消化液のpHは中性域にあるが，アメフラシの消化液はpH 5-6付近にある。酸性pH域で安定なβ-マンナナーゼは，家畜飼料への添加用酵素としての利用が期待できる。すなわち，飼料に添加したβ-マンナナーゼが胃酸によって失活せずに腸内に届けば，そこで飼料中のマンナンを十分に分解できると期待される。なお，AkManは大腸菌で発現可能であった。

3.4.4　セルラーゼ

　セルロースは，ブドウ糖（D-グルコース）がβ-1,4グリコシド結合で重合した多糖であり，植物の光合成により毎年数百億トンの規模で生産される地球上で最も豊富に存在するバイオマスである。セルラーゼは，セルロース鎖の内部領域のグリコシド結合を加水分解しセロオリゴ糖を生じる酵素で，エンド-1,4-β-グルカナーゼ（EC 3.2.1.4）とも呼ばれる（図7）。真菌によるセルロースの糖化（グルコース化）には，セルラーゼの他にセロビオハイドロラーゼおよびβ-グルコシダーゼという別の酵素も関与している。最も単純なセルロースの糖化経路は，セルラーゼによってセロオリゴ糖が生じ，これがβ-グルコシダーゼによりグルコースにまで分解されるというものである[63,64]。これらのセルロース分解に関わる酵素は，植物，真菌，土壌細菌，動物の腸内微生物，無脊椎動物などに分布しており，それらの生物のセルロース代謝において重要な役

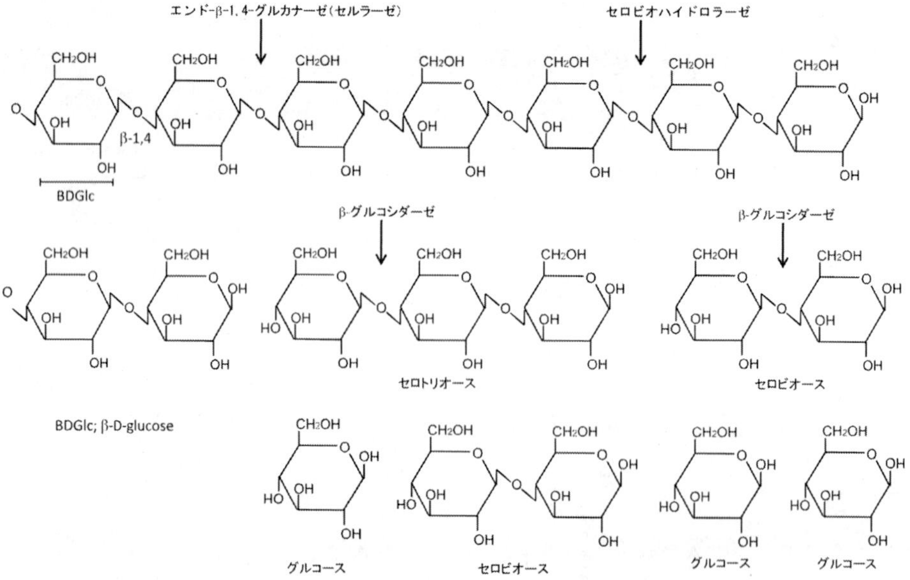

マリンバイオテクノロジーの新潮流

図7 セルロースとセルロース分解酵素の作用

セルロース鎖の内部領域のグルコシド結合は，エンド−β-1,4−グルカナーゼにより切断され，末端領域はセロビオハイドロラーゼにより二糖単位で切断される。生じたセロオリゴ糖は，最終的にβ−グルコシダーゼの作用によりグルコースにまで分解される。

割を果たしている。

　セルロースの分解によって生じるグルコースは，酵母や乳酸菌など様々な微生物の発酵源になるため，セルロースバイオマス由来の液体燃料あるいはプラスチックの原料として利用できる。そのため，セルロースの糖化・発酵源化技術はエネルギー・環境問題との関連から長年にわたって研究されている。しかしながら，未だにセルロースの酵素的分解によるグルコース生産は実用のレベルに達していない。その原因は，現在知られているセルラーゼの力価と価格では，セルロースからのグルコース生産が経済的に見合わないためである。既に前項において，有用性の高い海洋生物由来のセルラーゼとして海底泥微生物から得た耐熱性セルラーゼを紹介したが[9,10]，ここでは軟体動物由来のセルラーゼについても触れておきたい。

　シロアリなどの無脊椎動物に検出されるセルラーゼは，当初腸内に生息する原生動物や細菌の生産したものと考えられていたが[65,66]，近年の遺伝子解析により，シロアリのセルラーゼはシロアリ自身が生産したものであることが明らかにされた[67]。同様に，ザリガニ[68]，アワビ[69]，ムラサキウニ[70]などのセルラーゼもこれらの動物由来であることが明らかにされた。これらの無脊椎動物のセルラーゼはいずれも GHF9 に属することが明らかになり，最近では無脊椎動物に分布するセルラーゼの多くはこのファミリーに属するものと考えられるようになった。なお，アワビやムラサキウニから得られたセルラーゼは，セルロースを分解して主にセロビオース（二糖）とセロトリオース（三糖）を生じる典型的なエンド型酵素である。

220

第4章 バイオマテリアル

　一方，ホタテガイからもセルラーゼが得られることが分かっている[71,72]。セルラーゼはホタテガイの中腸腺に多く含まれ，前述したラミナリナーゼと同様ホタテガイ廃棄内臓由来の粗酵素から精製できる。ホタテガイ・セルラーゼの分子量は約45,000でcDNAもクローン化されている。ホタテガイ・セルラーゼの至適温度は30-35℃付近にあり，10-20℃でも最大活性の50％以上の活性を示す点で好冷酵素に近い性質を示した。一方，至適pHは6付近にあり，pH 5-7で最大活性の70％以上，pH 8-9においても30％以上の活性を示した。これらの性質は，ホタテガイ・セルラーゼが，一般にセルロース糖化反応に使用されている糸状菌 Trichoderma 由来のセルラーゼ（至適温度50℃，至適pH 5.0）よりも低温かつ広いpH範囲で使用可能であることを示している。なお，ホタテガイ・セルラーゼの比活性は，35℃以下，中性から弱アルカリ性の条件下で Trichoderma セルラーゼの比活性より3-5倍高かった。

　ホタテガイ・セルラーゼは，前述したラミナリナーゼと同様，年間数万トン規模で廃棄されているホタテガイの内臓から生産でき，糸状菌のセルラーゼとは異なる特徴も有していた。ホタテガイ・セルラーゼは，廃棄内臓の処理と兼ねることにより産業利用される可能性がある。

3.5　フコイダン分解酵素およびその他の酵素

　褐藻の細胞壁マトリクスの構成成分であるフコイダンは，主にフコースと硫酸化フコースからなる多糖（フカン）で，そこにウロン酸やガラクトースなどが結合した構造をとっている（図8）。フコイダンは，抗腫瘍作用[73]，抗ウィルス作用[74]，抗血液凝固作用[75]などの生理作用を示すことが知られているが，それらの作用はフコイダンの特異な高次構造によるものと考えられる。フコイダン分子中には部分的な繰り返し構造のあることがフコイダン分解酵素により調製した断片の

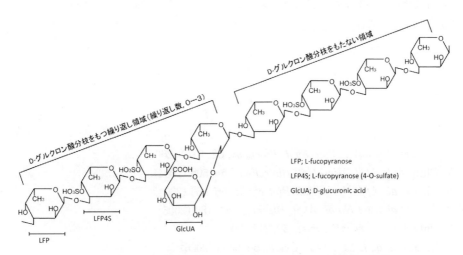

図8　フコイダン分解酵素によって得られるフコイダン断片の構造
オキナワモズク Cladosiphon okamuranus のフコイダンを，Fucophilus fucoidanolyticus のフコイダン分解酵素で断片化し，それらを陰イオン交換クロマトグラフィーで分画した[77]。得られた断片の基本構造は，D-グルクロン酸分枝をもつ繰り返し領域と分枝をもたない領域から成っていた。

マリンバイオテクノロジーの新潮流

構造解析により明らかにされている。これまでにフコイダン分解酵素は，*Fucobacter marina*[76]，*Fucophilus focoidanolyticus*[77]，*Alteromonas sp.*[78]，*Flavobacterium* 属細菌[79,80]などから得られ，その作用特性が解析されている。それらは，エンド-α-D-マンノシダーゼ，硫酸化フコグルクロノマンナンリアーゼ，グルクロノフカン-エンドグリコシダーゼ，硫酸化フカン特異的グリコシルハイドロラーゼなどと呼ばれ，フコイダンの複雑な構造に対応するように酵素にも多様性がみられる。フコイダン分子全体の高次構造を明らかにし，フコイダンの特異的な生理活性との関連を理解するには，多様な特性をもつフコイダン分解酵素により調製した様々な断片の構造解析が必要である。

　これまで述べてきた酵素以外にも，アミロプルラナーゼ[81]，カラギナーゼ[82]，ホスホリパーゼ[83]，プロテアーゼ[84]など，産業的に有用と思われる酵素が海洋生物から得られている。バイオ触媒としての実用性を別にしても，海洋生物酵素に関する研究は環境適応や進化に対する基礎科学的理解を深める上で極めて重要である。そういった基礎研究を通じて応用面でも有用な酵素が見つかることを期待したい。

3.6　おわりに

　新しく見出された酵素が産業利用されるかどうかは，それらが既存の酵素に比べて明らかな優位性をもっているかどうかにかかっている。その点，深海熱水噴出孔や深海底泥から得られた微生物の酵素，寒冷海水から得られた好冷酵素，メタゲノムから得られた酵素，水産無脊椎動物から得られた酵素などには作用特性や資源量などにおいて優位性があるように思われる。海洋環境の多様性を考えると，今後とも様々な特性をもった酵素が海洋から見出されると予想される。それらの海洋生物由来の酵素が，将来マリンバイオテクノロジー分野で見出された「バイオ触媒」として広く利用される日が来ることを期待したい。

文　　献

1)　Y. Ohta *et al., Biosci. Biotechnol. Biochem.*, **68**, 1073 (2004)

2)　Y. Ohta *et al., Appl. Microbiol. Biotechnol.*, **64**, 505 (2004)

3)　Y. Ohta *et al., Appl. Microbial. Biotechnol.*, **66**, 266 (2004)

4)　Y. Ohta *et al., Biotechnol. Appl. Biochem.*, **41**, 183 (2005)

5)　Y. Ohta *et al., Curr. Microbiol.*, **50**, 212 (2005)

6)　Y. Hatada *et al., J. Agr. Food Chem.*, **54**, 9895 (2006)

7)　X. T. Fu and S. M. Kim, *Mar. Drugs*, **8**, 200 (2010)

8)　Y. Kawarabayashi *et al., DNA Res.*, **5**, 55 (1998)

9)　S. Ando *et al., Appl. Env. Microbiol.*, **68**, 430 (2002)

第4章　バイオマテリアル

10) Y. Kashima *et al., Extremophiles*, **9**, 37 (2005)

11) G. J. Herndl *et al., Appl. Environ. Microbiol.*, **71**, 2303–2309 (2005)

12) R. Zeng *et al., Extremophiles*, **10**, 79 (2006)

13) J. C. Marx *et al., Mar. Biotechnol.*, (NY), **9**, 293 (2007)

14) S. Davail *et al., J. Biol. Chem.*, **269**, 17448 (1994)

15) S. D'Amico *et al., J. Biol. Chem.*, **278**, 7891 (2003)

16) S. D'Amico *et al., J. Mol. Biol.*, **332**, 981 (2003)

17) T. Kobayashi *et al., Extremophiles*, **13**, 121 (2009)

18) S. J. Giovannoni *et al., Nature*, **345**, 60 (1990)

19) W. R. Streit and R. A. Schmits, *Curr. Opin. Microbiol.*, **7**, 492 (2004)

20) H. L. Steele *et al., J. Mol. Microbiol. Biotechnol.*, **16**, 25 (2009)

21) N. S. Webster *et al., Appl. Environ. Microbiol.*, **67**, 434 (2001)

22) U. Hentschel *et al., FEMS Microbial. Ecol.*, **35**, 305 (2001)

23) Y. Okamura *et al., Mar. Biotechnol.*, **12**, 395 (2010)

24) C. Fu *et al., Appl. Microbiol. Biotechnol.*, **90**, 961 (2011)

25) P. Gacesa, *Carbohydr. Polym.*, **8**, 161 (1988)

26) Y. Tomoda *et al., Biosci. Biotechnol. Biochem.*, **58**, 202 (1994)

27) H. Akiyama *et al., Biosci. Biotechnol. Biochem.*, **56**, 355 (1992)

28) M. Natsume *et al., Carbohydr. Res.*, **258**, 187 (1994)

29) Y. Iwamoto *et al., Biosci. Biotechnol. Biochem.*, **67**, 258 (2003)

30) T. Yoshida *et al., Arch. Allergy Immunol.*, **133**, 239 (2004)

31) X. Hu *et al., Eur. J. Phycol.*, **39**, 67 (2004)

32) T. Y. Wong *et al., Annu. Rev. Microbiol.*, **54**, 289 (2000)

33) E. Shimizu *et al., Carbohydr. Res.*, **338**, 2841 (2003)

34) H. Suzuki *et al., Carbohydr. Res.*, **341**, 1809 (2006)

35) T. Muramatsu *et al., J. Protein Chem.*, **15**, 709 (1996)

36) M. M. Rahman *et al., Biochimie*, in press (2011)

37) K. Ogura *et al., J. Biol. Chem.*, **284**, 35572 (2009)

38) S. Yamamoto *et al., Enzyme Microb. Technol.*, **43**, 396 (2008)

39) O. Miyake *et al., Protein Express. Purif.*, **29**, 33 (2003)

40) A. Inoue *et al., J. Appl. Phycol.*, **20**, 663–640 (2008)

41) A. Inoue *et al., Mar. Biotechnol.*, in press (2011)

42) T. Sawabe *et al., Carbohydr. Res.*, **304**, 69 (1997)

43) R. Matsushima *et al., Appl. Microbiol. Biotechnol.*, **86**, 567 (2010)

44) K. Uchimura *et al., Mar. Biotechnol.*, **12**, 526 (2010)

45) L. Li *et al., Appl. Microbiol. Biotechnol.*, **164**, 305 (2011)

46) J. W. Li *et al., Mar. Drugs*, **9**, 109 (2011)

47) Z. Pang *et al., Biosci. Biotechnol. Biochem.*, **69**, 553 (2005)

48) G. Hetland and P. Sandven, *FEMS Immunol. Med. Microbiol.*, **33**, 41 (2002)

49) V. Vetvicka and J. C. Yvin, *Int. Immunopharmacol*, **4**, 721 (2004)

50) A. Casadevall and L. A. Pirofski, *Trends Mol. Med.*, **12**, 6 (2006)

51) N. Miyanishi *et al.*, *J. Biosci. Bioeng.*, **95**, 192 (2003)

52) Y. Kumagai and T. Ojima, *Comp. Biochem. Physiol.*, **154B**, 113 (2009)

53) Y. Kumagai and T. Ojima, *Comp. Biochem. Physiol.*, **155B**, 138 (2010)

54) Y. Kumagai *et al.*, *Fish. Sci.*, **74**, 1127 (2008)

55) L. R. Moreira and E. X. Filfo, *Appl. Microbiol. Biotechnol.*, **79**, 165-178 (2008)

56) S. Dhawan and J. Kaur, *Crit. Rev. Biotechnol.*, **27**, 197 (2007)

57) B. Xu *et al.*, *Eur. J. Biochem.*, **269**, 1753 (2002)

58) B. Xu *et al.*, *J. Biotechnol.*, **92**, 267 (2002)

59) A. M. Larsson *et al.*, *J. Mol. Biol.*, **357**, 1500 (2006)

60) S. Ootsuka *et al.*, *J. Biotechnol.*, **125**, 269 (2006)

61) U. A. Zahura *et al.*, *Comp. Biochem. Physiol.*, **157B**, 137 (2010)

62) U. A. Zahura *et al.*, *Comp. Biochem. Physiol.*, **159B**, 227 (2011)

63) P. Tomma *et al.*, *Adv. Microbiol. Physiol.*, **37**, 1 (1995)

64) Y. Lin and S. Tanaka, *Appl. Microbiol. Biotechnol.*, **69**, 627 (2006)

65) L. R. Cleaveland, *Biol. Bull. Mar. Biol. Lab.*, **46**, 117 (1924)

66) M. M. Martin and J. S. Martin, *Science*, **199**, 1453 (1978)

67) H. Watanabe *et al.*, *Nature*, **394**, 330 (1998)

68) H. M. Xue *et al.*, *Aquaculture*, **180**, 373 (1999)

69) K. Suzuki *et al.*, *Eur. J. Biochem.*, **270**, 771 (2003)

70) Y. Nishida *et al.*, *Biochimie*, **89**, 1002 (2007)

71) 尾島孝男ほか，バイオインダストリー，**20(3)**，21 (2003)

72) 尾島孝男，アクアネット，**6**，36 (2006)

73) S. Fukahiro *et al.*, *Mol. Med. Rep.*, **1**, 537 (2008)

74) K. Hidari *et al.*, *Biochem. Biophys. Res. Commun.*, **376**, 91 (2008)

75) P. A. Mourao, *Curr. Pharm. Des.*, **10**, 967 (2004)

76) T. Sakai *et al.*, *Mar. Biotechnol.*, **5**, 380 (2003)

77) T. Sakai *et al.*, *Mar. Biotechnol.*, **5**, 536 (2003)

78) T. Sakai *et al.*, *Mar. Biotechnol.*, **6**, 335 (2004)

79) S. Colin *et al.*, *Glycobiology*, **16**, 1021 (2006)

80) T. Ohshiro *et al.*, *Biosci. Biotechnol. Biochem.*, **74**, 1729 (2010)

81) Y. L. Jiao *et al.*, *Curr. Microbiol.*, **62**, 222 (2011)

82) Y. Hatada *et al.*, *Mar. Biotechnol.*, (DOI 10.1007/s10126-010-9312-0)

83) H. Kishimura and H. Hayashi, *Comp. Biochem. Physiol.*, **124B**, 483 (1999)

84) L. Zhu *et al.*, *Mol. Biol. Rep.*, **35**, 257 (2008)

4 海洋生物の水中接着剤

紙野　圭[*]

4.1 はじめに

　水圏，特に海洋では非常に多くの生物が付着生息している。フジツボ，イガイ，ホヤ，カキ，海藻などのように固着するものがある一方で，幼生からの変態時に一時期だけ着生するものも多い。さらに微生物によって形成されるバイオフィルムも生物の接着によるものである。これらの生き物は湿潤どころか水の中で，安定かつ長期に付着している，あるいは物を接着している。これら付着生物にとって付着することは生理機能のひとつであり，それだけのための分子機構を進化させてきた。生物種によって付着／接着する状況・環境は異なるため，分子機構はそれぞれの接着環境に最適化されている。つまり多様性がある。これは用途に応じて異なる接着剤を用いるのと似ているが，分子構造や構成分子種，接着過程などから見れば，石油化学製品としての身の回りの接着剤と生物の接着物質（biological adhesives）とは大きく異なる（表1）。前者は基本的に合成ポリマーであり，限られたモノマーを重合させるため，ひとつの分子種の持つ官能基は非常に限られている。また，1種ないしせいぜい2種のポリマー分子種から構成されている。その代わりに，ポリマーとしての多様性（重合度，分岐構造の有無，架橋構造，添加剤の有無など）によって接着剤の特性を出しており，その開発においては経験的な要素も重要となってくる。合成ポリマーは安価なモノマー分子を用い，またその種類を制限することで製造プロセスを簡易化し，大量／安価に製造することを実現しているが，一方で環境負荷の高い有機溶媒を製造過程で用いるのが一般的である。生物の接着剤（固着）では，タンパク質が主に用いられている。タンパク質翻訳後修飾を受けていることが多く，様々な官能基がひとつの分子に存在する。また，性質が大きく異なるタンパク質が少なくとも3種以上混在しており，接着箇所で機能的に局在している。分子に分岐構造はないが，分子間架橋が関与することは多く，特定の金属イオンを介する配位結合が特徴的な物性に寄与していることもわかってきている。製造過程（生合成や貯蔵）で

表1　合成接着剤（気中）と生物接着剤（水中）の違い

	合成接着剤	生物接着剤
分子種	合成高分子	タンパク質
化学構造の多様性	低い	高い
官能基	1〜数種	多種
分子のヘテロジェニティー	高い	低い
（分子量，分岐構造）		
調製溶媒	非水系	水系
構成分子種の数	1〜数種	3種以上
分子種局在の制御	なし	あり
階層構造	なし	あり
被着面	清浄	汚染

---

*　Kei Kamino　㈱製品評価技術基盤機構　国際連携課　研究専門官

わかっていることは多くないが，とにかく有機溶媒は使われず，水の中で作られる。分子レベルからナノ，ミクロ，マクロのそれぞれの階層に仕掛けが潜んでおり，総合的にその生物に特有な環境での水中接着を実現しているのである。

　水棲生物の接着物質の特筆すべき点は水中で物を接着するだけではない。あらゆる種類の材料／表面を接着する。また，剛性の極端に異なる物同士を強固にかつ安定に接着する。さらに，無垢な表層ではなく，有機物や微生物などで汚れた物を接着するのである。それらの機構の多くは，まだ解明されていない。

　研究／技術者が接着剤を開発しようとする際に，どのようなポリマー分子種を用いるかは，最初からある程度の幅で決められていることが多い。それぞれの研究／技術者や企業の経験を基に，ある候補物質の物性の延長線を追いかけていくのではないだろうか。ここで注意を喚起したいのは，水の中で物を接着する試みがいかほど本気で行われてきたかということである。理屈で考えても，水は誘電率（dielectric constant）の値が非常に高く，水中接着が容易ならざることは明らかであるし，感覚的にも容易でないことはわかる。そのために本気で考えてこなかったということではないだろうか。一方で海洋生物は，日常的に水の中で安定に付着している。水の中で物を接着するという現象を，材料開発に活かせるほどにはまだよく知らないということを認識し，生物の分子システムを化学，物理，生物およびそれら境界領域で包括的に理解する必要があると考えている。土台をしっかりと据えて，そこに材料科学の気中接着剤開発における膨大な経験が加われば，必ずや新たな世界が開けるのではないだろうか。以下，近年益々注目の度合いを高めている3種の生物の水中接着機構について概説し，それら生物分子材料に学んだ例について紹介する。

4.2　水中接着物質研究のモデル生物

　上述の通り，海には多くの付着生物が見られるが，それらの中で化学構造を基に接着の分子機構が議論できる生物はわずか3種である。それは軟体動物イガイ，節足動物フジツボ，そして環形動物のゴカイである（表2）。もっと多くの生物種の情報があるべきかと思うが，それら生物分子材料を読み解くという研究には特有の難しさがあり，上記3種の生物には幸運にも研究が進んだそれぞれの理由があった。しかし，これら3種の生物でさえも接着物質の使用環境がそれぞれに異なっており，また分子機構も異なっている。自然界の膨大な生物種それぞれで接着する環境が異なることを考えれば，多くの未知なる分子機構が間違いなく眠っていると思われる。以下3種のモデル生物の最新の分子機構モデルを順次紹介し，それらの共通点と相違点を基に生物の戦略について解説していくこととする。

4.2.1　イガイの接着基としての足糸とその作り方

　イガイは，足糸（byssus）と呼ばれる長さ2〜4 cmほどの糸（byssal thread）を，岩や仲間の貝殻，あるいは他の生物の殻などの表面に数十本張り，それにぶら下がるようにして付着生息している（図1）。実際にはぶら下がるというよりも，張った足糸のトランポリンの上に乗って

第4章 バイオマテリアル

表2 モデル生物の比較

	イガイ	フジツボ	ゴカイ
生物分類	軟体動物	節足動物	環形動物
水中接着の目的	接着基	接着基	管形成
構成分子種	タンパク質/Fe^{3+}/Ca^{2+}	タンパク質	タンパク質/Ca^{2+}/Mg^{2+}
構成タンパク質の種類	6種（面盤のみ）	6種以上	3種
翻訳後修飾	DOPA/PhoSer/HyArg/Hyp 他	糖鎖	DOPA/PhoSer
分子間架橋	あり	不明	あり
マクロ構造	糸／面盤	なし	なし
ミクロ構造	あり（solid foam 他）	あり（繊維状）	あり（solid foam）
タンパク質種の局在	あり	不明	不明
接着距離	2-4 cm	5 μm 程度	10-20 μm
接着面積／厚み比	10^1 以下	10^8	10^3
被着体の由来	外来／足糸面盤	外来／殻底	外来同士

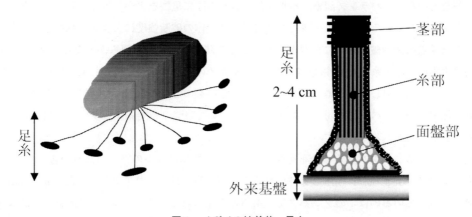

図1 イガイの接着基・足糸

いるという方が正しい。この状態で荒波の中でもしっかりと付着していられる。足糸は足（foot）と呼ばれる器官により作られる。足は通常は貝殻の中にあるが，足糸を張る時には，貝殻を少し開けてその隙間からニュッと延び出てきて足糸を一本ずつ作る。一本の足糸を作るのに要する時間は5分以内である。

　足糸は非細胞性の繊維で，95％以上がタンパク質である。足糸にはマクロな視点でのモジュール構造がある[1]。外来の基盤に実際に接着するのは足糸の先端部の面盤（plaque, disk）と呼ばれる部分で，その面盤からイガイに向かって糸部と茎部，足糸後引筋を介して足の根元へと繋がっている（図1）。つまり，被着体とイガイの体との間には2〜4 cmの距離があり，その間を糸がつないでいるのである。荒波を受けるとどこかの部分でちぎれそうなものであるが，足糸には分子レベルからマクロレベルに至る各階層に適切な物性を持たせるための機構が潜んでおり，足糸全体として強固でしなやかな接着を可能にしている。

　足には，縦方向に一本の溝があり，その溝に沿って構成タンパク質を分泌する細胞が並んでい

る。足糸を作る際には，溝の外の渕を閉じて型を作り，その型に構成タンパク質を分泌する。いわゆる射出成形（injection molding）という製造プロセスに似た方法で足糸が作られると考えられている[2]。足糸には上記マクロなモデュール構造に加え，次節で述べるミクロな構造や構成タンパク質の局在がある。それらは，足における各タンパク質産生細胞の配置で大まかに制御されているが，それだけでミクロレベル以下のタンパク質局在が説明できるのかどうかはわからない。

4.2.2 足糸の微細構造と構成タンパク質群

足糸には上記マクロなモデュール構造に加え，ミクロレベルの構造がある（図2）。まず面盤の内部（バルク）は蜂の巣の様に小さな穴が開いた（solid foam-like）構造でできている。また，足糸全体の外表層には被覆層が存在し，その被覆層には顆粒状の構造体が内包されている。面盤バルクの solid foam-like 構造は，様々な角度からの弾性／伸縮性（elasticity）や靭性（tenacity），接着基盤との剛性のバランス調整，バルク部の破断の際に亀裂を広がり難くすることなどに寄与すると考えられている。また足糸被覆層は実際に糸全体の破断強度に大きな寄与をし，被覆層内の顆粒状構造は糸の破断の際に亀裂が広がることを防ぐことが近年明らかとなってきた[3]。海水中の微生物による足糸の分解性は極端に悪く，イガイの死後も足糸だけが長期に岩場などに残されている。それに関してもこの被覆層の寄与は大きいものと思われる。マクロ，ミクロレベルの構造に加え，分子レベルでも局在がある。それについては以下に足糸構成タンパク質の特徴などを解説しながら述べることとする。

足糸における各タンパク質の分布を図2に示す。面盤には5つのタンパク質が含まれている。面盤バルクは foot protein（fp）-2 と呼ばれるタンパク質で構成されており，上記 solid foam-like 構造を形成しているのはこのタンパク質であると考えられている[4]。基盤との接着界面には fp-3 と fp-5 が存在する[5]。fp-6 は接着界面のタンパク質と面盤部とを繋ぐ役割[6]を，fp-4 は面盤部と糸部を繋ぐ役割を担う[7]と推察されている。fp-3, fp-5 および fp-2 の局在については間違いのな

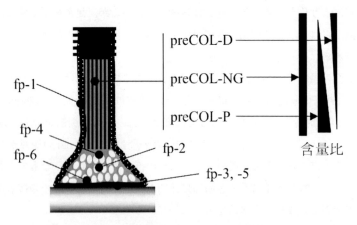

図2　足糸における構成タンパク質の局在

第4章　バイオマテリアル

いところだが，fp-4とfp-6についてはまだ推測の域を出ない。糸部は3つのタンパク質pre-COL-P，preCOL-D，およびpreCOL-NGで構成[8]されており，面盤を含めた足糸全体の被覆層はfp-1により形成されている。糸部のタンパク質の局在は，産生器官である足における各遺伝子の発現比から推定されたものである。

　歴史的には，1970年代末にWaiteが足糸に3, 4-dihydroxyphenylalanine（DOPA）が存在することを発見し，DOPA含有タンパク質を足から初めて精製した。これは上記のfp-1であり，現在では足糸を被覆するタンパク質であると分かっているが，長い間接着タンパク質であると勘違いされているようなところもあった。その後15年近くをかけて，fp-2，fp-3，fp-5，pre-COL-P，preCOL-NG，preCOL-D，fp-4，fp-6と順次同定された。足糸は不溶性が高く，ペプチド結合を切らずに溶かすことは極めて困難であるが，cold shockにより一部のタンパク質あるいは酵素消化断片ペプチドを得ることができた。一般には，DOPA残基を指標にして足から全長タンパク質を精製し，足における局在箇所の同定，あるいは修飾アミノ酸の特徴などからその機能が推定されてきた。

　いずれのfpもいくつかのアミノ酸が修飾されている点が特徴的である。同定された全てのfpがDOPA残基を含み，その他hydroxyproline（Hyp），dihydroxyproline（diHyp），4-hydroxyarginine（HyArg），およびO-phosphoserine（Pho-Ser）の残基がいずれかのfpで同定されてきた。これらのタンパク質の一次構造は，fp-2を除いて比較的単純（構成アミノ酸に偏りがある）であり，いかにも"材料系タンパク質"であるという印象を受ける。そのためか，これらタンパク質分子の立体構造はほとんど顧みられてこなかった。

　それぞれのタンパク質には特徴的なアミノ酸がある（図3, 4）。接着界面での基盤への結合に関与するfp-3とfp-5はいずれも，他の接着タンパク質と比べて小さな分子で，DOPA残基の比率が最も高い。fp-5にはPho-Ser残基が含まれているため，石灰質などの鉱物表層への結合にも関与すると推察されている。fp-6とfp-4では，それぞれ特徴的なCys残基あるいはHis残基が注目されている。Cys残基側鎖はDOPA残基側鎖と共有結合を優先的に形成することができるため，fp-6は接着界面で基盤と結合しているタンパク質を，面盤バルクに繋ぐ役割をしていると考えられている。His残基は一般に組換え体精製タグとしても汎用されているように，側鎖のイミダゾール基が金属と配位結合を形成する。そのためfp-4は面盤バルクと糸部とを配位結合で繋ぐ役割をしていると推察されている。面盤バルクを形成するfp-2の一次構造は，足糸とは一見まったく関係のない成長因子（EGF）で見られるモチーフ配列の繰り返しによって構成されている。EGF機能に関与するアミノ酸はいずれも変異を受けているため，EGFとしての機能は失っているものと思われる。これは，タンパク質構造モチーフの使い回しであると考えられる。このような例はバイオミネラルなどの材料系タンパク質でも知られている[9]。

　次節で述べるように，長らくDOPAというひとつのアミノ酸の優れた化学的特徴に興味が集中し，タンパク質としてのfpの研究は限られていた。しかし，この状況はこの5年近く変化を見せ始めた。特に，表面力測定装置（surface force apparatus；SFA）を用いた各fpの解析[10]は，

229

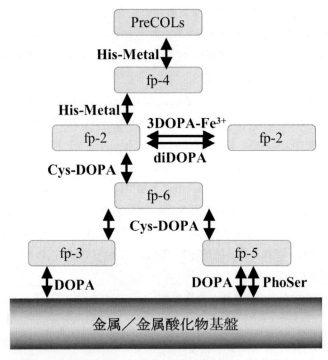

図3 足糸タンパク質間の結合様式モデル

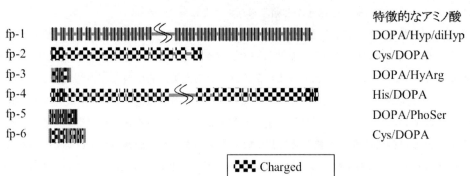

図4 面盤構成タンパク質の一次構造の特徴

接着という捉え難い現象に対して直接的かつ示唆に富むデータを提供しており，イガイの水中接着タンパク質の研究が新たな展開に入ったことを予感させる。その解析からは，DOPA残基を同程度の比率で含んでいる足糸被覆タンパク質fp-1と接着界面結合タンパク質fp-3とでは，接着という観点で明らかに性質が異なることが示されている。つまり，"固化"や"化学吸着"という断片的な機能性と，"接着"という複合的な現象とは異なるということ，そして当然ながら

DOPA だけではなく，他のアミノ酸あるいは主鎖の寄与が大いにあるということを改めて思い起こさせる。

糸部は 3 種の繊維性タンパク質で構成されている。それぞれコラーゲン様配列を真ん中に，エラスチン様，シルク様，あるいは Gly に富む配列で挟んだキメラ状の一次構造で構成されており，両末端には His 残基や DOPA 残基が見られる。糸の縦軸方向にそれらのタンパク質の存在比が変化しており，それぞれのタンパク質の分子レベルでの物性が，集合した糸というマクロ構造の物性に影響しているようだ。実際糸部の先端側と後端側で進展性などの物性が大きく異なり，糸部全体として物性にグラディエントを持つ繊維性材料であることが示されている[11]。このような分子レベルからマクロ構造にいたる緻密な機構とバランスが足糸全体としての強固な接着を支えている。

4.2.3 修飾アミノ酸残基の役割

上記のように，イガイの水中接着の研究の中で，最も知られるキーワードは DOPA であろう。実際，DOPA は多芸なアミノ酸で，そのキノン型を経て複数の架橋結合に関与し，またカテコール型で金属イオンと配位結合を形成したり，金属表層に結合したりすることが示されている。"水中接着" という複合機能の中から "固化" する，あるいは表層に "化学吸着" するという要素機能に単純化して DOPA の化学的な特性が追求されてきた。前者では，当初 DOPA-Lys 側鎖間で架橋結合が形成されるであろうと予測されていたが，その存在は確認できなかった。さらなる検証から，DOPA-DOPA[12] や DOPA-Cys[6] 側鎖間共有結合の存在は確認できたが，含量は多くなかった。近年ではむしろ金属イオン（Fe^{3+}）を介する分子間配位結合に注目が集まっている[13]。実際，SFA による解析では，fp-3 と面盤バルクタンパク質 fp-2 だけでは互いに相互作用しないが，Fe^{3+} の存在下で結合が起こることが示されている。一方，後者の金属表面への化学吸着能については，PEG-DOPA の合成[14] による実用的な研究から始まり，DOPA あるいはカテコール基一分子の金属表面への結合力の測定[15] で頂点を極めた感がある。その結合力は共有結合に迫る値（約 1 nN/分子）で，DOPA を 15-30% 含むタンパク質の金属接着界面での結合を説明するに十分であった。

ところで，分子間架橋による固化が進みすぎると界面での結合がおろそかになり，結果的に接着力は弱くなってしまう。逆も同様である。DOPA のカテコール基は金属イオンなどによっても自然酸化を受け，キノン型へと変換され，速やかに上述のチオール基などと架橋結合を形成する。しかし，分子間架橋の含量は実際にはある範囲にとどめられている。その制御に前述の fp-6 の Cys が関与している可能性が最近示された[16]。"固化" や "化学吸着" という単純化された機能性の理解から，"接着" という複合機能の理解への新たな一歩と言える。なお，DOPA の材料科学へのインパクトについては後の節で改めて述べる。

4.2.4 イガイの水中接着の分子モデル

これまで述べてきたように，足糸は接着基盤表面とイガイの体との間を数 cm の距離で繋いでいて，マクロレベルで機能的なモジュール構造がある。それぞれの場所に局在している構成タン

231

マリンバイオテクノロジーの新潮流

パク質およびそれらのミクロ構造は，基盤表面への化学吸着，面盤バルクの固化，面盤バルクと接着界面層との結合，弾性／伸縮性／靭性といった要素機能を説明し得る特徴を有していた。しかし，そのほとんどが DOPA というひとつのアミノ酸だけで説明されてきているような感じもある。それならば，単純な DOPA タンパク質1種だけでもよかったのではないかとも思えてくる。なぜ自然はこれほどまでに複雑な系を使っているのだろうか。そこで思い起こしたいことは，水の中で物を接着するということに関してどれほど理解できているかということである。水中接着という捉え難い現象は，単純な機能性の足し合わせだけで説明できるものではないのかもしれない。例えば，気中接着剤の開発の際に必要とされる機能性として，被着体表面での"濡れ"というものがある。これを水中接着で考えると，水の中での濡れという分かり難い表現になるが，想像すると，それは基盤表面に結合している水分子と接着物質が置き換わって，基盤表面を広がる，というようなイメージになる。この機能性は，水中接着の難しさの一端を示している。これについて十分な理解ができているわけではないが，ひとつ提唱されているのが複合コアセルベーション（complex coacervation）というコロイド科学で知られる機構の導入である。これは，足糸面盤バルクの solid-foam like 構造がどのようにして作られるのかについて考える中から出てきたものである。複合コアセルベーションについては足糸の系よりも後述のゴカイのセメントの系の方が状況証拠が揃っており，説明が明解であるため，そちらで述べることとする。イガイの足糸の分子機構は全体として相当な理解のレベルに達しているように思えるが，一方で最初に同定されたタンパク質 fp-1 の機能である足糸被覆層の理解が，ごく最近進み始めたことを考えると，まだまだ新たな仕掛けが見つかると考えるべきであろう。

4.2.5 フジツボの水中セメント

フジツボは付着生活を選んだ稀な甲殻類である。イガイの属する軟体動物と一見勘違いされるが，生物学的には大きく離れた位置にある動物である。フジツボは研究対象として意外に知られた生物である。これまでの研究では如何にフジツボを付着させないようにするか，ということに主なモチベーションがあった。付着することでなんらかの不利益を与える生物は汚損生物（fouling organisms）とも呼ばれる。フジツボは海洋汚損生物の代表格で，船底や発電所などの取水口に付着して大きな問題を引き起こすため，付着させないための研究が相当古くから行われてきた。その水中接着の能力をポジティブに捉える研究が活発になってきたのはむしろごく近年になってからである[17]。

フジツボは壺の中に軟組織が隠れたような形をしている。その壺は，実際は側面（周囲）の6あるいは4枚の殻板と底面の1枚の殻板（殻底）がきっちりと組み合わさってできており（図5），その殻底が岩や同種あるいは異種の生物の貝殻の表面などに接着している。幼生期に一度着底・変態すると，一般的にはその場で生涯付着生活を送る。殻底と基盤との間は，数 μm の接着層で強固に接着されている。その接着物質はセメントと呼ばれ，殻の内側にある軟組織の産生細胞から導管を経て接着箇所に分泌され，成長と共に広がった殻底の領域を，新たなセメントを分泌して水中接着する。フジツボは，ガラス，金属／金属酸化物，合成高分子，クジラの表皮やカメの

232

第4章 バイオマテリアル

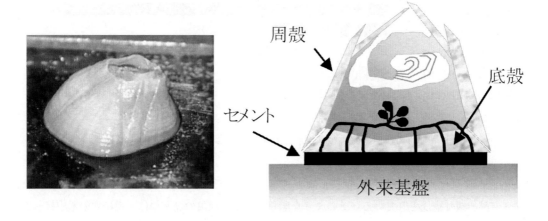

図5 固着性甲殻類フジツボ

甲羅などのあらゆる材料に水中で接着する．つまり，フジツボは自分で作る炭酸カルシウムの無機質の殻と不特定の材料という，異なる2つの物を非常に近距離で水中接着できるのである．

セメントは90%以上がタンパク質である．複数の異なるタンパク質により構成されるが，イガイの足糸の特徴であるDOPAは存在せず[18]，タンパク質としても全く異なる．節足動物門フジツボと軟体動物門イガイは水中接着に全く異なる分子システムを用いているのである．

4.2.6 セメント構成タンパク質とマクロおよびミクロ構造

フジツボのセメント層には，マクロな視点でモデュール構造は見られず，均一な構造体である．繊維状のミクロ構造の存在が認められる[19]が，未だ詳細についての統一的な理解は得られていない．他のモデル生物とは異なり，90%以上のセメントをペプチド結合の切断なしに溶かすことができる[20]．少なくとも3種の構成タンパク質には分子間架橋が存在しないことが証明されており，分子間架橋に頼る他の2つのモデル生物のシステムとは根本的に異なる．近年，体液凝固と同じ機構で接着物質が固化するとの仮説が出された[21]が，それについては根拠がないことが示されている[22]．それぞれの構成タンパク質の特徴や組換え体の性質などから機能の同定が進められてきた．特に，大腸菌による生理的な条件下での可溶性組換え体の調製[23]は，他のモデル生物では報告されていない．フジツボが作る姿に近い分子を容易に入手し，調べることができるようになったことは大きなアドバンテージである．

フジツボのセメントは，少なくとも5種類のタンパク質から構成されており，それらは3つのカテゴリーに分類される（図6）．100 kDa cement protein（cp-100k）とcp-52kは含量が高く，不溶性の高いバルクタンパク質である．接着界面で機能すると考えられているのは，cp-19kとcp-20kであり，cp-68kの機能は未だ明らかでない．cp-52kには糖鎖が付加されているが，他のモデル生物のような多くの翻訳後修飾は見付かっておらず，少なくともcp-19kとcp-20kには翻訳後修飾がないことが分かっている．cp-68k，cp-19k，およびcp-20kは，それぞれに特徴的な偏ったアミノ酸組成で構成されており，その点でいかにも材料系タンパク質であるという印

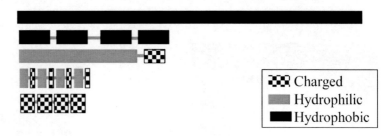

図6　フジツボセメント構成タンパク質

象を受ける。一方，cp-100k と cp-52k は，一見いわゆる球状タンパク質のような，より複雑なアミノ酸組成で構成されている。そのような印象を与える理由のひとつは，逆に他の水中接着タンパク質，すなわちイガイの全ての fp と，ゴカイの全てのセメント構成タンパク質，そして上記3種のフジツボ cp がいずれも疎水性アミノ酸含量が極端に低いことである。cp-100k や cp-52k の存在からもフジツボセメントが他の分子システムと異なることが分かる。

　これまで，水中接着タンパク質のコンフォメーションは重要視されてこなかった。例えば，イガイの fp 群のような単純な繰り返し配列や，アミノ酸組成の極端な偏りは，むしろ決まったコンフォメーションをとらない方が，側鎖の官能基を活かすには良い戦略だと考えられていた。しかし，cp-100k や cp-52k のように疎水性の高いタンパク質分子が，適当なコンフォメーションをとらずに，かつ貯蔵箇所（分泌腺）でランダム会合を避けて存在できるか，という疑問がわいてくる。実際，フジツボの接着層の可溶化過程の詳細な解析からは，タンパク質分子のコンフォメーションが接着バルクの固化に大きな寄与をしており，かつ疎水性相互作用や水素結合といった分子間力が個々の分子のコンフォメーションで最適化されて，強固な接着バルクが形成されていることが分かってきた。分子間力の最適化に寄与するコンフォメーションとしては，アミロイド様のβシート構造の重要性が示されている。また，pH や塩濃度によるタンパク質二次構造の変化も示されており，これが貯蔵状態から不可逆な接着バルク自己集合／固化への分子機構である可能性が高い。

　疎水性バルクタンパク質の存在は，見落とされていた別の問題にも光を当てた。それは疎水性基盤への接着である。前述の通り他のモデル生物には疎水性タンパク質は見付かっていない。一方で，疎水性基盤への接着は DOPA に頼った分子モデルでは説明が付かない。ポリスチレンに対しては DOPA との π–π 相互作用による説明が可能だが，ポリエチレンなどのポリマーにどのようにして接着するのかは説明できない。フジツボの接着強度の解析から，疎水性基盤との界面での接着には疎水性相互作用が大きな寄与をしていることが明らかとなってきた。

　cp-19k と cp-20k は基盤との接着界面で機能すると考えられている。前者の組換え体は海水中で様々な基盤表面に結合した。フジツボは不特定の付着基盤に接着し，また，自然界にある付着基盤の表面性質はむしろ不均一である。cp-19k は，そのような多様な基盤表面へのマルチ結合剤であると考えられている。CD スペクトルの解析からは，組換え cp-19k に明確な二次構造は

第4章　バイオマテリアル

見られない。複数種のフジツボの cp-19k を比較すると、側鎖が短い Gly、Ala、および Ser や、水酸基を持つ Ser と Thr、電荷を持つ Lys、そして疎水性側鎖を持つ Val などの残基の配置が特徴的であり、ここにマルチ表面結合剤としての秘密があるものと思われる。

　一方、cp-20k は電荷を持つアミノ酸残基が異常に多く、かつ安定な立体構造を持つ。この組換えタンパク質は、海水中でごく限られた材料にしか結合しない、カルサイトなどの殻に特化した結合剤であるようだ。特筆すべきは、cp-20k が水中接着タンパク質の中で唯一立体構造の存在が証明され、構造が明らかにされた例[24]ということである。タンパク質を全般的に考えると、特異性や選択性、親和性などが高いことが大きな特徴である。それらはタンパク質分子の緻密なコンフォメーションデザインによって可能となっている。そのような目でみれば、明確な立体構造を持つ cp-20k が特定の表層に高い親和性で結合することは驚くことではない。フジツボが付着する状況を思い起こしてみると、セメントが接着する片側の基盤は常に自己の殻底である。また、付着生物ならではの限られた生殖の機会を活かすため、同種同士が集まって付着する（群居性）ので、仲間のフジツボの殻の表面に付着することもしばしばである。出会う可能性の高い付着基盤に対しては、タンパク質分子のコンフォメーションを活かしてその表面にのみ親和性の高い結合剤を、また不特定の付着基盤に対しては、コンフォメーションよりもアミノ酸側鎖の機能性を活かしたマルチプル表面結合剤を準備し、そのカクテルを使うというのがフジツボの接着界面戦略のようである。

　もうひとつの cp-68k は、一次構造が2つのドメインに別れている。Ser、Thr、Ala、および Gly に富む長い領域と Lys や Val を含む多様なアミノ酸が存在する短い領域である。全般として cp-19k と非常に似たアミノ酸組成であり、cp19k と同様、接着界面で機能するタンパク質であると思われるが、まだ機能は特定されていない。

　cp-52k は前述の通りバルクを構成するタンパク質であるが、実際の接着層では、かなりの量が殻底に入り込んでいる。ラフな表面に対しては、いわゆるナノアンカー効果を利用して、接着界面を確実にしているのかも知れない。さらに言えば、ゲルのように弾性のある被着体に対しては、周殻をめり込ませ、機械的なマクロレベルの接着をも取り入れることが知られている。生物は、化学吸着であろうが機械的な機構であろうが、使えるものはなんでも使うということなのであろう。

　ここではフジツボの成体の接着物質について述べてきたが、実はフジツボは別のタイプの接着物質も分泌する。それはキプリス幼生期に使われるもので、接着する面積は小さいが瞬間接着剤のような使われ方をする物質である[25]。秋田県立大学の岡野らが長年その接着機構に関する研究を行っている。

4.2.7　ゴカイの棲管セメント

　ゴカイ（多毛虫類）の仲間の *Phragmatopoma californica*（Sabellariidae, sandcastle worm）は、水の中で砂粒の管を作り、その中に棲む。砂粒同士を接着するために使われるのがゴカイセメントである。棲管から取り出したゴカイを、例えばガラスビーズを敷き詰めた水槽で飼育する

235

と，ガラスビーズをひとつひとつ接着して，きれいなガラスの棲管を作り上げる[26]。骨を砕いたものやダイアモンドを入れてやっても管を作り，様々な物を水の中で接着することができる。分泌時のセメントは粘性が低く，10-30秒で固化する。微粒子同士を，直径100 μm，厚み10-20 μmほどのセメント層で接着するのである[27]。ゴカイセメントもタンパク質性の物質であり，CaイオンとMgイオン（鉱物型ではない）を多く含んでいた[28]。接着層は不溶性が高く，構成タンパク質どころか化学的／酵素的に断片化したペプチドさえも実際には報告されていない。しかし，セメントにDOPAが含まれていたため，セメント産生細胞からDOPA含有タンパク質として精製されてきた。イガイやフジツボに比べて構成タンパク質の数が限られているようで，最も単純な系として水中接着に学ぶ良いモデルであるとも言える。

4.2.8 ゴカイセメント構成タンパク質，ミクロ構造，および水中接着の分子モデル

ゴカイセメントは，主に3種の構成タンパク質より構成される（図7）[29]。2種（Pc-1, Pc-2）は等電点が塩基性で，DOPA残基を約10％含む，繰り返し配列のあるタンパク質である。もう1種（Pc-3）は，60-90％のSer残基（そのほとんどがPho-Ser）と，比率は低いながらもDOPAを含むタンパク質である。Pc-3の等電点は，Pho-Serの存在によって非常に低い。接着層はイガイの足糸のようなマクロなモデュール構造はないが，足糸面盤のバルク部に見られるようなミクロ構造（solid-foam like構造）を有している。いくつかの状況証拠から，複合コアセルベーションというコロイド科学で知られる機構を当てはめると，ゴカイセメントの接着剤としての機能を説明できる。すなわち，アニオン性のポリマー（Pc-3に相当）とカチオン（Mg^{2+}, Ca^{2+}），そしてカチオン性ポリマー（Pc-1, -2に相当）が酸性条件下（貯蔵環境の想定pH）で共存する時に，それらポリマーを局所的に濃縮された液-液相分離状態とすることができる。その系全体は，ある程度の粘性と流動性を持ち，その状態で接着箇所に分泌されると，水中に散逸せずに，付着基盤表面上を広がる（濡らす）ことができ，続いて基盤との結合，バルク部の固化という過程に入ることができる。また，その状態で固化するとすれば，結果的に空隙の開いたsolid-foam like構造ができる可能性が高く，結果的に出来上がるミクロ構造はイガイの面盤の項

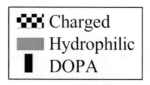

図7　ゴカイ棲管セメントの構成タンパク質

第4章　バイオマテリアル

で述べたような物性になる。このモデルは，構成タンパク質を用いた検証は報告されていないが，模擬的な合成ポリマーを用いて検証されている[30]。

4.3　その他の生物の水中接着物質

　ここまで述べてきた生物以外で，水中で付着するものに水棲昆虫トビケラ（caddisfly）の幼虫がある。この幼虫は淡水域に生息し，巣の形成や餌の捕獲のために"シルク"を使う。このシルクには水の中での接着（粘着）のための分子機構が潜んでいるはずである。最近の研究で，シルクタンパク質（フィブロイン）に含まれる Ser 残基が高頻度でリン酸化されていることが報告された[31]。また，粘着性物質として知られるナマコのキュビエ氏管にも PhoSer 残基が含まれている可能性が指摘されている[32]。PhoSer は接着関連タンパク質で広く取り入れられている構造単位かも知れない。トビケラについては，信州大学の大川らが精力的に研究を行っており，今後の進展が期待される。

　カキについても研究が始められている[33]。カキはよく知られる軟体動物であり，炭酸カルシウムの殻の一方を水中で接着する。未だ化学構造に関する知見はないが，有機質が接着剤として使われていることが示唆されている。

4.4　モデル生物の水中接着機構の比較

　3種のモデル生物，イガイ，フジツボ，およびゴカイの水中接着物質について述べてきた。ここでは，それらの類似点，相違点を整理しながら，生物の水中接着戦略について解説する[34]。

　いずれの生物も水中での固着にはタンパク質を用いている。タンパク質は前述の通り，ひとつの分子の中に様々な官能基を持ち，かつ翻訳後修飾によってその選択肢も広がるため，界面における様々な材料との結合には有利である。また，タンパク質のコンフォメーションが官能基の配向を最適化することにより，接着界面での結合力を最大限に引き上げることも可能である。一方，タンパク質分子内／分子間での側鎖の適切なパッキングによりタンパク質分子間力を最大化することができ，そこに金属イオンの配位結合や分子間共有結合なども導入できるため，接着バルクの現実的な強度を出すには十分なようだ。むしろ，それらの適切なバランスがもたらすしなやかさは，実際のひっぱり強度や剪断力の大きさに寄与すると考えられる。また，なんらかのきっかけ（例えば pH，塩濃度，圧力，タンパク質プロセシングなど）によって分子のコンフォメーションを変化させることが可能で，それが貯蔵状態から接着という不可逆な機能へのトリガーとなることもできる。このように考えてくると，生物が生体分子の中からタンパク質を選んで水中接着剤として進化させてきたこともうなずける。しかし，複数のタンパク質を用いていることを考えると，水の中で安定に物を接着することは自然にとっても決して生易しいことではないとも思えてくる。

　一方個々の生物をみると，けして同じ戦略をとっているわけではない（表2）。イガイは糸という形状を接着基としているため，糸全体を十分なひっぱりに耐えられる構造とする必要があっ

237

マリンバイオテクノロジーの新潮流

た。足糸のモジュール構造それぞれの物性を最適化するため，糸部では異なる物性の繊維性タンパク質の含量比を変えて物性のグラディエントを実現し，面盤部では solid foam-like 構造により弾性や靭性を増し，かつ亀裂の伝播を防ぐ仕掛けを導入している。さらに，コーティングにより足糸全体の強度を向上させ，モジュール構造の境界領域を補強しているようだ。分子レベルではDOPAを介する特定の金属イオンとの配位結合や架橋結合の形成により，固化や剛性，弾性などをコントロールしている。金属材料に対する接着界面では，主にDOPA側鎖のカテコール基の性質を利用して十分な結合力を生み出す。一方，フジツボは剛性や表面の性質の異なる2つの物を，薄い接着層（大きな［接着面積／厚み］比）で接着する。接着層にマクロ構造はない。繊維性のミクロ構造が関係しているようだが，さらなる解析が必要である。分子レベルでは，特定のコンフォメーションでタンパク質分子内および分子間の疎水性相互作用や水素結合を最適化し，接着強度を増している。接着界面での結合は，アミノ酸がもつカルボキシル基，アミノ基，イミダゾール基，グアニジノ基，水酸基，芳香環，アルキル鎖などを総動員して不特定，かつヘテロな材料表面との結合を可能にする。また，接着する頻度の高い石灰質のような材料に対しては，その表面に特化した分子を準備し，構造に基づく最適な結合を実現している。ゴカイでは，イガイの面盤バルクおよび接着界面の場合と似た機構が取り入れられている。しかし，この生物にとって微粒子が接着できれば良いことを考えると，接着機構を小さな面積の接着に特化させることで，構成分子の種類を少なくできたのかも知れない。その機構がフジツボのような大きな面積のものを接着できるかどうかは分からない。マクロ，ミクロ，そして分子レベルの各階層に仕掛けがあり，それぞれの生物の必要とする環境での接着を総合的に実現しているのである。

4.5　海洋付着生物に学ぶ材料開発

　ここまでは生物の水中接着戦略の実際について，様々な角度から解説してきた。生物はそれぞれに必要な接着環境に最適なシステムを進化させてきたが，それらが技術としてのニーズと同じであるとは限らない。生物のシステムの構造と機能，それらの組み合わせを，あらゆるスケールや角度から知り，技術として適切に取り入れていくことが求められる。本節では生物の水中接着物質に学ぶ材料デザインの実際を紹介していく（表3）。

　材料科学へのインパクトでは，構成タンパク質の分子構造に倣う例が今のところほとんど全て

表3　水中接着生物に倣う材料デザイン

	イガイ	フジツボ	ゴカイ
ヒント	化学構造（DOPA，PhoSer）	化学構造（配列，立体構造）	プロセス（Complex Coacervation）
材料形態	ペプチド，ポリマー，足抽出物，組換え体（変性）	組換え体，ペプチド	ポリマー
ねらう機能性	コーティング，固相化，接着，ゲル	固相化，自己集合体	ゲル，接着

238

で，マクロ，ミクロ構造を模した例は見られない。その中でも，DOPA を導入する例がほとんどである。DOPA を利用した例を分子種で分けると，DOPA を導入した合成ペプチド，既存合成ポリマーへのカテコール基の導入，イガイから抽出した DOPA タンパク質，そして組換えタンパク質に分けられる。狙う機能としては，DOPA のキノン体を介した分子間架橋構造形成か，あるいは DOPA のカテコール基による金属への配位結合形成かのいずれかであったが，カテコール基を介する金属イオンとの分子間配位による架橋も最近報告された。最終的な材料形態としては，ほとんどが材料表層の機能化（コーティング剤）あるいはゲルであり，水中接着剤を本気で作ろうとした報告は未だほとんどない。

　歴史から見ると，1987 年に fp-1 の繰り返し単位に相当する DOPA ペプチドが合成され[35]，また化学合成した単純ペプチドの Tyr 残基を市販酵素（tyrosinase）により DOPA 残基に変換することが試みられていた。さらに，イガイの足から抽出されたタンパク質混合物（主に fp-1 と fp-2）も市販されていた。当時は，Lys 残基側鎖と DOPA 残基側鎖との分子間架橋形成を想定して研究が進められたが，酵素変換の制御は容易ではなく，材料開発としての大きな展開には至らなかった。21 世紀になり，制御の難しい DOPA キノンを介する分子間架橋形成ではなく，DOPA あるいはカテコール基の金属材料表面への結合能へと着眼点が変わった。再生医療やナノテクノロジーと組み合わさり，それぞれ polyethylene glycol（PEG）-DOPA による生体内インプラントの細胞汚損防除[14]や，ヤモリに模したナノピラー表層へのカテコール基の導入[36]が相次いでトピックスとなった。金属表面に対する DOPA の結合力は，材料として十分使えるものなのである。また，イガイの接着分子機構として，金属イオンを介する分子間配位結合の重要性が指摘されると，分子間架橋形成の研究も再燃した。例えば，PEG-DOPA と鉄イオンにより pH 依存的に調製された可逆的ゲルが，共有結合で形成されたゲルに匹敵する弾性率をもつことが最近報告された[37]。DOPA からの波及は続いている。また，イガイの足から抽出した DOPA タンパク質混合物と金属イオンにより生体組織を接着する試み[38]も報告されている。これに加えて，生体用接着剤としての応用に向けたいくつかの報告があるが，実験で使われている接着プロセスや測定条件を見ると，例えば水で溶いたペーストを気中で基盤に塗り，張り合わせ，固定したものを濡れたガーゼで包んで数時間固化させる，といった具合であり，いずれも医療現場での使用には未だほど遠い状況である。また実験条件やコントロールサンプルの選択などが報告ごとに大きく異なり，データの比較が困難なのも実情である。

　異種生物による組換え体生産も報告されてきたが，DOPA を含まない単純ペプチドとしての生産では DOPA への変換に困難が付きまとう。昆虫の発現系を用いることにより，一部 DOPAに変換されたタンパク質が生産されることが最近報告されたが，いずれにせよ，せっかく生物生産したタンパク質を単純ポリマーの様に変性状態で扱うようでは，コストや生産性の点で単純ペプチドや合成ポリマーには太刀打ちできないであろう。

　フジツボからは単純ペプチドとして，あるいは組換えタンパク質としての利用が模索されている[17]。フジツボのシステムには，タンパク質の翻訳後修飾はほとんど関与していないので，その

239

マリンバイオテクノロジーの新潮流

機能性は通常のアミノ酸残基がもつ官能基のみで実現されている。必要なのは分子のコンフォメーションである。ちなみに，イガイの足糸構成タンパク質やゴカイのセメント構成タンパク質，あるいは DOPA を導入したペプチド／タンパク質のいずれにおいても変性状態で調製されているため，基本的にコンフォメーションという概念は念頭にない。例えば，酵素やリセプターといった有用な機能性タンパク質をなんらかの表層に固相化して用いるには，温和な条件で配向や配置を制御することが求められる。接着界面で機能する 2 種のフジツボ水中接着タンパク質の異なる結合表面選択性を利用して，機能的なタンパク質の固相化技術の開発が進められている。特にその 1 種のタンパク質の結合性は塩濃度に依存せず，例えば超純水中でも安定に材料表面に結合する。生体分子を材料として用いる際に，生体分子の構造・機能維持のために緩衝液や塩類が要求される。不揮発性塩類の存在は電気・電子材料分野での利用には大きな問題となる。そのような緩衝液・塩類のない環境でも安定に機能する点で，このタンパク質は興味深い。

　現在の組換え生産技術では翻訳後修飾を導入することは容易ではないが，フジツボのタンパク質では，生物の作る姿に極めて近い組換えタンパク質を容易に得ることができる。これらは，水中での濡れや界面での濃縮といった水中接着特有の機能や構造の妙，例えば重要な官能基の配向を知り，安価な材料デザインに活かすためのモデルとなると思われる。

　フジツボの水中接着タンパク質には，塩濃度や pH を変化させることがきっかけで，様々なナノ自己集合体を形成する配列が多く潜んでいた。自己集合性ペプチドとは，組織工学やナノテクノロジーとの関連から大きく研究が進んできた領域である。それは，生体分子の持つ非共有結合に基づく分子間相互作用の最適化能の導入，生体モチーフ導入の容易さ，分子進化工学による選抜プロセス，生分解性，化学合成と組換え体の両量産プロセスへの適応といった，様々な優れた点を持つ新たな材料の候補である。フジツボから見出されたペプチドのひとつ[39]は，海水に近い 0.6 M 付近に塩濃度を上げると突如自己集合し，100 nm ほどの幅をもつナノ構造体を構築する。その他，pH や塩濃度の変化により二次構造を変化させて，自己集合するペプチドも発見されている。

　ゴカイからは，プロセッシング・複合コアセルベーションに倣う研究が進められている[30]。具体的には，ゴカイの 3 つのタンパク質それぞれに見られる特徴的なアミノ酸側鎖の比率を模したポリマーと，金属イオンを用いて，複合コアセルベーションを基にした水中接着に適切な条件を探っている。水の中で物を接着するとことに挑もうとしている点で，今後の展開が気になるところである。

　気中における可逆な接着で知られるヤモリの研究では，安価な材料でミクロやナノ構造だけを模すというアプローチが大きな展開を見せている。技術としては，感圧接着剤（pressure sensitive adhesives）の次世代と位置づけられるが，ヤモリの接着を理解しようとする研究自体は 20 世紀初頭から脈々と進められてきており，また現在の展開のきっかけとなったナノ繊維構造が発見されたのは 45 年前であった。それに比べると生物の水中接着の研究は後発であり，また水の中で物を接着する技術自体が未だ実現されていない。その道のりが遠いのはやむを得ないことと

240

第4章　バイオマテリアル

考える。しかし前述の通り，水中接着という複合機能に含まれる各機能性を，各構成分子を単純化するあるいはモチーフを安価な合成ポリマーに導入して応用展開するというアプローチは益々拡大し，ミクロ，ナノ構造や生物のプロセスに倣う研究も広がっていくものと思われる。持続的な展開が将来の革新的技術を生むと期待したい。

4.6　おわりに

　本項では3種のモデル生物の水中接着機構を側鎖，分子，ナノ，ミクロ，マクロの各構造とプロセッシングから，共通性と多様性について解説し，それに倣う材料開発の取り組みを紹介した。外見からだけでは，ひとつの生物の"たかが接着の材料"の中に，これほどまでの機構が潜んでいるとは容易に想像し難い。おそらくこれらの生物分子材料の追求からは，まだまだ新たな分子機構が見付かり，トピックスは生まれるであろう。しかし，生体用接着剤を目指したこれまでの報告を見ると，いずれも湿潤接着と言うことはできるかもしれないが，水中接着とはとても言えないものである。むしろ現状は，水中接着を生物に倣うことに失敗している，と言えなくもない。

　近年の接着剤を実際に作ってきたのは高分子科学である。そこでは既存高分子の延長線上に接着剤開発があり，経験的に接着剤が開発されてきた傾向が強い。しかし，その経験の延長線で水中接着を実現することは難しそうだ。一方で，接着という現象は物理現象であり，また界面でおこる現象は主にコロイド科学を中心として理論立てが行われてきたが，界面科学における理論から水中接着を実現することはできていない。水の中で物を接着することを十分理解できていないという立ち位置を認識し，生体分子としての本来の姿を追い求めながら生物の水中接着戦略を読み解くこと，界面科学における理論との対話，そして得られるヒントの大胆な組み合わせによる応用展開，というトライアングルのバランスを意識しながら，緻密で大胆な取り組みを進めることが，この分野をまだまだ拡大していくのである。

文　　　献

1) J. H. Waite, *et al., J. Adhes.,* **81**, 297 (2005)
2) J. H. Waite, Biopolymers **19**, p 27, Springer, Berlin (1992)
3) N. Holten-Andersen, *et al., Nat. Mater.,* **6**, 669 (2007)
4) L. M. Rzepecki, *et al., Biol. Bull.,* **183**, 123 (1992)；K. Inoue, *et al. J. Biol. Chem.,* **270**, 6698 (1995)
5) H. Zhao, *et al., J. Biol. Chem.,* **281**, 11090 (2006)
6) H. Zhao, *et al., J. Biol. Chem.,* **281**, 26150 (2006)
7) H. Zhao, *et al., Biochemistry,* **45**, 14223 (2006)
8) X.-X. Qin and J. H. Waite, *Proc. Natl. Acad. Sci. USA,* **95**, 10517 (1998)

9) K. Shimizu, *et al.*, *Proc. Natl. Acad. Sci. USA*, **95**, 6234 (1998)

10) Q. Lin, *et al.*, *Proc. Natl. Acad. Sci. USA*, **104**, 3782 (2007)；D.-S. Hwang, *et al.*, *J. Biol. Chem.*, **285**, 25850 (2010)

11) M. Harrington and J. H. Waite, *Adv. Mater.*, **21**, 440 (2009)

12) L. M. McDowell, *et al.*, *J. Biol. Chem.*, **274**, 20293 (1999)

13) W. Taylor, *et al.*, *Inorg. Chem.*, **35**, 7572 (1996)；M. J. Sever, *et al.*, *Angew. Chem. Int. Ed.*, **43**, 448 (2004)；H. Zeng, *et al.*, *Proc. Natl. Acad. Sci. USA*, **107**, 12850 (2010)

14) J. L. Dalsin, *et al.*, *J. Am. Chem. Soc.*, **125**, 4253 (2003)

15) H. Lee, *et al.*, *Proc. Natl. Acad. Sci. USA*, **103**, 12999 (2006)

16) J. Yu, *et al.*, *Nat. Chem. Biol.*, **7**, 588 (2011)

17) K. Kamino, *Mar. Biotechnol.*, **10**, 111 (2008)

18) K. Kamino, *et al.*, *Biol. Bull.*, **190**, 403 (1996)

19) D. E. Barlow, *et al.*, *Langmuir*, **26**, 6549 (2010)

20) K. Kamino, *et al.*, *J. Biol. Chem.*, **275**, 27360 (2000)

21) G. Dickinson, *et al.*, *J. Exp. Biol.*, **212**, 3499 (2009)

22) K. Kamino, *Biofouling*, **26**, 755 (2010)

23) Y. Urushida, *et al.*, *FEBS J.*, **274**, 4336 (2007)；Y. Mori, *et al.*, *FEBS J.*, **274**, 6436 (2007)

24) R. Suzuki, *et al.*, *Pept. Sci.*, **2005**, 257 (2006)

25) N. Aldred and A. S. Clare, *Biofouling*, **24**, 351 (2008)

26) R. A. Jensen and D. Morse, *J. Comp. Physiol. B*, **158**, 317 (1988)

27) M. J. Stevens, *et al.*, *Langmuir*, **23**, 5045 (2007)

28) C.-J. Sun, *et al.*, *J. Exp. Biol.*, **210**, 1481 (2007)

29) H. Zhao, *et al.*, *J. Biol. Chem.*, **280**, 42938 (2005)

30) H. Shao and R. J. Stewart, *Adv. Mater.*, **22**, 729 (2010)

31) R. J. Stewart and C. S. Wang, *Biomacromol.*, **11**, 969 (2010)

32) P. Flammang, *et al.*, *J. Adhes.*, **85**, 447 (2009)

33) J. R. Burkett, *et al.*, *J. Am. Chem. Soc.*, **132**, 12531 (2010)

34) K. Kamino, *J. Adhes.*, **86**, 96 (2010)；紙野圭，接着の技術，**26**, 18 (2007)

35) H. Yamamoto, *J. Chem. Soc., Perkin Trans.*, **1**, 613 (1987)

36) H. Lee, *et al.*, *Nature*, **448**, 338 (2007)

37) N. Holten-Andersen, *et al.*, *Proc. Natl. Acad. Sci. USA*, **108**, 2651 (2011)

38) L. Ninan, *et al.*, *Acta Biomater.*, **3**, 687 (2007)

39) M. Nakano, *et al.*, *Biomacromol.*, **8**, 1830 (2007)

マリンバイオテクノロジーの新潮流 《普及版》（B1226）

2011 年 11 月 30 日　初　版　第 1 刷発行
2017 年 12 月 8 日　普及版　第 1 刷発行

監　修	伏谷伸宏	Printed in Japan
発行者	辻　賢司	
発行所	株式会社シーエムシー出版	
	東京都千代田区神田錦町 1-17-1	
	電話 03 (3293) 7066	
	大阪市中央区内平野町 1-3-12	
	電話 06 (4794) 8234	
	http://www.cmcbooks.co.jp/	

〔印刷　株式会社遊文舎〕　　　　　　　　　　　　　　Ⓒ N. Fusetani, 2017

落丁・乱丁本はお取替えいたします。

本書の内容の一部あるいは全部を無断で複写（コピー）することは，法律
で認められた場合を除き，著作者および出版社の権利の侵害になります。

ISBN978-4-7813-1219-4 C3045 ¥4800E